国家"双高计划"水利水电建筑工程高水平专业群立体化教材
全国水利行业"十三五"规划教材（职业技术教育）

水 轮 机

主　编　万晓丹　周晓岚　孙鲁兴

副主编　赵信峰　邢广彦　程梦然　徐飞亚　雷伟丽

主　审　雷　恒

中国水利水电出版社
www.waterpub.com.cn
·北京·

内 容 提 要

  本书是全国水利行业"十三五"规划教材和国家"双高计划"水利水电建筑工程高水平专业群立体化教材，是按照教育部对高职高专教育的教学基本要求和相关专业课程标准，在中国水利教育协会的精心组织和指导下编写完成的。全书共分为 13 个项目，主要对水轮机的基本特性，包括水轮机的工作原理、水轮机的空化与空蚀、水轮机的相似理论等进行了介绍；对水轮机结构，反击式水轮机、冲击式水轮机以及水轮机各部件进行了阐述；对水轮机的选型设计进行了论述；对水轮机的运行与检修、新技术进行了探讨。

  本书可作为高职高专院校水电站机电设备与自动化、水电站与电力网、水电站设备安装、水电站电气设备、水电站运行与管理、水利机电设备运行与管理等专业的专业教材，也可供高职高专院校相关专业、中等专业学校相应专业的师生及工程技术人员参考。

图书在版编目（CIP）数据

水轮机 / 万晓丹，周晓岚，孙鲁兴主编. -- 北京：中国水利水电出版社，2023.7

国家"双高计划"水利水电建筑工程高水平专业群立体化教材 全国水利行业"十三五"规划教材. 职业技术教育

ISBN 978-7-5226-1693-3

Ⅰ. ①水… Ⅱ. ①万… ②周… ③孙… Ⅲ. ①水轮机－高等职业教育－教材 Ⅳ. ①TK73

中国国家版本馆CIP数据核字（2023）第141865号

书　　名	国家"双高计划"水利水电建筑工程高水平专业群立体化教材 全国水利行业"十三五"规划教材（职业技术教育） **水轮机** SHUILUNJI
作　　者	主　编　万晓丹　周晓岚　孙鲁兴 副主编　赵信峰　邢广彦　程梦然　徐飞亚　雷伟丽 主　审　雷　恒
出版发行	中国水利水电出版社 （北京市海淀区玉渊潭南路 1 号 D 座　100038） 网址：www.waterpub.com.cn E-mail：sales@mwr.gov.cn 电话：（010）68545888（营销中心）
经　　售	北京科水图书销售有限公司 电话：（010）68545874、63202643 全国各地新华书店和相关出版物销售网点
排　　版	中国水利水电出版社微机排版中心
印　　刷	天津嘉恒印刷有限公司
规　　格	184mm×260mm　16 开本　17.25 印张　420 千字
版　　次	2023 年 7 月第 1 版　2023 年 7 月第 1 次印刷
印　　数	0001—1500 册
定　　价	59.00 元

前　言

　　本书是贯彻落实《国家中长期教育改革和发展规划纲要（2010—2020年）》、《国务院关于加快发展现代职业教育的决定》（国发〔2014〕19号）、《现代职业教育体系建设规划（2014—2020年）》和《水利部教育部关于进一步推进水利职业教育改革发展的意见》（水人事〔2013〕121号）等文件精神，在中国水利教育协会精心组织和指导下，由中国水利教育协会职业技术教育分会组织编写的全国水利行业"十三五"规划教材。本书以学生能力培养为主线，体现了实用性、实践性、创新性的特色，是一本水利高职教育精品规划教材。

　　党的二十大报告中明确指出"育人的根本在于立德。全面贯彻党的教育方针，落实立德树人根本任务，培养德智体美劳全面发展的社会主义建设者和接班人。"教材在编写中，承载着传播知识、传播思想、教书育人的重任，积极弘扬践行社会主义核心价值观和新时代水利精神。教材考虑到高等职业技术教育的教学要求，并借鉴高等院校现有《水轮机》教科书的体系，本着既要贯彻"少而精"，又力求突出科学性、先进性、针对性、实用性和注重技能培养的原则，将本书分为十三个项目。项目一介绍了水轮机基本概念，项目二～项目六介绍了水轮机结构，包括混流式水轮机、轴流式水轮机、贯流式水轮机、冲击式水轮机等；项目七～项目九介绍了水轮机的基本特性，包括水轮机的工作原理、水轮机的相似理论与模型试验、水轮机的空化与空蚀等；项目十～项目十三介绍了水轮机的选型设计、水轮机的运行与检修、水轮机新技术等。本教材尽量采用新标准、新规范。

　　本书编写人员及编写分工如下：黄河水利职业技术学院万晓丹（项目二、

项目三、项目十二、附录），赵信峰（项目一、项目九），邢广彦、周晓岚（项目五），徐飞亚、程梦然（项目十、项目十一、项目十三），三门峡黄河明珠（集团）有限公司孙鲁兴（项目四），重庆水利电力职业技术学院雷伟丽、三门峡黄河明珠（集团）有限公司孙鲁兴（项目六、项目七、项目八）。本教材由万晓丹、周晓岚、孙鲁兴担任主编并负责全书规划与统稿，由赵信峰、邢广彦、程梦然、徐飞亚、雷伟丽担任副主编，由黄河水利职业技术学院雷恒教授担任主审。

在编写过程中，黄河水利职业技术学院院领导、水利工程学院和教务处的领导及同志们给予了极大的支持，谨此致以衷心的感谢！

由于本次编写时间仓促，参编人员在高等职业技术教育方面的经验还不够丰富，书中难免会出现不妥之处，欢迎广大师生及读者批评指正。

编　者

2023 年 4 月

"行水云课"数字教材使用说明

"行水云课"水利职业教育服务平台是中国水利水电出版社立足水电、整合行业优质资源全力打造的"内容"＋"平台"的一体化数字教学产品。平台包含高等教育、职业教育、职工教育、专题培训、行水讲堂五大版块，旨在提供一套与传统教学紧密衔接、可扩展、智能化的学习教育解决方案。

本套教材是整合传统纸质教材内容和富媒体数字资源的新型教材，它将大量图片、音频、视频、3D 动画等教学素材与纸质教材内容相结合，用以辅助教学。读者可通过扫描纸质教材二维码查看与纸质内容相对应的知识点多媒体资源，完整数学教材及其配套数字资源可通过移动终端 APP、"行水云课"微信公众号或中国水利水电出版社"行水云课"平台查看：

内页二维码具体标识如下：

· ▶为微课视频
· ⊘为动画视频
· Ⓟ为图片
· ⒫为 PDF 文档

线上教学与配套数字资源获取途径：

手机端：关注"行水云课"公众号→搜索"图书名"→封底激活码激活→学习或下载

PC 端：登录"xingshuiyun.com"→搜索"图书名"→封底激活码激活→学习或下载

资　源　索　引

目录

水 轮 机 概 论

【知识目标】

熟悉水电站的类型，掌握水轮机的类型、特点，熟悉水轮机的工作参数，掌握水轮机的装置型式。

【技能目标】

能进行水轮机的型号及装置型号的判别。

【重点难点】

重点：水轮机的类型，水轮机的工作参数。

难点：水轮机型号及装置型号的判别。

任务一 水电站与水轮机

能源是国民经济重要的基础资源，是人类生产和生活必需的基本物质保障，是社会进步最为重要的物质基础。自然界有多种能源，目前已被开发利用的能源主要有水能、热能、潮汐能、风能和核能。地球上江河纵横，湖泊星罗棋布，海洋辽阔，蕴藏着丰富的水力资源。水能是一种可再生能源。地球上的水蒸发成水蒸气，在天空中水蒸气又凝聚成雨雪降至大地，通过江河又流入海洋，如此循环不已，永无止境。利用水能发电成本低，运行管理简单，启动快，消耗少，适于调峰和调频，污染少等。我国的水能资源蕴藏量以及可开发的水能资源，都居世界第一位。截至 2022 年年底，我国水电总装机容量达到 4.1 亿 kW，其中常规水电 3.7 亿 kW，抽水蓄能 0.4 亿 kW，年发电量 1.4 万亿 kW·h。

1-1-1
水力发电

自然界的河流都具有一定的坡降，高处的水蕴藏着丰富的位能。在重力作用下，沿着河床流动，所有的能量都消耗在克服水流的摩阻、黏性、冲刷河床和挟带泥沙等方面。

1-1-2
河床式水电站发电原理

水轮机是一种将河流中蕴藏的水能转换成旋转机械能的原动机。水流流过水轮机时，通过主轴带动发电机将旋转机械能转换成电能。水轮机与发电机合起来称为水轮发电机组，简称机组。

1-1-3
抽水蓄能电站发电原理

水电站相当于将水能转变成电能的一个工厂，水能（水头和流量）相当于这个工厂的生产原料，电能相当于其生产的产品，水轮机和发电机是水电站的主要设备。为

1

了利用水流发电，就要将天然落差集中起来，并对天然的流量加以控制和调节（如建造水库），形成发电所需要的水头和流量。水电站的型式主要取决于集中水头的方式，根据集中水头方式的不同，水电站分为坝后式水电站、无压引水式水电站和混合式水电站，如图1-1～图1-3所示。

坝式水电站的水头由坝抬高上游水位形成，引水式电站的水头由引水道形成，混合式电站的水头一部分由坝集中，另一部分由引水道形成。水电站的建筑物包括引水管道、水工建筑物、电站厂房和高压开关站等。

1-1-4

坝式水电站

1-1-5

引水式
水电站

1-1-6

抽水蓄能
电站

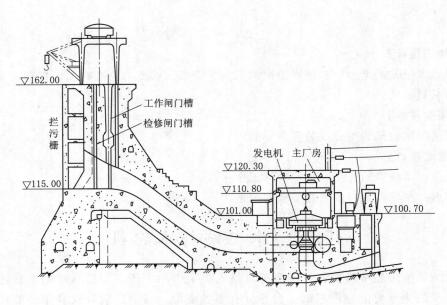

图1-1　坝后式水电站厂坝横剖面示意图

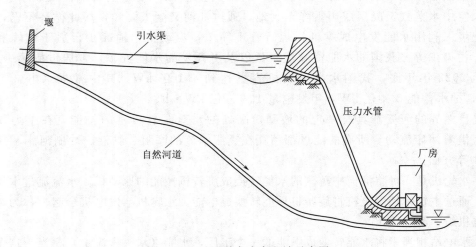

图1-2　无压引水式水电站示意图

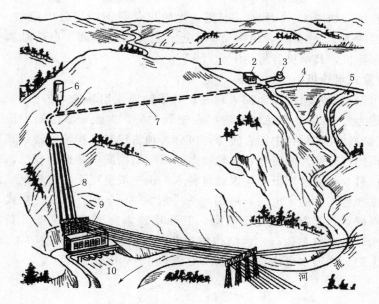

图1-3 混合式水电站示意图

1—水库；2—闸门室；3—进水口；4—坝；5—泄水道；6—调压室；

7—有压隧道；8—压力管道；9—厂房；10—尾水渠

任务二 水轮机的基本类型、特点及工作范围

水轮机是将水能转换成旋转机械能的动力设备。根据水能转换的特征，可将水轮机分成两大类：反击式水轮机和冲击式水轮机。

（1）反击式水轮机，是将水流的压力势能和动能转变为机械能的水轮机，同时利用动能和势能进行工作，主要是利用水流的势能。

（2）冲击式水轮机，是将水流能量转换为高速水流的动能，再将其动能转换为机械能的水轮机，利用的是水流的动能。

为适应不同水电站的具体自然条件，各种类型水轮机按照其水流方向和工作特点不同又有不同的形式。反击式水轮机包括混流式、轴流式、斜流式和贯流式水轮机；冲击式水轮机分为水斗式、斜击式和双击式水轮机。

一、反击式水轮机

反击型水轮机的特点如下：

（1）水流流经转轮时，水流充满整个转轮叶片流道，利用水流对叶片的反作用力，即叶片正反面的压力差推动转轮旋转。

（2）利用水流的势能和动能工作，主要是利用水流的势能。

（3）水轮机在工作工程中，转轮完全浸没在水中。

（一）混流式水轮机

混流式水轮机的水流从四周沿径向进入转轮，然后近似以轴向流出转轮，又称辐

1-2-1 ▶

混流式
水轮机

3

向轴流式水轮机，如图 1-4 所示。混流式水轮机是目前应用最广泛的一种水轮机。应用水头范围约为 20～700m，结构简单，运行稳定且效率高。白鹤滩水电站使用的就是混流式水轮机，其单机容量达 100 万 kW。

（二）轴流式水轮机

轴流式水轮机的水流沿轴向流入转轮，再沿轴向流出转轮，如图 1-5 所示。应用水头范围约为 3～80m。轴流式水轮机在中低水头、大流量水电站中得到了广泛应用。根据其转轮叶片在运行中能否转动，可分为轴流定桨式和轴流转桨式两种。轴流定桨式水轮机的转轮叶片固定在转轮轮毂上，因而结构简单、造价较低，但它在偏离设计工况运行时效率会急剧下降，因此这种水轮机一般适用于水头较低、出力较小以及水头、流量变化不大的水电站，适用水头一般为 3～50m。轴流转桨式水轮机的转轮叶片可以根据运行工况的改变而转动，其叶片装置角度可适应负荷变化而自动调节，以保证水轮机高效率运行，但结构较复杂、造价较高，一般适用于水头、出力、流量变化较大的大中型水电站，适用水头一般为 3～80m。

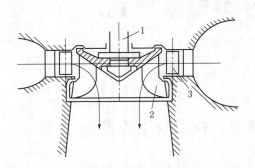

图 1-4　混流式水轮机

1—主轴；2—叶片；3—导叶

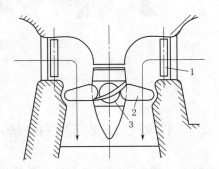

图 1-5　轴流式水轮机

1—导叶；2—叶片；3—轮毂

（三）斜流式水轮机

斜流式水轮机的水流在转轮区内沿着与主轴成某一角度的方向流进、流出转轮，如图 1-6 所示。其转轮叶片能随工况变化而自动调节，兼有轴流转桨式水轮机运行效率高，混流式水轮机抗空蚀性能好、强度高的优点。因此，斜流式水轮机具有较宽的高效率区，适用水头在轴流式与混流式水轮机之间，为 40～200m。由于其具有可逆性，可作为水泵水轮机使用，广泛地用于抽水蓄能电站。斜流式水轮机结构形式及性能特征与轴流转桨式水轮机类似，但由于其倾斜桨叶操作机构的结构复杂，加工工艺要求和造价均较高，所以一般只在大中型水电站中使用，目前这种水轮机应用还不

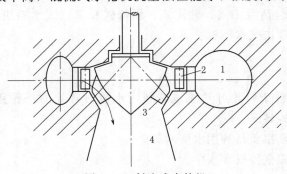

图 1-6　斜流式水轮机

1—蜗壳；2—导叶；3—转轮叶片；4—尾水管

普遍。

（四）贯流式水轮机

贯流式水轮机的水流由管道进口到尾水管出口沿直线流动，使水流沿轴向直贯流入、流出水轮机，其转轮与轴流式水轮机相同，水轮机主轴装置成水平或倾斜，且不设置蜗壳。根据发电机装置方式不同，此种水轮机分为全贯流式（图1-7）和半贯流式；根据转轮轮叶能否改变可分为贯流转桨式和贯流定桨式。

贯流式水轮机，发电机转子安装在转轮叶片的外缘，如图1-7所示。它的优点是水力损失小、过流量大、效率高、结构紧凑。但由于转轮叶片外缘的线速度大、周线长，因而旋转密封困难，应用较少。

贯流式水轮机

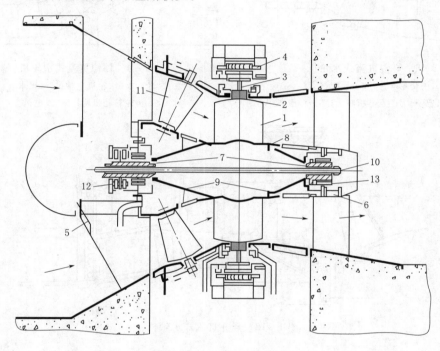

图1-7　全贯流式水轮机

1—转轮叶片；2—转轮轮缘；3—发电机转子轮辋；4—发电机定子；5、6—支柱；7—轴颈；
8—轮毂；9—锥形插入物；10—拉紧杆；11—导叶；12—推力轴承；13—导轴承

半贯流式水轮机分为灯泡贯流式、轴伸贯流式、竖井贯流式等，如图1-8～图1-10所示。

灯泡贯流式水轮机，将发电机布置在灯泡形密闭壳体内，并与下游的水轮机直接连接，如图1-8所示。此机组使厂房结构紧凑，流道平直，水力效率较高，功率大，但通风、维修、冷却较困难，低水头水电站采用的多。

轴伸贯流式水轮机，水轮机主轴伸出尾水管外，并和尾水管外的发电机相连接，如图1-9所示。这种水轮机会降低水力效率，但通风、冷却、维护方便。多用于小型水电站中。

竖井贯流式水轮机，发电机布置在竖井内，水轮机布置在竖井下游，上游来水在竖井处被分成两半绕流进入水轮机转轮。水流过井时分流，过井后又合流，如

图 1-10 所示。此机组维护方便，但效率较低，一般只用于小型水电站。

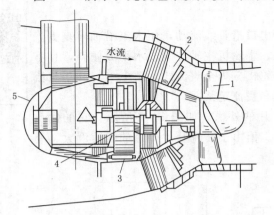

图 1-8　灯泡贯流式水轮机
1—转轮叶片；2—导叶；
3—发电机定子；4—发电机转子；5—灯泡体

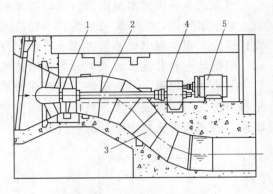

图 1-9　轴伸贯流式水轮机
1—转轮；2—水轮机主轴；3—尾水管；
4—齿轮转动机构；5—发电机

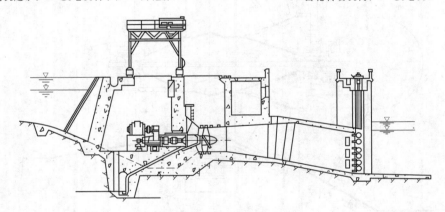

图 1-10　竖井贯流式水轮机

贯流式水轮机的适用水头为 2～30m，过流能力较好，适用于低水头、大流量的水电站。由于其卧轴式布置及流道形式简单，所以土建工程量少，施工简便，因而在开发平原地区河道和沿海地区潮汐等水力资源中得到较为广泛的应用。目前，国内单机容量最大的灯泡贯流式水轮机组应用在广西桥巩水电站，单机容量最大为 58.5MW，转轮直径为 7.4m。

贯流定桨式、转桨式之间的区别与轴流定桨式、转桨式相近，可参见前述内容。

二、冲击式水轮机

冲击式水轮机主要由喷嘴、折向器、转轮和机壳组成，喷嘴将水能全部转化为动能，形成自由射流，冲击转轮转动，进而使水能转换为旋转机械能，其特点如下：

（1）在转轮工作过程中，喷嘴射流冲击部分导叶，转轮部分接触水流。

（2）在大气压下工作。

（3）来自压力钢管的高压水流在进入水轮机之前已转变成高速自由射流，该射流冲击转轮的部分轮叶，并在轮叶的约束下发生流速大小和方向的急剧改变，从而将其动能大部分传递给轮叶，驱动转轮旋转。它利用的是水流的动能。在射流冲击轮叶的整个过程中，射流内的压力基本不变，近似为大气压。

冲击式水轮机按射流冲击转轮的方式不同可分为水斗式（切击式）、斜击式和双击式三种。

（一）水斗式（切击式）水轮机

转轮上装有水斗，故称为水斗式水轮机，从喷嘴出来的高速自由射流沿转轮圆周切线方向垂直冲击轮叶，故又名切击式水轮机，如图 1-11 所示。

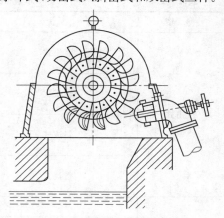

水斗式水轮机适用于高水头、小流量的水电站，特别是当水头超过 400m 时，由于结构强度和空蚀等条件的限制，混流式水轮机已不太适用，则常采用水斗式水轮机。大型水斗式水轮机的应用水头为 300～1700m，小型水斗式水轮机的应用水头为 40～250m。目前，水斗式水轮机的最高应用水头已达到 1883m（位于瑞士瓦莱州阿尔卑斯山的毕奥德隆水电站，采用水

图 1-11　水斗式水轮机

斗式机组，单机容量 423MW，额定水头 1869m，额定流量 25m³/s；我国拟建的墨脱水电站设计水头达 2421m）。

（二）斜击式水轮机

斜击式水轮机的喷嘴射流方向与转轮旋转平面斜交，射流自转轮的一侧冲击转轮，如图 1-12 所示。

斜击式水轮机适应水头范围为 50～400m，最大单机容量一般不超过 400kW，故只适用于小型水电站。

（三）双击式水轮机

双击式水轮机的水流由喷嘴射到转轮一侧的轮叶上，由轮叶外缘流向转轮中心，而后水流穿过转轮内部空间再一次流到轮叶上，沿轮叶流向外缘，最后以很小的流速离开转轮，水流两次冲击转轮，如图 1-13 所示。

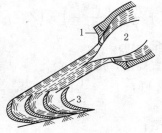

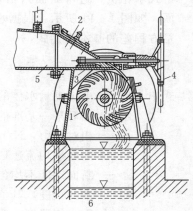

（a）转轮　　　　（b）斜击式转轮进水示意图

图 1-12　斜击式转轮
1—管帽；2—针阀；3—轮叶

图 1-13　带有闸板阀门的双击式水轮机
1—工作轮；2—喷嘴；3—调节闸板；
4—舵轮；5—引水管；6—尾水槽

双击式水轮机结构简单、制作方便，但效率低、转轮叶片强度差，仅适用于单机出力不超过 1000kW 的小型水电站，其适用水头一般为 6～150m。

各种类型水轮机及应用水头范围见表 1-1。

表 1-1 　　　　　　　　　　水轮机类型及应用水头范围

类　型	型　式		适应水头范围/m
反击式	混流式	混流式	20～700
		混流可逆式	80～600
	轴流式	轴流转桨式	3～80
		轴流定桨式	3～50
	斜流式	斜流式	40～200
		斜流可逆式	40～120
	贯流式	贯流转桨式	2～30
		贯流定桨式	
冲击式	水斗式		40～1700
	斜击式		50～400
	双击式		6～150

任务三　水轮机的工作参数

1-3-1

水轮机的参数、牌号、标称直径

当水流通过水轮机时，水能即转变成机械能，这一工作过程的特性可用水轮机的工作参数来表征。水轮机的基本工作参数主要有水头 H、流量 Q、出力 P、效率 η、转速 n 等。

一、水头 H

水轮机的水头是指水轮机进口断面和出口断面间单位重量水流能量的差值。对反击式水轮机，进口断面系指蜗壳进口处 Ⅰ—Ⅰ 断面，出口系指尾水管出口 Ⅱ—Ⅱ 断面，如图 1-14 所示。根据水轮机工作水头的定义可写出水轮机进口、出口断面的能量方程差的基本表达式：

$$H = E_{\text{I}} - E_{\text{II}} = \left(Z_{\text{I}} + \frac{p_{\text{I}}}{\gamma} + \frac{\alpha_{\text{I}} V_{\text{I}}^2}{2g} \right) - \left(Z_{\text{II}} + \frac{p_{\text{II}}}{\gamma} + \frac{\alpha_{\text{II}} V_{\text{II}}^2}{2g} \right) \tag{1-1}$$

式中　E——单位重量水体的能量，m；

　　　Z——相对某一基准的位置高度，m；

　　　p——相对压力，N/m^2 或 Pa；

　　　V——断面平均流速，m/s；

　　　α——断面动能不均匀系数；

　　　γ——水的重度，其值为 9810N/m^3；

　　　g——重力加速度，9.81m/s^2。

式（1-1）中，计算常取 $\alpha_{\text{I}} = \alpha_{\text{II}} = 1$，$\frac{\alpha V^2}{2g}$ 称为某截面的水流单位动能，即比动

能（m）；$\dfrac{p}{\gamma}$ 称为某截面的水流单位压力势能，即比压能（m）；Z 称为某截面的水流单位位置势能，即比位能（m）。$\dfrac{\alpha V^2}{2g}$、$\dfrac{p}{\gamma}$ 与 Z 的三项之和为某水流截面水的总比能。

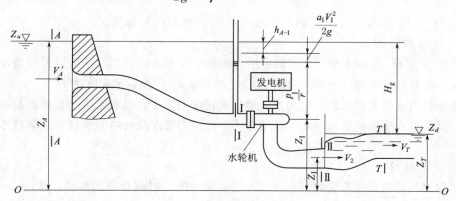

图 1-14　水电站和水轮机的水头示意图

水轮机水头 H 又称净水头、工作水头，是水轮机做功的有效水头。上游水库的水流经过进水口拦污栅、闸门和压力水管进入水轮机，水流通过水轮机做功后，由尾水管排至下游，在这一过程中，产生水头损失 Δh。上、下游水位差值称为水电站的毛水头 H_g，其单位为 m。

因而，水轮机的工作水头又可表示为

$$H = H_g - \Delta h \tag{1-2}$$

式中　　H_g——水电站毛水头，m；

　　　　Δh——水电站引水建筑物的水力损失，m。

水轮机的水头（工作水头）随着水电站上、下游水位的变化而经常变化，通常用几个特征水头表示水轮机的运行工况与运行范围。常用特征水头为最大水头 $H_{\max}$、最小水头 $H_{\min}$、加权平均水头 H_a、设计水头 H_p，这些特征水头由水能计算给出。

1. 最大水头 $H_{\max}$

最大水头 $H_{\max}$ 是指水轮机运行过程中允许出现的最大净水头，受水轮机叶片强度和空蚀条件影响。水轮机选型时，常用水库正常蓄水位或设计洪水位（无压引水式水电站为压力前池正常水位）与下游最低水位（1/3 装机容量或一台机组满载运行时相应的尾水位）之差减去引水系统损失所得的净水头为最大净水头。它对水轮机结构的强度设计有决定性的影响。

2. 最小水头 $H_{\min}$

最小水头 $H_{\min}$ 是指水轮机运行中允许出现的最小净水头，由机组效率和运行稳定性确定。选型时，常用水库死水位（无压引水为前池正常水位）与下游高水位（全部机组或电站以保证出力工作时的下游尾水位）之差减去引水系统损失所得的净水头为最小净水头，是保证水轮机安全、稳定运行的最小净水头。

3. 加权平均水头 H_a

加权平均水头 H_a 是指为水电站历年各月（日）净水头出力或电能的加权平均

值，是水轮机在其附近运行时间最长的净水头。

$$H_a = \frac{P_1 H_1 + P_2 H_2 + \cdots + P_n H_n}{P_1 + P_2 + \cdots + P_n} \text{ 或 } H_a = \frac{E_1 H_1 + E_2 H_2 + \cdots + E_n H_n}{E_1 + E_2 + \cdots + E_n}$$

$$(1-3)$$

式中　H_i、E_i、P_i——计算时段水头、电能、出力的平均值。

4.设计水头 H_r

设计水头 H_r 是指水轮机发出额定出力的最小净水头。选型时，应通过经济动态评价确定。初算时可参考，河床式水电站：$H_r = 0.9H_a$；坝后式水电站 $H_r = 0.95H_a$。

水轮机的水头表明水轮机利用水流单位机械能的多少，是水轮机最重要的基本工作参数，其大小直接影响着水电站的开发方式、机组类型以及电站的经济效益等技术经济指标。

二、流量 Q

水轮机的流量是指单位时间内通过水轮机某一既定过流断面的水量，常用 Q 表示，单位为 m^3/s。设计水头下水轮机发出额定出力时，水轮机的过水流量为设计流量 $Q_{设}$。

三、出力 P

水轮机出力指水轮机主轴端输出的功率，以 P 表示，单位 kW。

$$P = \gamma Q H \eta = 9.81 Q H \eta$$

$$(1-4)$$

式中　η——水轮机的效率；

其他符号意义同前。

四、效率 η

水轮机的输入功率是指单位时间内通过水轮机的水流的总能量，即水流的出力，用 P_n 表示，单位为 kW。

$$P_n = \gamma Q H = 9.81 Q H$$

$$(1-5)$$

水流通过水轮机时存在能量损失，故水轮机输出功率 P 总是小于水轮机输入功率 P_n。水轮机输出功率 P 与水轮机输入功率 P_n 的比值反映了水能的利用率，称为水轮机的效率，用符号 η 表示。

$$\eta = \frac{P}{P_n}$$

$$(1-6)$$

由于水轮机在工作过程中存在能量损失，故水轮机的效率 $\eta < 1$。

五、转速 n

水轮机的转速是指水轮机主轴每分钟的旋转次数，以 n 表示，单位为 r/min。

1-4-1
双击式水轮
机三维图片

任务四　水轮机的型号

为了统一水轮机的品种规格，以便提高质量、降低造价和便于选择使用，我国对水轮机型号作了统一规定。《水轮机型号编制方法》（JB/T 9579—1999）规定，水轮机型号由三部分组成，各部分之间用"-"分开。

对于反击式水轮机，第一部分表示水轮机型式及转轮型号，水轮机型式用汉语拼音字母表示,转轮型号用阿拉伯数字表示,入型谱的转轮的型号为比转速数值,未入型谱的转轮的型号为各单位自己的编号,旧型号为模型转轮的编号,可逆式水轮机在水轮机型式后加"N"表示。第二部分表示主轴装置方式及引水室特征,由两个汉语拼音字母组成,分别表示水轮机主轴布置形式和引水室的结构特征。第三部分是水轮机转轮标称直径 D_1,用以厘米(cm)为单位的阿拉伯数字表示。

常见水轮机型号的代表符号见表1-2。

表1-2 水轮机型号的代表符号

水轮机型式	代表符号	主轴布置型式及引水式特征	代表符号
混流式	HL	立轴	L
斜流式	XL	卧轴	W
轴流定桨式	ZD	金属蜗壳	J
轴流转桨式	ZZ	混凝土蜗壳	H
冲击(水斗)式	CJ	灯泡式	P
斜击式	XJ	明槽式	M
双击式	SJ	罐式	G
贯流定桨式	GD	竖井式	S
贯流转桨式	GZ	虹吸式	H
可逆式	N	轴伸式	Z

对于冲击式水轮机,第一部分是水轮机型式,第二部分表示主轴的布置型式,第三部分表示为:转轮标称直径(cm)/每个转轮上的喷嘴数×射流直径(cm)。如果在同一根轴上装有一个以上的转轮,则在水轮机型号第一部分前加上转轮的数目。

水轮机标称直径(简称转轮直径,常用 D_1 表示)是表征水轮机尺寸大小的参数。不同的水轮机转轮型式、位置不同,直径也不同,为了统一起见,对不同型式水轮机转轮的标称直径规定如下(图1-15):

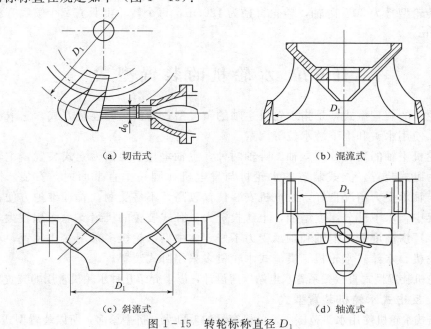

(a)切击式   (b)混流式

(c)斜流式   (d)轴流式

图1-15 转轮标称直径 D_1

（1）冲击式水轮机 D_1 指转轮与射流中心相切处的节圆直径，如图 1-15（a）所示。

（2）混流式水轮机 D_1 指转轮叶片进水边的最大直径，如图 1-15（b）所示。

（3）斜流式水轮机 D_1 指与转轮叶片轴线相交处的转轮室内径，如图 1-15（c）所示。

（4）轴流式水轮机 D_1 指与转轮叶片轴线相交处的转轮室内径，如图 1-15（d）所示。

反击式水轮机转轮标称直径的尺寸系列规定见表 1-3。

表 1-3　　　　　　　反击式水轮机转轮标称直径系列　　　　　　单位：cm

25	30	35	(40)	42	50	60	71	(80)	84
100	120	140	160	180	200	225	250	275	300
330	380	410	450	500	550	600	650	700	750
800	850	900	950	1000					

水轮机型号示例：

（1）HL220-LJ-450，表示混流式水轮机，转轮型号为 220，立轴，金属蜗壳，转轮标称直径为 450cm。

（2）ZZ560-LH-800，表示轴流转桨式水轮机，转轮型号为 560，立轴，混凝土蜗壳，转轮标称直径为 800cm。

（3）GD600-WP-300，表示转轮型号为 600 的贯流定桨式水轮机，卧轴，灯泡式引水，转轮直径为 300cm。

（4）2CJ30-W-120/2×10，表示一根轴上装有两个转轮的冲击式（切击式）水轮机，转轮型号为 30，卧轴，转轮直径为 120cm，每个转轮上具有 2 个喷嘴，射流直径为 10cm。

任务五　水轮机的装置型式

水轮机的装置型式，是指水轮机主轴的布置型式和机组的连接方式。它取决于单机容量、使用水头和上下游水位等因素。

水轮机主轴的装置分为立轴、卧轴两种，主轴垂直于地面为立式装置，主轴平行于地面为卧式装置。立式装置的水轮机与发电机在同一垂直平面内，安装、拆卸方便，轴与轴承受力情况良好，发电机安装位置较高，不易受潮，管理维护方便；但负载比较集中，水下部分深度增加，土建投资大。卧式装置的机组支承面积较大，荷载不集中，厂房高度低，但轴和轴承受力不好。大中型水轮机多采用立式装置，小型混流式水轮机、水斗式水轮机、贯流式水轮机多采用卧式装置。

水轮机装置型式直接关系着水电站厂房设计，以下介绍几种水轮机常用的装置型式。

一、反击式水轮机装置型式

反击式水轮机使用水头范围大，单机容量的差别大，机型繁多，所以装置型式各不相同。大型机组，一般采用立轴装置方式，可以缩小厂房面积，水轮机轴与发电机轴直接连接。中低水头混流式机组和轴流式机组一般采用立轴，混凝土蜗壳，弯曲形尾水管，如图 1－16 所示。中高水头混流式机组一般采用立轴，金属蜗壳，弯曲形尾水管，如图 1－17 所示。

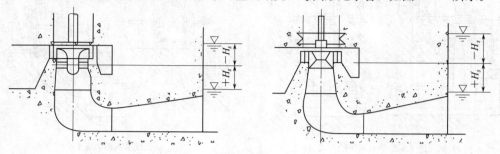

图 1－16　混凝土蜗壳立轴装置

中、小型机组，利用方式不同，主轴布置方式不同。水轮机轴与发电机轴可以采用直接连接，也可以通过齿轮、皮带间接连接。低水头机组的引水室多数采用开敞式，高水头机组的引水室多数采用蜗壳，而尾水管一般采用直锥形和弯锥形尾水管。图 1－18 是立轴、金属蜗壳、直锥形尾水管，一般用于中高水头、容量相对较大的混流式机组；图 1－19 是卧轴、金属蜗壳、弯锥形尾水管，一般用于中高水头、容量相对较小的机组；图 1－20 是立轴、明槽、弯锥形尾水管，图 1－21 是立轴、明槽、直锥形尾水管，这两种装置型式一般用于低水头、容量相对较小的轴流式水轮机；图 1－22 是卧轴、罐式、弯锥形尾水管，一般用于中水头、容量相当小的混流式水轮机。贯流式机组，主轴均采用卧轴装置方式，如图 1－7～图 1－10 所示。

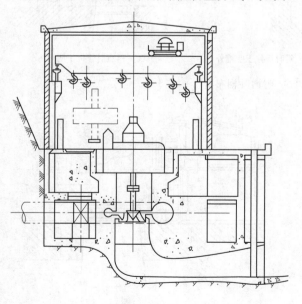

图 1－17　金属蜗壳立轴装置（弯曲形尾水管）

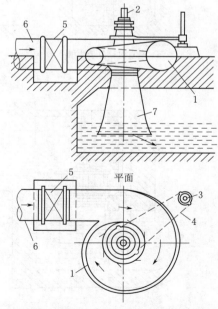

图 1－18　金属蜗壳立轴装置（直锥形尾水管）
1—金属蜗壳；2—主轴；3—调节轴；4—推拉杆；
5—主阀；6—压力水管；7—直锥形尾水管

13

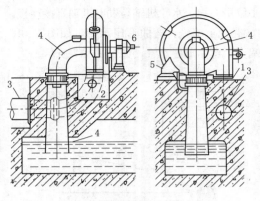

（a）蜗壳进水断面垂直向下的方式　　　　　　　（b）蜗壳进水断面朝向水平的方式

图 1-19　金属蜗壳卧轴布置

1—蜗壳进水断面；2—弯管；3—压力水管；4—尾水管；5—立撑腿；6—主轴

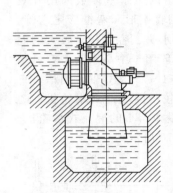 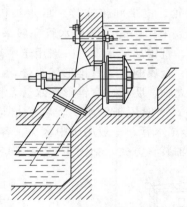 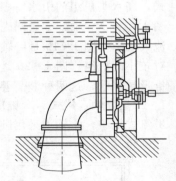

（a）垂直肘管位于明槽外　　　　（b）斜肘管位于明槽外　　　　（c）垂直肘管位于明槽内

图 1-20　明槽卧轴布置

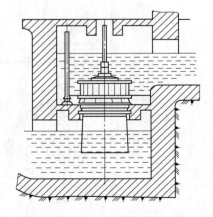 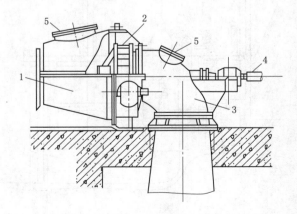

图 1-21　明槽立轴装置（直锥形尾水管）　　　　图 1-22　罐式卧轴装置

1—水轮机罐；2—水轮机转轮；3—弯锥形尾水管；

4—水轮机主轴；5—检查孔

二、冲击式水轮机装置型式

冲击式水轮机根据其类型和机组容量的大小,结合当地自然条件与生产制造水平决定其装置型式。

切击式水轮机机组容量范围较大,装置型式可以布置成立式,也可以布置成卧式。斜击式和双击式水轮机机组容量小,装置型式一般都布置成卧式。切击式水轮机若采用卧式,且卧式机组容量较大,多数采用多喷嘴或双转轮的装置型式,如图 1-23~图 1-27 所示。

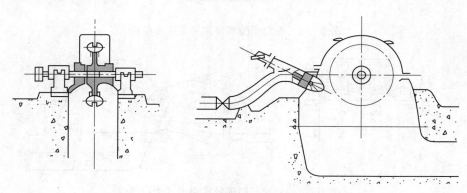

图 1-23 单轮单喷嘴卧式切击式水轮机

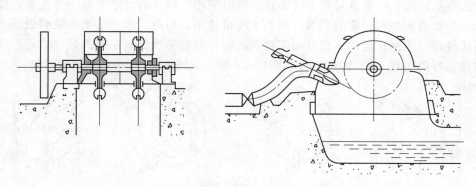

图 1-24 双轮单喷嘴卧式切击式水轮机

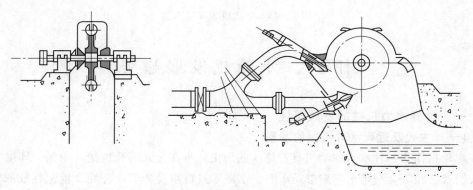

图 1-25 单轮双喷嘴卧式切击式水轮机

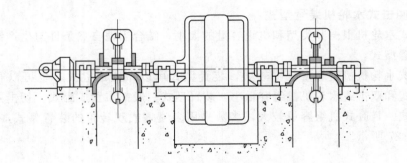

图 1-26　双轮双喷嘴卧式切击式水轮机

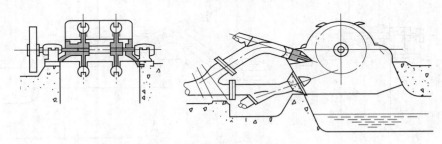

图 1-27　双轮双喷嘴卧式切击式水轮机

大容量机组，一般都采用立式装置，可以缩小厂房平面尺寸，减小开挖量，降低进水管中水力损失和转轮的风损，提高水轮机效率。切击式水轮机增加喷嘴数目可以提高比转速，根据负荷的变化自动调整投入运行的喷嘴数目，保持高效率运行。切击式水轮机可以布置 1~6 个喷嘴，如图 1-28 所示。国外 5~6 个喷嘴比较常见。

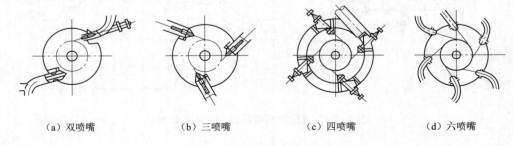

（a）双喷嘴　　　　（b）三喷嘴　　　　（c）四喷嘴　　　　（d）六喷嘴

图 1-28　立式机组喷嘴布置

任务六　水轮机发展趋势

一、世界水力机械的发展概述

（一）古代及近代水力机械的发展

水轮机作为一种水力原动机有着悠久的历史。早在公元前几世纪，中国、印度等地的人们就已经学会利用水车来带动水磨、水辗等进行粮食加工，公元 2 世纪在欧洲罗马的运河上出现了浸在水中由水轮带动的水磨。这些水轮都是利用水流的重力作用或者借助水流对叶片的冲击力而转动，具有尺寸大、转速低、功率小、效率低的特点。

15 世纪中叶到 18 世纪末，水力学的理论开始有了发展，随着工业的进步，要求有功功率更大、转速更快、效率更高的水力原动机。1745 年英国学者巴克斯，1750 年匈牙利人辛格聂尔分别提出了利用水流反作用力工作的水力原动机，如图 1-29 所示，由于转轮进口没有导向部分，存在撞击损失，故其效率只有 50% 左右。转轮出口无回收动能的装置，动能也未得到充分利用。

1751—1755 年间，俄国圣彼得堡科学院院士欧拉分析了辛格聂尔水轮的工作过程，发表了著名的叶片式机械的能量平衡方程式——欧拉方程。这个方程式直到今天仍被称为水轮机的基本方程。欧拉所建议的原动机，已经有导向部分，但出口流速仍很大，效率仍然不高，如图 1-30 所示。

1824 年法国学者勃尔金发明了一种水力原动机，第一次命名为水轮机，如图 1-31 所示。它有导向部分，转轮改进成由弯板制成的叶道，但由于转轮高度太大，叶道太长，水力损失大，效率低于 65%。

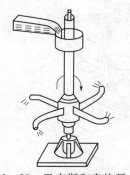

图 1-29 巴克斯和辛格聂尔
提出的水力原动机

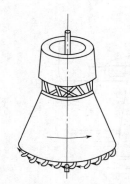

图 1-30 欧拉水力原动机

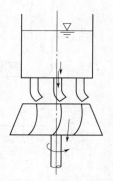

图 1-31 勃尔金水轮机

1827—1834 年勃尔金的学生富聂隆和俄国人萨富可夫分别提出了导叶不动的离心式水轮机，如图 1-32 所示，效率达到了 70%，直到 20 世纪一直得到了广泛利用。其主要缺点是导向机构在转轮内，转轮直径大，转速低，出口动能损失大。

1837 年德国的韩施里，1841 年法国的荣华里提出采用吸出管（尾水管）的轴向式水轮机，吸出管是圆柱形，使转轮安装在下游水位以上，但转轮出口动能依然没有被利用。

1847—1849 年美国的法兰西斯提出了向心式水轮机，它的转轮装置在导向机构以内，尺寸小，转速高，如图 1-33 所示。它的吸出管是圆锥形，转轮出口动能得以利用，转轮叶道逐渐收缩，转轮内水力损失较小。但由于转轮叶片位于径向，尺寸仍然很大，

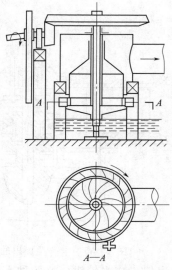

图 1-32 萨富可夫水轮机

转速也不够高，导向部分通过插板来调节流量，损失大，效率低。

1877 年法国人菲康，采用转动导向叶片的方法调节流量。在长期的工程实践中，菲康不断地对向心式水轮机进行改进和完善，逐渐发展成现代被广泛应用的混流式水轮机。

1850 年施万克格鲁提出了轴向单喷嘴冲击式水轮机；1851 年希拉尔提出了幅向多喷嘴冲击式水轮机；这是最早的冲击式水轮机，但尺寸大，效率低。

1880 年美国人培尔顿提出了采用双曲面水斗的冲击式水轮机，如图 1-34 所示。最初的结构设计中，流量调节是通过装在喷嘴前的闸门开关来控制，水力损失大。经过不断改进和完善才形成今天的切击式水轮机。这种水轮机在大气中工作，应用水头不受空蚀条件限制，结构强度优于混流式，但流量小，功率小。适用于高水头电站。

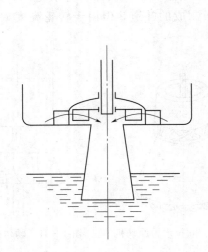

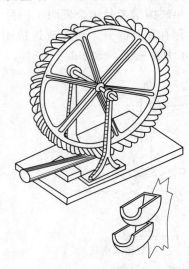

图 1-33　法兰西斯水轮机　　　　图 1-34　培尔顿所建议的冲击式水轮机

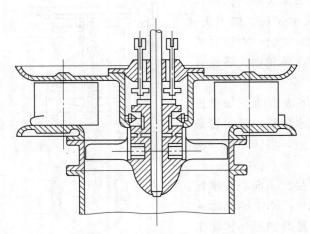

图 1-35　卡普兰提出的转桨式水轮机

1912 年捷克人卡普兰提出一种转轮带有外轮环、叶片固定的转桨式水轮机，如图 1-35 所示，这种水轮机把转轮移到轴向位置，减少了叶片数，增大了过流量，提高了转速。1916 年卡普兰又提出取消外轮环，采用叶片转动机构，过流量和平均效率得到了提高，后来经过不断完善，形成了今天的轴流转桨式水轮机。

1917 年匈牙利人班克提出双击式水轮机，1921 年英国人仇戈提出斜击式水轮机，这两种水轮机结构简单，效率比切击式低，适用于小型水电站。

　　20世纪40年代，为了开发低水头的水力资源，出现了贯流式水轮机。它在轴流式的基础上，取消蜗壳，引水室变成了一条管子，导水机构放到轴向位置，机组改为卧式，使过流量进一步提高，减少了损失，缩小了尺寸。

　　1950年苏联的 B.C 克维亚特科夫斯基及1952年瑞士人德列阿兹在英国分别提出了斜流式水轮机。它具有双重调节性能，故适用水头比轴流式水轮机高，效率比混流式水轮机高，但成本高。第一台斜流式水轮机由德列阿兹研制成功，1957年在加拿大亚当别克蓄能电站投入运行。近年来日本在斜流式水轮机生产上发展得很快。

　　1750—1880年100多年间，从初级水轮机发展成比较完善的现代水轮机，这是社会生产发展和人类共同努力的结果，这个时期主要解决了加大水轮机的过流量和提高水轮机效率两方面的问题。

（二）现代水轮机的发展趋势

　　现代水轮机的发展趋势是应用水头、单机容量和比转速的进一步提高。目前世界上已投运的各种水轮机的最大情况见表1-4。

表1-4　　　　　　　　　世界现代已投运各类水轮机的最大情况

类型	最大单机出力 $N_单$ /万 kW	最大转轮标称直径 D_1 /m	最大应用水头 H /m
混流式	100 中国白鹤滩	9.8 中国三峡	1771 奥地利莱赛克
冲击式	42.3 瑞士毕奥德隆	5.5 奥地利基利茨	1869 瑞士毕奥德隆
轴流式	20.0 中国水口	11.3 中国葛洲坝二江	113 日本新日向川
斜流式	20.0 苏联泽雅	6.0 苏联泽雅	24.3 意大利那门比亚
贯流式	6.58 日本只见	8.2 美国威达利亚	24.3 日本只见
水泵水轮机	45.7 美国巴斯康蒂	8.2 美国史密斯山	701.0 保加利亚茶伊拉

　　（1）应用水头范围更加宽广。水轮机应用水头从1m到2000m，适用不同型式的水轮机，如表1-1所述。水轮机应用水头向较宽的范围发展，以适应不同形式存在的水能的开发。

　　（2）单机容量逐渐提高。随着单机容量的提高，水轮机单位容量的造价逐渐降低。20世纪60年代，世界上第一台500MW混流式水轮机在苏联克拉斯诺亚尔斯克水电站投入运行后，提高水轮机单机容量的风潮在全球兴起，截至目前，全球最大的混流式水轮机单机容量是白鹤滩水电站，总装机容量1600万kW。

　　（3）空蚀特性、能量特性逐渐优化，比转速也有明显提高。提高水轮机比转速不仅可以增大机组的过流量，还可以减小水轮发电机体积，减轻重量，节省金属材料和制造工艺，从而降低成本，尤其对大容量的机组。事实上，水轮机能量特性、空化特性和比转速这三者之间是相互矛盾的，水轮机比转速提高的同时通常会带来效率下降和耐空化性能降低，主要原因是过流能力的加大会使水轮机流道中水流相对速度显著提高。因此，水轮机不可能同时具有良好的能量特性、空化特性和高的比转速，现代水轮机需从设计方法、制造工艺、材料性能等多方面展开研究，寻求合理解决矛盾的途径。

二、中国水力机械发展概述

1-6-1
中国水电鼻
祖—石龙坝
水电站

在中国，对水力利用最早的记载在公元纪年前后的汉代，西汉时期出现了水碓，它除加工粮食外，还有捶纸浆、碎矿石等多种用途。东汉初年出现了水排，是一种水力驱动的冶炼鼓风机，它由水轮带动连杆以推动鼓风，比欧洲类似机械的出现要早1000多年。魏晋南北朝时期出现了水磨，用流水推动立轮或卧轮转动，轮盘再将能量传递至齿轮，从而带动石磨转动。这些水力机械结构简单，制造容易。缺点是笨重、出力小、效率低。真正大规模地对水力资源合理开发和利用，是在近代工业发展和有关发电、航运等技术发展以后。

自1952年我国四川省长寿县龙溪河下硐水电站选用了我国自己设计制造的第一台0.8MW混流式水轮机以来，到1999年全国水电装机容量已达72970MW，所采用的水轮机在类型和品种方面几乎覆盖了当今世界上水轮机产品领域的各个方面。70多年以来，水轮机行业共生产了3000kW以上的水轮机33个系列61个品种，淘汰了8个系列17个品种，在已建成的100多座大中型水电站中，多数为自行设计生产的水轮发电机组的整套设备。中国水轮机工业经过了从小到大独立研究开发的迅速发展过程。中国已投运各类水轮机之最大情况见表1-5。1958年生产了7.25万kW的新安江机组，1968年生产了22.5万kW的刘家峡水电站机组，1972年生产了30万kW的刘家峡水电站机组。自行设计生产世界上最大的分瓣转轮。混流式单机容量为30.25万kW的岩滩和24万kW的五强溪机组，其转轮标称直径分别达到了8.0m和8.3m；还生产了高水头转桨式单机容量为20万kW同类型中的最大机组以及转轮直径11.3m，单机容量为70万kW的混流式三峡水电站机组。

表1-5　　　　　中国已投运各类水轮机之最大情况

类　型	最大运行功率 $N_单$ /万 kW	最大转轮标称直径 D_1 /m	最大应用水头 H /m
混流式	100 白鹤滩	9.8 三峡	1026.4 天湖
冲击式	12 冶勒	3.346 冶勒	580 冶勒
轴流式	20.0 水口	11.3 葛洲坝二江	77.0 毛家村
斜流式	0.8 毛家村	1.6 毛家村	78.0 石门
贯流式	5.7 桥巩	7.4 桥巩	17.6 南津渡
水泵水轮机	40 响洪甸	5.536 潘家口	550.0 广州抽蓄

中国水轮机行业在转轮几何型线水力设计方面，一元、二元及准三元 CAD 系统已在混流式转轮设计中应用，在轴流式转轮设计中则开发了奇点分步法 CAD 系统。在流动分析和性能预估方面，开发了三维黏性流场的分析方法，并将转轮压力脉动特性的预测等问题纳入研究范围之内。

水轮机制造改变了过去采用铸造后用立体样板对叶片型面进行测量而进行铲磨的制造工艺。目前，采用热压成型及数控加工叶片的工艺，辅以数字显示三坐标测量装置进行测量，在转轮焊接方面采用气体保护焊，同时对焊材的选择进行了大量的试验研究。

截至 2022 年年底，我国已建的巨型水电站，见表 1-6。

表 1-6 我国已建的巨型水电站特征数据表

水电站	台 数	单机容量/MW	水头/m			厂房型式
			H_{max}	H_{min}	H_r	
二滩	6	550	189.2	135	165	地下
三峡	26	700	113	71	80.6	地面
龙滩	9	700	179	107	125	地下
小湾	6	700	251	164	204	地下
瀑布沟	6	550	181.7	114.3	148	地下
向家坝	8	750	111.1	81.4	96	地面
溪洛渡	18	700	241	165	184	地下
白鹤滩	16	1000	228.8	163.9	202	地下

二滩水电站位于雅砻江下游河段二滩峡谷区内，是 20 世纪建成的中国最大的水电站。二滩水电站以发电为主，水库正常高水位 1200m，发电最低运行水位 1155m，总库容 58 亿 m³，有效库容 33.7 亿 m³，属季调节水库。电站内安装 6 台 55 万 kW 水轮发电机组，总装机容量 330 万 kW。多年平均年发电量为 170 亿 kW·h，保证出力 100 万 kW。在 21 世纪初三峡水电站建成之前，列全国第一。

三峡水电站装机总容量 1820 万 kW，年平均发电量 846.8 亿 kW·h，主要供电华东、华中地区，小部分送川东。将为经济发达、能源不足的华东、华中地区供应可靠、廉价、清洁的可再生能源。三峡电站分为左岸和右岸电站，左、右岸电站又各分为两个电厂。其中，左一电厂装机 8 台；左二电厂装机 6 台；右一电厂、右二电厂装机均为 6 台。

龙滩水电站位于红水河上游的广西壮族自治区天峨县境内，距天峨县城 15km。龙滩水电站安装 9 台 70 万 kW 的水轮发电机组，年均发电量 187 亿 kW·h。相应水库正常蓄水位 400m，总库容 273 亿 m³，防洪库容 70 亿 m³，分两期建设。工程建成后，大部分电力送往广东。龙滩水电站建设将创造三项世界之最：最高的碾压混凝土大坝（最大坝高 216.5m，坝顶长 836.5m，坝体混凝土方量 736 万 m³）；规模最大的地下厂房（长 388.5m，宽 28.5m，高 74.4m）；提升高度最高的升船机（全长 1650多 m，最大提升高度 179m；分两级提升，其高度分别为 88.5m 和 90.5m）。

　　小湾水电站位于云南省西部南涧县与凤庆县交界的澜沧江中游河段与支流黑惠江交汇后下游 1.5km 处，系澜沧江中下游河段规划 8 个梯级中的第二级。电站装设 6 台单机容量 700MW 的混流式机组，总装机容量为 4200MW，保证出力 1854MW，多年平均年发电量 190.6 亿 kW·h。电站以发电为主兼有防洪、灌溉和库区水运等综合效益。引水发电系统由竖井式进水口、埋藏式压力管道、地下厂房（长 326m×宽 29.5m×高 65.6m）、主变开关室（长 257m×宽 22m×高 32m）、尾水调压室（长 251m×宽 19m×高 69.17m）和两条尾水隧洞等建筑物组成。

　　向家坝水电站位于云南省水富市和四川省宜宾市叙州区交界的金沙江下游河段上，是金沙江最后一级水电站。向家坝电站共装 8 台机组，每台容量 75 万 kW，总装机容量为 600 万 kW，正常蓄水位 380m 时，保证出力 200.9 万 kW，多年平均发电量 307.47 亿 kW·h，装机年利用小时数 5125h。

　　瀑布沟水电站位于四川省雅安市汉源县和凉山州甘洛县交界处，是国家"十五"重点工程和西部大开发标志性工程，装设 6 台单机容量 600 MW 的混流式机组，总装机容量 360 万 kW，年均发电量 147.9 kW·h，总库容 53.9 m³。2004 年开工建设，2010 年全部投产。

　　溪洛渡水电站位于四川省雷波县和云南省永善县交界的金沙江下游河段溪洛渡峡谷，是一座以发电为主，兼有防洪、拦沙和改善下游航运条件等综合效益的巨型水电工程，溪洛渡电站总装机容量 1260 万 kW，年发电量 571.2 亿 kW·h，电站水库长 208km，正常蓄水位 600m，相应库容 115.7 亿 m³，调节库容 64.6 亿 m³，防洪库容 46.5 亿 m³，具有较大的防洪能力。拦河大坝为混凝土双曲拱坝，坝顶高程 610m，最大坝高 278m，坝顶弧长 698.07m。

　　白鹤滩水电站位于四川省宁南县和云南省巧家县交界的金沙江下游干流河段上，具有以发电为主，兼有防洪、拦沙、改善下游航运条件和发展库区通航等综合效益。水库正常蓄水位 825m，相应库容 206 亿 m³。电站共安装 16 台我国自主研制、全球单机容量最大的百万千瓦水轮发电机组，总装机容量 1600 万 kW。

　　我国水力资源除理论蕴藏量、技术可开发量、经济可开发量及已建和在建开发量均居世界首位外，还具有三个鲜明的特点：一是在地域分布上极不平衡，西部多、东部少，因此，西部水力资源开发除了满足西部电力市场自身需求外，更重要的是要考虑东部市场，实行水电的"西电东送"战略。二是大多数河流年内、年际径流分布不均，需要建设调节性能好的水库，对径流进行调节，缓解水电供应的丰枯矛盾，提高水电的总体供电质量。三是水力资源集中于大江大河，其总装机容量约占全国技术可开发量的 51%，占经济可开发量的 60%，有利于集中开发和规模外送。

　　目前，在我国已经建设投产的水电站中。有不少工程在规模、难度或技术方面是世界之最。如：世界上装机容量最大的三峡水电站（1820 万 kW），世界上最高的拱坝——锦屏一级水电站拱坝（坝高 305m），世界最高的碾压混凝土重力坝——龙滩水电站大坝（坝高 216.5m），世界单机容量最大的白鹤滩水电站（100 万 kW）等。

思 考 与 练 习 题

　　1. 根据集中水头方式的不同，水电站分为哪些类型？

2. 反击式水轮机有哪些类型？冲击式水轮机有哪些类型？

3. 请写出水轮机出力的计算公式。

4. 请写出下列水轮机型号的含义：

（1）HL110 - WJ - 50。

（2）ZD560 - LH - 180。

（3）GZ003 - WZ - 100。

（4）CJ22 - W - 55/1×7。

混 流 式 水 轮 机

【知识目标】

掌握混流式水轮机引水室、导水机构的作用和类型，掌握混流式水轮机转轮的组成和结构型式，熟悉主轴的结构型式，掌握混流式水轮机导轴承的作用和类型，掌握混流式水轮机密封装置的作用和类型，掌握混流式水轮机尾水管的作用和类型，熟悉减轻尾水管振动的措施。

【技能目标】

能熟悉混流式水轮机的内部构造，能理解混流式水轮机导轴承工作原理，会进行蜗壳和尾水管的选型及单线图的绘制，会运用所学理论知识识读实际水轮机剖面图。

【重点难点】

重点：混流式水轮机引水室、导水机构、转轮、导轴承、密封装置、尾水管等部件的作用和类型。

难点：混流式水轮机导轴承原理，混流式水轮机剖面图。

任务一　混流式水轮机概述

混流式水轮机又称法兰西斯（Francis）式水轮机、辐轴流式水轮机，水流沿径向流入转轮，轴向流出转轮，主要应用于中水头电站，其应用水头范围一般为 20～700m。它结构简单，制造安装比较方便，运行稳定，工作可靠，效率较高，空化系数较小，因而是近代大中型水电站应用最广泛的一种水轮机。

目前，我国三峡电站的水轮机是世界上最大的混流式水轮机之一，其单机出力是 70 万 kW，标称直径 10.4m，使用水头为 113m。

图 2-1 为混流式水轮机常见结构的剖面图。水流从压力钢管管道引至蜗壳进口断面，开始进入水轮机。顺次经过蜗壳、座环、导叶、顶盖、底环、转轮、尾水管等部件流出水轮机。以上部件常称为水轮机通流部件。转轮是水轮机将水流能量转换为机械能的工作部件。水流通过导水机构进入转轮。转轮由上冠 9、下环 10 和叶片 11 组成。混流式水轮机一般有 14～19 个叶片。叶片、上冠和下环组成坚固的整体刚性结构。转轮上冠与主轴 8 的下法兰连接。泄水锥 18 与上冠连接，用于消除水流漩涡。蜗壳位于最外层，从四周包围着座环，与座环的上环 a、下环 b 焊接在一起。座环上

下环间均匀布置着能承重的固定导叶。顶盖用螺钉6与座环的上环内法兰连接，底环固定在下环法兰上。顶盖和底环上下相对构成环形过流通道。通道内均均匀布置着若干个活动导叶以调节流量。活动导叶上下轴颈放置在顶盖、底环预留的轴孔中，用衬套（钢或尼龙材料）固定在顶盖4的套筒5和支承在底环3上。活动导叶上半段轴穿过顶盖预留轴孔，与顶盖上面导叶传动机构相连接。座环下端通过基础环与尾水管上端相连接。顶盖之下、尾水管之上是转轮，转轮四周被活动导叶包围。

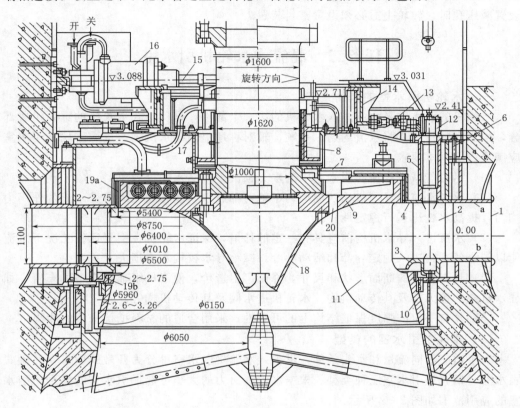

图 2-1　HL200-LJ-550 水轮机剖面图（高程单位：m，尺寸单位：mm）

1—固定导叶；2—活动导叶；3—底环；4—顶盖；5—套筒；6—螺钉；7—主轴法兰；8—主轴；9—上冠；10—下环；11—叶片；12—转臂；13—连杆；14—控制环；15—推拉杆；16—接力器；17—导轴承；18—泄水锥；19a、19b—上、下迷宫环；20—减压孔；a—座环上环；b—座环下环

主轴的下端与转轮相连，上端与发电机相连。在顶盖上设置轴承座，其上装有水轮机导轴承，包在主轴外面，给水轮机转动部分轴心线定位。导水机构的传动机构放置在顶盖上，由安置在活动导叶上轴颈的转臂12、连杆13、控制环14组成。导叶开度（从导叶出口边到相邻导叶背部的最短距离）的改变通过导水机构的两个接力器16和控制环连接的推拉杆15传动控制环实现。

活动导叶和水轮机顶盖4及底环3之间的间隙及相邻导叶在关机时的接合面存在漏水现象，一般采用橡胶的或金属制成的密封件减少漏水。在高水头水轮机中，有时采用专门的管状密封装置（空气围带），在关机时在其内腔充压缩空气使端面完全密封。水轮机工作时有部分水流经过转动部件与不转动部件之间的间隙溜掉，形成容积损失，降低水轮机效率，因此，需要设置密封环。转轮密封 19a、19b 是安置在转轮上冠和下环上的密封环。当水经过密封环空间时，受到突然扩大和缩小的局部水力阻挡，产生水力损失，从而减小流速，使通过缝隙的流量减小。

水轮机工作时，转轮前后的水流分别为高压流和低压流，转轮后容易形成真空。减压孔 20 连通转轮上腔和转轮下面的低压区，减小由推力轴承承受的轴向水推力。设置减压孔时，转轮上冠必须设置密封装置。

任务二 混流式水轮机引水室

2-2-1
反击式水轮机的引水部件

一、水轮机引水室的作用

水轮机的引水室是水流进入水轮机的第一个部件，是反击式水轮机的重要组成部分，引水室的作用是将水流均匀、平顺、轴对称地引向导水机构，进入转轮。引水室应满足以下基本要求：

（1）尽可能减少水流在引水室中的水力损失，提高水轮机效率。

（2）保证水流沿导水机构四周均匀、轴对称进水，使转轮四周所受水流的作用力均匀，提高水轮机运行稳定性。

（3）水流进入导水机构前应具有一定的环量，保证水轮机在主要运行工况下水流能以较小的冲角进入固定导叶和活动导叶，减小导水机构水力损失。

（4）具有合理的断面形状和尺寸，降低厂房造价，便于机组辅助设备的布置，如导水机构的接力器及其传动机构、水轮机进水阀及其传动机构等。

（5）具有一定的强度保证结构上的可靠性，采用合适的材料抵抗水流的冲刷。

二、水轮机引水室的类型

为了适应不同流量和水头条件，反击式水轮机引水室可分为开敞式引水室、罐式引水室、蜗壳式引水室三种类型。根据水头、出力的大小可选择引水室的类型，引水室的应用范围如图 2-2 所示。

（一）开敞式引水室（明槽式）

水轮机导水机构外围为一开敞式矩形或蜗形的水槽，槽中水流具有自由水面。为保证水流轴对称及在引水室内损失很小，其平面尺寸一般较大，如图 2-3 所示。这种型式结构简单、施工方便，但由于地球自转产生离心力，水流旋转进入转轮时带有空气，易形成真空，发生空化和空蚀。因强度要求不高，材料用混凝土、浆砌石，适用于较低水头及转轮直径小于 2m 的小型水轮机上。

（二）罐式引水室

罐式引水室属于封闭式结构，类型有两种，一种是水流沿轴向进入水轮机，进入导水机构前急剧转弯导致水流不均匀，如图 2-4 所示，只适用于小型水轮机；另一种是进入水轮机的水流方向不转弯，水流均匀、轴对称，水力损失小，但不能形成环量，如图 2-5 所示，只适用于低水头电站，称为贯流式引水室。

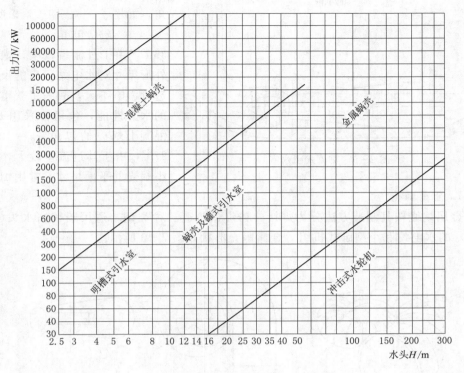

图 2-2 引水室的应用范围

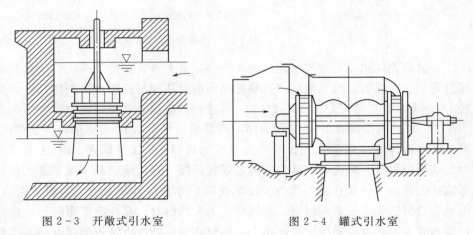

图 2-3 开敞式引水室   图 2-4 罐式引水室

（三）蜗壳式引水室

蜗壳式引水室的平面形状像蜗牛壳，故常简称为蜗壳。蜗壳的断面从进口到尾端逐渐减小，同时能使水流进入导水机构前形成一定环流减轻导水机构的工作强度，且沿圆周均匀轴对称地进入导水机构，水力损失小，且蜗壳结构紧凑，可减小厂房尺寸，降低土建投资，因此被广泛应用。

依据所用材料不同，蜗壳可分为金属蜗壳和混凝土蜗壳。蜗壳的包角 φ_0 是自蜗壳鼻端（尾端）断面为起点到蜗壳进口断面（垂直于压力管道轴线的断面）之间的夹

27

角，如图 2-6、图 2-9 所示。金属蜗壳的包角 $\varphi_0 = 340° \sim 350°$，由于过流量较小，蜗壳的外形尺寸对水电站厂房的尺寸和造价影响不大，故为了获得良好的水力性能，包角常采用 345°。混凝土蜗壳的包角 $\varphi_0 = 180° \sim 270°$，由于其过流量较大，为减小蜗壳的平面尺寸，常用 180°。

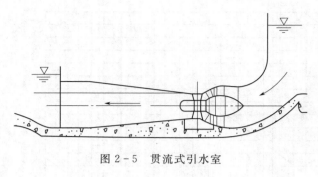

图 2-5　贯流式引水室

1. 金属蜗壳

金属蜗壳按其制造方法分为焊接、铸焊、铸造三种类型，适用于较高水头（$H > 40\text{m}$）的水电站和小型卧式机组。金属蜗壳形状如图 2-6 所示。

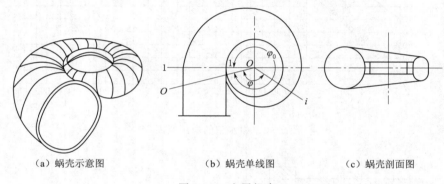

（a）蜗壳示意图　　　　　　（b）蜗壳单线图　　　　　　（c）蜗壳剖面图

图 2-6　金属蜗壳

金属蜗壳的结构类型与水轮机的水头和尺寸有着紧密的关系。焊接蜗壳通常与座环分开制造，然后运到工地组焊。蜗壳径向断面从圆形逐渐过渡到椭圆形，按转轮直径 D_1 的大小，通常可分为 18～35 节。考虑到制造误差和运输途中的变形，在蜗壳的 $-X$、$-Y$ 方向要留有 1～2 节凑合节。焊缝坡口常用 X 形或 V 形，焊缝要相互错开，避免十字形焊缝相交焊接。图 2-7 是某水电站钢板焊接的蜗壳，由 31 节焊成，每节由几块钢板拼成，蜗壳和座环之间通过焊接连接。焊接蜗壳的节数不能太少，否则会影响蜗壳的水力性能；也不能为了使蜗壳线型光滑改善其水力性能而采用节数太多，否则会给制造和安装带来困难。金属蜗壳为节约钢材，其断面采用圆形，钢板厚度进口断面较大，越接近鼻端则厚度越小，即使在同一断面上钢板的厚度也不尽相同，如接近座环上、下两端的钢板比断面中间的厚些，具体数值由强度计算决定。图 2-7 所示蜗壳进口断面的最大厚度是 35mm，鼻端的厚度是 25mm。

铸焊和铸造蜗壳一般用于转轮直径小于 3m 的高水头混流式水轮机，尺寸较大的中低水头混流式水轮机一般采用钢板焊接结构。铸焊蜗壳的外壳用钢板压制而成，固定导叶和座环一般是铸造后用焊接的方法连成整体，焊接后需进行热处理消除焊接应力。

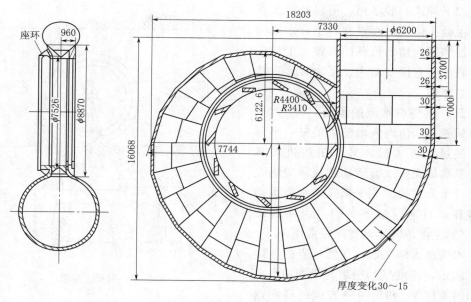

图 2-7 焊接蜗壳（单位：mm）

铸造蜗壳把蜗壳和座环整体铸造，刚度较大，能承受一定的外压力，可作为水轮机的支承点，在它上面布置导水机构及传动装置，一般不全部埋入混凝土，如图 2-8 所示。根据应用水头不同，铸造蜗壳可分为铸铁、铸钢、不锈钢三种，水头小于 120m 的小型机组一般用铸铁；水头大于 120m 的机组一般用铸钢；水头很高且水中含有较多固体颗粒时，多用不锈钢铸造蜗壳。

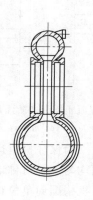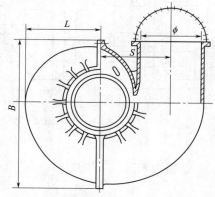

图 2-8 铸造蜗壳

2. 混凝土蜗壳

混凝土蜗壳一般适用于水头在 40m 以下的大流量水电站。它实际上是直接在厂房水下部分大体积混凝土中做成的蜗形空腔。浇筑厂房水下部分时预先装好蜗形的模板，模板拆除后即是蜗壳。流量较大时，采用混凝土蜗壳，过流条件比金属蜗壳稍差，但蜗壳平面尺寸较小，可能会降低厂房尺寸，从而减小厂房投资。水头较大时，混凝土材料不满足抗渗要求，需要在混凝土中加钢板衬砌防渗，同时为满足强度要求还需在混凝土中布置大量钢筋，提高了造价。其形状如图 2-9 所示。

为了便于模板制作、施工、减少径向尺寸，混凝土蜗壳断面形状为 T 形，常见的有 4 种形状，有上伸式、下伸式、对称式、平顶式，如图 2-10 所示。混凝土蜗壳断面形状可根据厂房布置、地质条件、尾水管高度、下游水位变化等条件来选择。对称式和下伸式一般多用，可以减少水下部分混凝土体积，而且有利于导水机构接力器和其他辅助设备的布置。上伸式只有在下游水位变动大、尾水管形状特殊时才采用。

三、蜗壳中水流的运动

蜗壳是水流进入水轮机的第一个部件，通过它将水引向导水机构进入转轮。掌握蜗壳中水流运动的规律对蜗壳的设计十分重要。关于蜗壳中水流运动的规律，目前说法不一致，但实践证明，"等速度矩"运动规律最常用。

水流进入蜗壳后，任意一点的速度用 V 表示，速度 V 可分解为沿圆周方向的切向速度 V_u 和沿半径方向的径向速度 V_r，该点的水流速度与圆周方向的夹角为 δ，如图 2-11 所示。

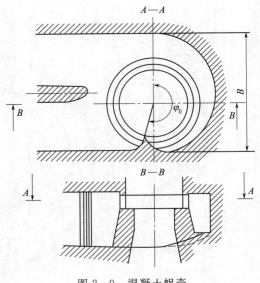

图 2-9 混凝土蜗壳

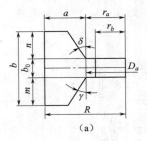 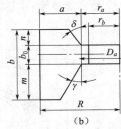 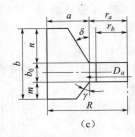 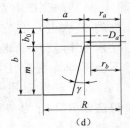

图 2-10 混凝土蜗壳的断面形状

(a) $m=n$；(b) $m>n$；(c) $m<n$；(d) $n=0$

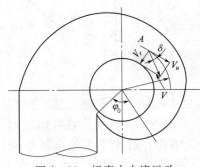

图 2-11 蜗壳中水流运动

为保证机组运行的稳定性，蜗壳中的水流必须均匀、轴对称地进入转轮。均匀进水是指沿导水机构圆周单位长度上进入的流量相等。蜗壳中任一点水流的径向分速度 V_r 是使水流进入导水机构的速度，为满足均匀进水，在蜗壳任一与轴心半径相同的圆周上，要求各点的 V_r 大小相等，那么，当假设蜗壳具有等高断面时，则

$$V_r = \frac{Q}{2\pi rb} = 常数 \qquad (2-1)$$

式中　Q——水轮机总流量，$\mathrm{m^3/s}$；

　　　　r——计算点距水轮机轴线的距离，m；

　　　　b——蜗壳高度，m。

满足了式（2-1）即实现了均匀进水。而对称进水是指蜗壳内的水流对水轮机轴

线而言是轴对称的，要求蜗壳中距水轮机轴心半径相同的各点上其水流的切向速度大小 V_u 相等。假设蜗壳内是光滑的，没有引起水流漩涡的异物，忽略水流的黏性，为满足轴对称进水，则蜗壳内的水流运动就是理想液体轴对称的有势流动。由流体力学可知，需满足下式：

$$V_u r = 常数 = K \tag{2-2}$$

式中　　V_u——速度的切向分速度；

　　　　r——计算点距水轮机轴线的距离；

　　　　K——蜗壳常数。

而

$$\tan\delta = \frac{V_r}{V_u} \tag{2-3}$$

当水头和流量一定时，满足了均匀进水和轴对称进水的要求，则 V_r、V_u 均为常数，蜗壳内水流各点的速度与圆周方向的夹角 δ 也为常数。

用上述方法设计蜗壳，就是"等速度矩法"。它表明了蜗壳中水流各点的速度矩为一常数；蜗壳中距水轮机轴心半径相同的各点，其水流切向速度 V_u 相等；距水轮机轴心半径不同的各点，其水流切向速度 V_u 与半径 r 成反比。实践证明，这样设计的蜗壳，形状是理想的，效果是良好的。

在蜗壳水力计算中，还有其他的假定方法，如认为水流在蜗壳中按圆周速度等于常数的规律运动，认为水流是按圆周速度递减的规律运动等。实践证明，这些假设破坏了水流的轴对称性，很少采用。

四、蜗壳主要参数的选择

影响蜗壳尺寸大小的主要参数有：蜗壳包角、蜗壳断面形状和蜗壳进口断面平均流速。

（一）蜗壳包角 φ_0

包角的大小直接影响蜗壳的平面尺寸。包角大时（接近 360°），水轮机的流量全部经蜗壳进口断面进入水轮机，则进口断面较大；包角较小时，部分流量直接进入导水机构，经进口断面进入水轮机的流量减少，进口断面尺寸减小，包角为 180°时蜗壳宽度最小。不同包角的蜗壳平面尺寸比较如图 2-12 所示。

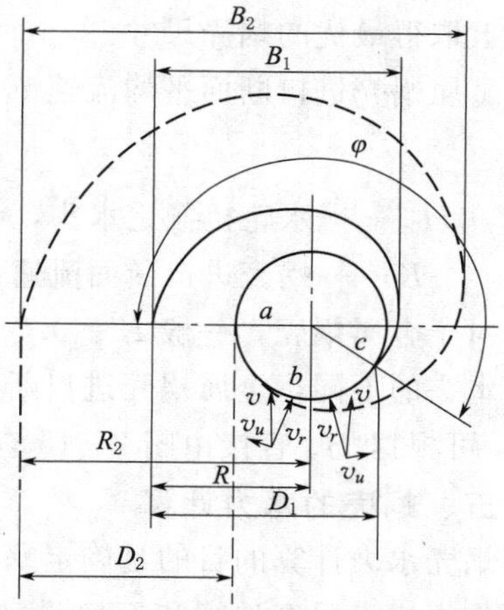

（二）蜗壳的断面形状

金属蜗壳断面形状一般采用圆形断面，因为圆形断面便于焊接或铸造，可以承受较大的内水压力，强度结构比较理想。蜗壳的各个径向断面随流量的减少而变小，因为座环的高度不变，所以最后由圆过渡为椭圆，以便于与高度不变的座环蝶形边相接。将蜗壳各断面重叠地绘制在一个图上，可以看出面积小的断面为椭圆形，如图 2-13（a）所示。

混凝土蜗壳一般采用梯形断面，即多边形断面。将各个断面重叠地画在一个图上，

图 2-12　不同包角的蜗壳平面尺寸比较
实线——（$\varphi_0 \approx 180°$）；虚线－－－（$\varphi_0 \approx 360°$）

各断面外侧的顶角和底角应分别位于直线 AG 和 CH，或曲线 AG 和 CH 上，如图 2-13（b）、（c）所示。曲线 AG 和 CH 一般为向内弯的抛物线，其特点是，各断面的高度尺寸在进口部分降低较多，径向尺寸较大，但各断面的平均流速增加较慢，有利于蜗壳中的水流运动。

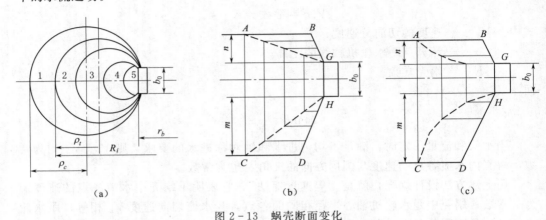

图 2-13　蜗壳断面变化

（三）蜗壳进口断面平均流速 v_0

蜗壳进口断面平均流速 v_0 是蜗壳水力计算中需确定的一个重要参数。流速选得大，则蜗壳及导水机构中的水力损失大，在相同流量时，蜗壳断面较小；流速选得小，则水力损失小，在相同流量时，蜗壳断面较大，增加了蜗壳的尺寸，加大了电站的土建工程量和蜗壳钢板用量。故应合理确定蜗壳进口断面平均流速，以求在技术、经济上取得最优的蜗壳尺寸。

金属蜗壳进口断面平均流速 v_0(m/s) 可按下列经验公式确定：

$$v_0 = K \sqrt{H_r} \tag{2-4}$$

式中　　H_r——水轮机额定水头，m；

　　　　K——蜗壳进口断面流速系数。

对于金属蜗壳，一般 $K = 0.7 \sim 0.8$；对混凝土蜗壳，一般 $K = 0.8 \sim 1.0$。根据额定水头的不同，金属蜗壳进口断面流速系数可按图 2-14 查取，混凝土蜗壳进口流速 v_0 可根据 H_r 直接由图 2-15 查得。

五、蜗壳的水力计算

蜗壳水力计算的目的是确定蜗壳各个断面的几何形状和尺寸，绘制出蜗壳的单线图，作为蜗壳强度计算和厂房设计的依据。蜗壳的水力计算是按照蜗壳中水流遵循"等速度矩"规律进行的。金属蜗壳与座环的连接方式不同，设计方法有差异，现仅以与座环蝶形边相切的金属蜗壳为例进行计算。金属蜗壳的断面形状一般为圆形，可用数学方程式来表示，即用数学解析法进行计算。

金属蜗壳水力计算的步骤如下：

（1）确定蜗壳的参数，如断面形状、包角及进口断面平均流速等，并查取与座环连接部位的几何尺寸。

（2）已知水轮机设计水头和设计流量，首先进行进口断面的计算。利用进口断面的尺寸求出蜗壳系数 C 和蜗壳常数 K。

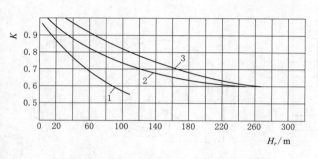

图 2-14　金属蜗壳流速系数与水头的关系
1、2—以前生产的产品 K 值统计曲线；3—推荐曲线

图 2-15　混凝土蜗壳
进口断面的平均流速

（3）根据"等速度矩"原则进行其他圆形断面的计算。

（4）进行椭圆断面的计算。

（5）由以上求得的各断面的尺寸对应的幅角和断面外径绘出蜗壳的单线图。

（一）确定蜗壳参数及查取有关尺寸

金属蜗壳断面一般为圆形，包角 φ_0 一般取 $345°$，进口断面流速系数查图 2-14。蜗壳各圆截面均切于以导水机构中心线为顶点所做的角度线，该线与水平轴线成 α 角，一般取 $\alpha=55°$，如图 2-16 所示。靠近鼻端的断面为便于和座环连接，采用椭圆形断面。金属蜗壳的座环尺寸可由表 2-1 确定。

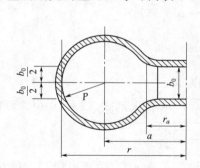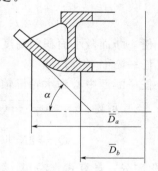

图 2-16　金属蜗壳及座环的断面图

表 2-1		导水机构主要尺寸												单位：cm	
转轮直径 D_1	120	140	160	180	200	225	250	275	300	330	370	410	450	500	550	600
导叶轴圆周直径 D_0	145	170	190	215	235	265	290	320	350	385	430	475	525	580	640	700
座环内直径 D_b	175	200	225	250	275	310	340	375	410	450	500	550	605	670	735	805
座环外直径 D_a	206	241	270	300	334	370	410	440	480	530	580	640	700	790	860	945

（二）计算进口断面和蜗壳系数

图 2-17 所示蜗壳任一断面 i，与鼻端的包角为幅角 φ_i，通过该断面的流量为

Q_i ，在该断面上取一微小面积 $b\,\mathrm{d}r$ ，通过微小面积上的流量为

$$\mathrm{d}Q_i = V_u b\,\mathrm{d}r \tag{2-5}$$

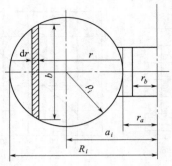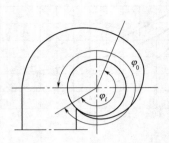

图 2-17 金属蜗壳的计算图

通过该断面的流量为

$$Q_i = \int_{r_b}^{R_i} V_u b\,\mathrm{d}r \tag{2-6}$$

将 $V_u = \dfrac{K}{r}$ 代入式（2-6）得

$$Q_i = K \int_{r_b}^{R_i} \frac{b}{r}\,\mathrm{d}r \tag{2-7}$$

式（2-7）是蜗壳水力计算的基本出发点，是金属蜗壳断面计算的数学方程式，即数学解析解。

从图 2-17 的几何关系可知

$$\left(\frac{b}{2}\right)^2 + (r - a_i)^2 = \rho_i^2 \tag{2-8}$$

式中　b——任一断面微小面积的高度；

　　　ρ_i——任一断面半径；

　　　a_i——任一断面中心到水轮机轴线的距离。

由式（2-8）可得：$b = 2\sqrt{\rho_i - (r - a_i)^2}$ ，代入到式（2-7）中，可得

$$Q_i = 2K \int_{r_b}^{R_i} \frac{\sqrt{\rho_i - (r - a_i)^2}}{r}\,\mathrm{d}r \tag{2-9}$$

为了简化积分，计算式（2-9）忽略了（$r_a - r_b$）的矩形段，这段对蜗壳断面面积影响较小，故积分从固定导叶外切圆半径 r_a 开始。以 $R_i = r_a + 2\rho_i$ 代入式（2-9）求积分得

$$Q_i = 2\pi K\left[r_a + \rho_i - \sqrt{r_a(r_a + 2\rho_i)}\right] \tag{2-10}$$

若通过水轮机的全部流量为 Q ，则通过蜗壳任一断面的流量 Q_i 为

$$Q_i = \frac{\varphi_i}{360^\circ}Q \tag{2-11}$$

将式（2-11）代入式（2-10）可得

$$\varphi_i = \frac{2\pi K\,360}{Q}\left[r_a + \rho_i - \sqrt{r_a(r_a + 2\rho_i)}\right] \tag{2-12}$$

令 $C = \dfrac{2\pi K \, 360}{Q}$ ，则

$$\varphi_i = C \left[r_a + \rho_i - \sqrt{r_a (r_a + 2\rho_i)} \right] \qquad (2-13)$$

$$\rho_i = \frac{\varphi_i}{c} + \sqrt{2 r_a \frac{\varphi_i}{c}} \qquad (2-14)$$

蜗壳常数 K 对整个蜗壳是常数，所以 C 对整个蜗壳也是常数，称为蜗壳系数。可由选定的包角 φ_0 及进口断面半径 ρ_0 求出 C 为

$$C = \frac{\varphi_0}{r_a + \rho_0 - \sqrt{r_a (r_a + 2\rho_0)}} \qquad (2-15)$$

C 求出后，可按式（2-14）求出其他所选幅角 φ_i 的各断面半径 ρ_i、a_i 及 R_i 值，至此整个蜗壳就确定了。

蜗壳与座环连接部位的几何尺寸由座环设计给定，如图 2-18 所示。由于座环是支承顶盖及机组上部重量的零件，大型机组的座环往往采用分半铸造，然后用螺栓把合，而座环与蜗壳的焊接容易操作和检查，所以要求将座环和蜗壳的焊点选定在 r_0 处。

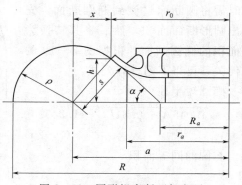

图 2-18　圆形蜗壳断面与座环蝶形边相接的尺寸

进口断面流量　$Q_0 (\mathrm{m^3/s}) = \dfrac{\varphi_0}{360} Q$
$$\qquad (2-16)$$

进口断面流速　$v_0 (\mathrm{m/s}) = K \sqrt{H_r}$
$$\qquad (2-17)$$

进口断面面积　　　　$F_0 (\mathrm{m^2}) = \dfrac{Q_0}{v_0} = \pi \rho_0^2 \qquad (2-18)$

进口断面半径　　　　$\rho_0 (\mathrm{m}) = \sqrt{\dfrac{F_0}{\pi}} \qquad (2-19)$

进口断面中心距　　　$a_0 (\mathrm{m}) = r_0 + \sqrt{\rho_0^2 - h^2} \qquad (2-20)$

进口断面外径　　　　$R_0 = a_0 + \rho_0 \qquad (2-21)$

由进口断面尺寸，可以求出蜗壳系数 C 和蜗壳常数 K，即

$$C = \frac{\varphi_0}{a_0 - \sqrt{(a_0^2 - \rho_0^2)}}, \ K = \frac{QC}{720\pi} \qquad (2-22)$$

（三）计算其他圆形断面

由图 2-18 的几何关系可得

$$x_i = \frac{\varphi_i}{c} + \sqrt{2 r_0 \frac{\varphi_i}{c} - h^2} \qquad (2-23)$$

$$\rho_i = \sqrt{x^2 + h^2} \ , \ a_i = r_0 + x \ , \ R_i = a_i + \rho_i \qquad (2-24)$$

φ_i 的变化幅度采用 $15°$，应用式（2-23）可求得任意断面 φ_i 的 ρ_i，采用表 2-2 格式列表计算。

表 2-2　　　　　　　　　　　金属蜗壳圆形断面计算表

断面号	φ	$\dfrac{\varphi_i}{c}$	r_b	$2r_0\dfrac{\varphi_i}{c}$	h^2	$\sqrt{2r_0\dfrac{\varphi_i}{c}-h^2}$	x	x^2	ρ_i	a_i	R_i
1											
2											
3											
...											

（四）计算椭圆断面

当计算到圆形断面半径 $\rho < s$ 时，蜗壳的圆形断面不能和蝶形边相接，此时需将圆断面过渡到椭圆断面。先求出圆形断面面积，然后将其转换为等面积的椭圆断面。根据图 2-19 的几何关系可得下列计算公式。

椭圆短半径

$$\rho_2 = \sqrt{1.045A + 0.81L^2} - 1.345L$$

$$(2-25)$$

与圆的同等面积

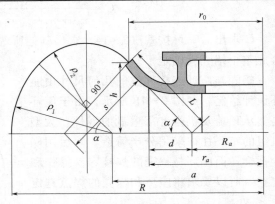

图 2-19　蜗壳椭圆形断面与蝶形边相接尺寸

$$A = \pi\rho^2 + d^2\tan\alpha \tag{2-26}$$

其中：

$$\rho = \frac{\varphi_i}{c} + \left(\sqrt{\cot^2\alpha + \frac{2R_a}{\varphi_i/c} + \frac{1}{\sin\alpha}}\right),\ d = r_a - R_a \tag{2-27}$$

椭圆断面上半径

$$\rho_1 = L + \rho_2 - \rho_2\cot\alpha \tag{2-28}$$

其中：

$$L = \frac{h}{\sin\alpha}$$

椭圆断面中心距

$$a = R_a + 1.22\rho_2 \tag{2-29}$$

椭圆断面外径

$$R = a + \rho_1 \tag{2-30}$$

采用表 2-3 格式列表计算。

表 2-3　　　　　　　　　　　金属蜗壳椭圆形断面计算表

断面号	φ_i	$\dfrac{\varphi_i}{c}$	$\rho = \dfrac{\varphi_i}{c} + \left(\sqrt{\cot^2\alpha + \dfrac{2R_a}{\varphi_i/c} + \dfrac{1}{\sin\alpha}}\right)$	$A = \pi\rho^2 + d^2\tan\alpha$	ρ_2	ρ_1	a	R
1								
2								
3								
...								

（五）绘出蜗壳的单线图

由表2-2、表2-3中的幅角及断面外径绘出蜗壳几何尺寸单线图。一般从进口断面起，将外径各端点用平滑连线连接即可。

六、座环

座环位于蜗壳的内圈，导水机构的外围。座环由上环、下环、固定导叶（支柱）组成，它们分别制造，然后组焊成形。座环的尺寸与转轮型号、直径、结构型式有关。

2-2-2
水泵水轮机
结构——蜗
壳和座环

（一）座环的功用

水轮机座环是水轮机的承重部件，它要承受水轮发电机组的重量、水轮机轴向水推力和蜗壳上部部分混凝土重量，并将其传递到水电站厂房的基础上。故它要有足够的强度和刚度。座环又是通流部件，固定导叶要设计成流线形，合理配置安放角，保证水流均匀轴对称地流入导水机构，同时尽量减少水力损失。

（二）座环的结构型式

1. 与混凝土蜗壳连接的座环

与混凝土蜗壳连接的座环，结构型式一般有三种：①整体结构座环，即上环、下环、固定导叶为一个整体结构，如图2-20所示；②装配式结构座环，它由上环、固定导叶组成，装配后直接埋入混凝土，如图2-21所示；③支柱式结构座环，它由支柱组成，单个支柱上下端面呈法兰状用以承受压力，按一定位置埋入混凝土。为了提高抗磨能力，在过流表面敷设钢板。

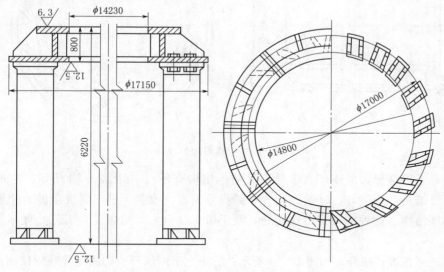

图2-20　整体结构座环（单位：mm）

2. 与金属蜗壳连接的座环

与金属蜗壳连接的座环，结构型式一般有以下三种：

（1）带蝶形边的座环，如图2-22所示。所谓蝶形边，是指将圆锥形钢板以55°锥角焊接在座环的上、下环上面。它的结构有铸造、铸焊、全焊三种型式。这种结构水力性能好，应用广泛。

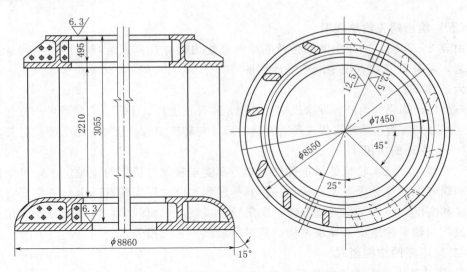

图 2-21　装配式座环（单位：mm）

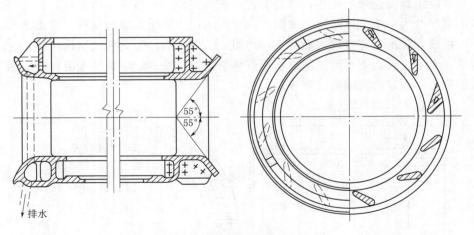

图 2-22　带蝶形边的座环

（2）不带蝶形边的座环（带导流弧箱形结构座环），如图 2-23 所示。它的上下环为箱形结构，刚度好，环的外圆含有圆形导流板，改善了进口绕流条件。一般采用钢板焊接结构。这种结构受力性能好，便于组焊，但为封闭焊缝，工艺处理不当易产生裂纹。

（3）平行板式座环，如图 2-24 所示。它由上下两块环板和固定导叶焊接而成，上下环板采用抗撕裂厚钢板制作，固定导叶由厚钢板加工而成。蜗壳钢板直接焊接在上下环板上。有的焊接座环在上下环板外缘还加焊了圆弧形导流环改善流态，这种型式结构简单，受力条件好，水力性能好，尺寸比蝶形边座环小，运行可靠，造价低，适用于大中型特别是巨型水轮机。如三峡、二滩、李家峡等水电站均采用了这种结构。

七、基础环

基础环是混流式水轮机中座环与尾水管进口锥管段相连接的基础部件，埋设于混凝土内，如图 2-25 所示。基础环与尾水管可用焊接方法或法兰盘螺栓连接。

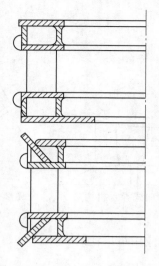

图 2-23　不带蝶形边的座环

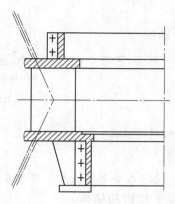

图 2-24　平行板式座环

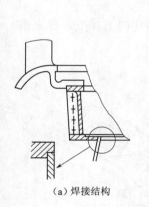

（a）焊接结构

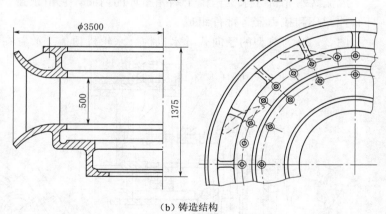

（b）铸造结构

图 2-25　基础环（单位：mm）

任务三　混流式水轮机导水机构

一、导水机构的作用和类型

（一）导水机构的作用

混流式水轮机导水机构的作用主要有两个：①根据电力系统负荷的变化调节水轮机流量，以适应系统对机组出力的要求；②形成和改变进入转轮的水量环量，以满足不同比转速的水轮机对进入转轮前水流环量的要求。

（二）导水机构的类型

根据水流流经导叶时与水轮机轴线的相对位置，导水机构一般可分为三种：①径向式导水机构，该导水机构水流方向与主轴垂直，如图 2-26 所示；②轴向式导水机

2-3-1　▶

反击式水轮
机的导水
部件

构，其水流方向与主轴平行，如图 2-27 所示；③斜向式导水机构，其水流方向与主轴斜交，如图 2-28 所示。

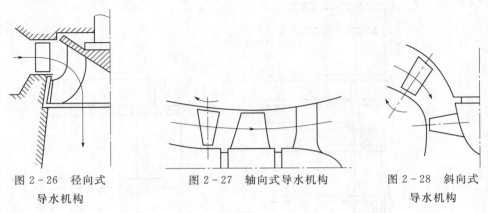

图 2-26　径向式　　　　图 2-27　轴向式导水机构　　　　图 2-28　斜向式
导水机构　　　　　　　　　　　　　　　　　　　　　　　导水机构

目前，径向式导水机构是三种导水机构中应用最广泛的一种。

二、导水机构的结构

混流式水轮机导水机构位于蜗壳座环的内圈，它由顶盖、底环、导叶、转臂、连杆、控制环和接力器等部件组成。

图 2-29 为典型的径向式导水机构。水轮机顶盖 7 放置在座环的上环上，导水机

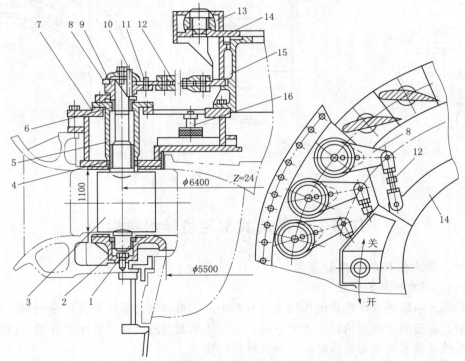

图 2-29　径向式导水机构（单位：mm）

1、4、6—尼龙轴瓦；2—导水机构底环；3—导叶；5—轴套；7—水轮机顶盖；8—连接板；9—转臂；
10—分半键；11—剪断销；12—连杆；13—推拉杆；14—控制环；15—支座；16—补气阀

40

构底环 2 放置在座环的下环上，它们相互用法兰盘螺栓连接。顶盖与底环之间的过流通道中，放置导叶 3。在顶盖底环与主轴同心的圆周上，均匀布置着与导叶数相等的轴孔。导叶 3 的上、中、下轴颈安放在水轮机顶盖 7 和导水机构底环 2 内的轴承中。上、中轴承由尼龙轴瓦 4、6 与轴套组成，下轴承的尼龙轴瓦 1 直接压入底环的孔内。转臂 9 套在导叶上轴颈上，两者之间用分半键固定。转臂与连接板 8 由剪断销 11 连成一体。连杆 12 的两端分别与连接板和控制环 14 铰接。控制环支承在固定于顶盖上的支座 15 上。当调速器控制的接力器通过推拉杆 13 驱动控制环、连杆、导叶臂等传动机构传动，使导叶改变开度，达到调节流量的目的。这种结构，传动机构在水轮机体外，便于维护和检修，被广泛应用于大中型水轮机中。

（一）导叶

导叶由导叶体和导叶轴两部分组成。导叶的断面形状为翼形。为减轻导叶重量，常做成中空导叶，壁厚由强度计算或铸造工艺可行性确定。铸造导叶表面粗糙，或有铸造缺陷，须经过加工处理达到要求。焊接导叶时，先把钢板成型后焊合，再与导叶轴焊成一体。导叶轴颈通常比连接处的导叶体厚度大，在连接处采取均匀圆滑过渡形状，以避免应力集中。整铸导叶和焊接导叶分别如图 2-30 和图 2-31 所示。

对高水头多泥沙水电站，为防止导叶上、下端面与顶盖、底环相对应间隙处的磨蚀，某引进机组采用偏心大轴颈导叶，如图 2-32 所示。在上、下端面附近，比导叶厚度大得多的大轴颈全部偏于靠近座环一边的高压水流侧，使靠近转轮一边的低压水流侧导叶型线平滑。这样，减少了低压侧水流的脱流和漩涡。又由于大轴颈的影响，减少了沿导叶弦长方向端面

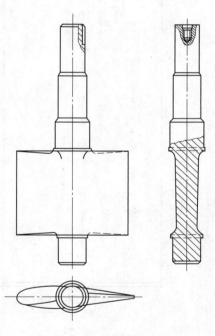

图 2-30　整铸导叶

间隙的长度，可减轻端面间隙磨蚀总量；大轴颈又使轴颈附近沿端面间隙漏水的路程增加，使漏水速度和漏水量有所下降。也减轻了端面间隙过流面的磨蚀量。鲁布革水电站采用了偏心大轴颈正曲率导叶。

（二）导叶轴承

大中型水轮机导叶受力较大，常采用三支点轴颈结构，对应上中轴承的轴套装在套筒内，套筒则安装在顶盖预留的轴孔中，下轴套直接安置在底环轴孔内。

上、中轴套使用同一个套筒称整体套筒，分别使用套筒称分段套筒，如图 2-33、图 2-34 所示。分段套筒要求顶盖上、中轴孔同轴精度较高，可在大型机组上使用。轴套材料通常采用具有自润滑性能的工程塑料，如聚甲醛、尼龙 1010、聚四氟乙烯等，制成弹性钢背尼龙复合瓦，运行中不需要加润滑油脂，同时改善了轴承受力性能。

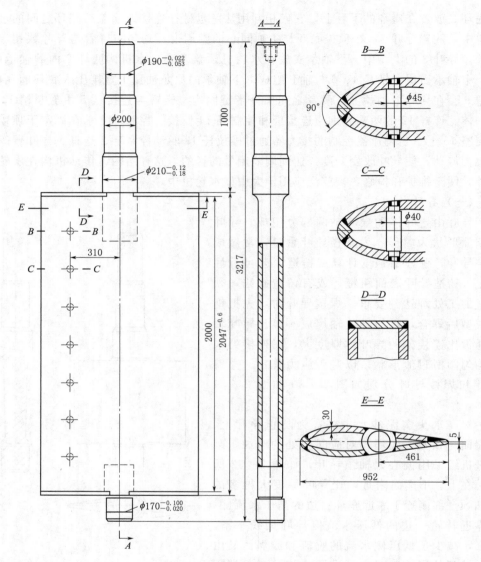

图 2-31　焊接导叶（单位：mm）

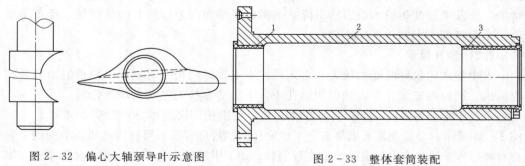

图 2-32　偏心大轴颈导叶示意图

图 2-33　整体套筒装配
1—上轴承；2—套筒；3—中轴承

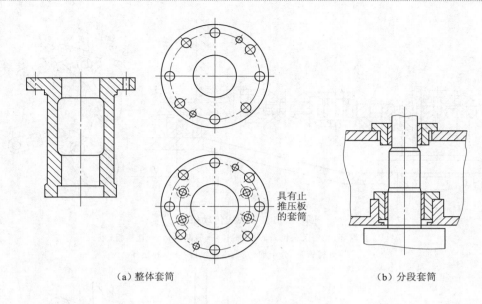

（a）整体套筒　　　　　　　　　　（b）分段套筒

图 2-34　导叶套筒

高水头机组，为防止导叶上浮力超过导叶自重，保证导叶上端间隙，需加止推装置。如图 2-35 所示，在导叶套筒与导叶体上端面之间设止推环。也可以在导叶臂上开槽，止推压板卡在槽中，止推压板用螺栓固定在导叶套筒法兰上。

（三）导叶传动机构及安全装置

1. 导叶传动机构

导叶传动机构由控制环、连杆和导叶臂三部件组成，用于传递接力器操作力矩，使导叶转动，调节水轮机流量。该机构常用型式有叉头式和耳柄式。

叉头式传动机构如图 2-36 所示，叉头式连杆通过销轴，分别与控制环和连接板成铰连接，连接板与导叶臂用剪断销连成一体，导叶臂与导叶轴间装有分半键，分半键起传递力矩作用。叉头式传动机构受力情况较好，适用于大中型水轮机。

耳柄式传动机构如图 2-37 所示，耳柄和旋套构成耳柄式连杆，一端通过剪断销与导叶臂连接，另一端通过连杆销与控制环相连。耳柄式结构较简单，但受力情况较叉头式差，适用于中小型水轮机使用。

控制环一端与连杆相连，另一端与接力器推拉杆连接。控制环的结构型式与接力器布置形式紧密相关，有单耳式、双耳交差式、双耳平行式和与环形接力器直接相接的无耳式。控制环用整铸或钢板焊接方法制造，如图 2-38 所示。

2. 导水机构保护装置

传动机构在操作活动导叶时，水压力脉动、水流冲击、水流杂物等因素对各部件

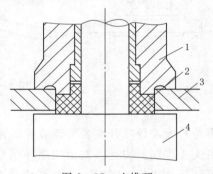

图 2-35　止推环

1—套筒；2—止推环；3—顶盖；4—导叶体

2-3-4

导叶和操作机构

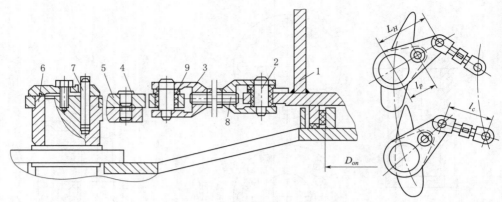

图 2-36　叉头式传动机构

1—控制环；2—叉头销；3—叉头；4—剪断销；5—连接板；
6—导叶臂；7—分半键；8—连接螺杆；9—补偿环

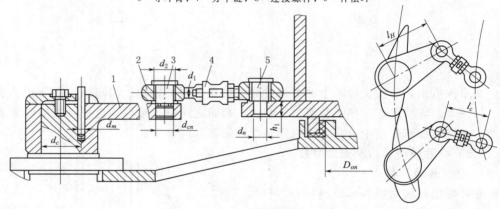

图 2-37　耳柄式传动机构

1—导叶臂；2—耳柄；3—剪断销；4—旋套；5—连杆销

影响较大，导叶开度若失调或导叶失控，就会造成运行中机组事故停机，严重时水轮机失去控制。因此，在由控制环到导叶的连杆传动机构的某一构件上需设保护装置，保证导水机构关闭时，若个别导叶被异物（如圆木头、杂树等）或其他原因卡住时，解列该导叶并使其保持在开启位置，其他导叶可以正常动作而不至于损坏其他传动机构主要零部件。

（1）剪断销、限位块装置。剪断销是我国目前应用最多的易坏连接件的传动装置，如图 2-39 所示。键 3 将转臂 1 固定在导叶轴颈 10 上，连接板 2 套在转臂上，用剪断销 4 将连接板与转臂连接在一起，连接板通过铰销 9 与连杆连接，连杆由两个带叉头的螺母 5 及具有左右螺纹的连接螺栓 8 组成。旋转连接螺栓可改变连杆的长度，连接螺栓带有放松螺母。连杆通过铰销 7 与控制环相连接。剪断销上有一个薄弱断面，在正常操作力作用下，剪断销能正常工作，当超过正常操作力 1.5 倍时，剪断销将被剪断，连同装在其中的信号装置发出信号，从而达到保护导水机构的目的。

剪断销结构简单，更换方便，只是被解列导叶一旦被水冲动，在水力矩作用下旋

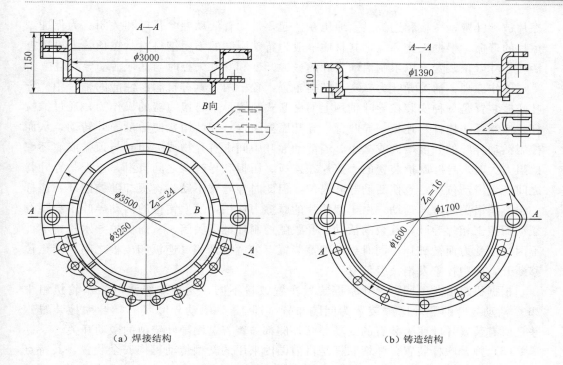

（a）焊接结构　　　　　　　　　　　　（b）铸造结构

图 2 - 38　控制环（单位：mm）

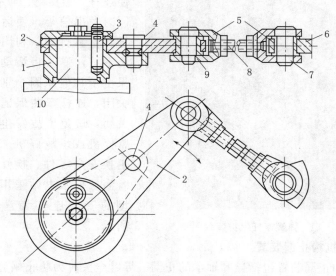

图 2 - 39　易坏连接件为剪断销的结构图

1—转臂；2—连接板；3—键；4—剪断销；5—螺母；6—控制环；

7、9—铰销；8—连接螺栓；10—导叶轴颈

转，会冲击其他导叶，可能造成剪断销连锁破断事故。因此，有的机组在顶盖上设置限位块，防止导叶发生正反向旋转而超出全关和最大可能开度的范围。

（2）导叶摩擦装置。在导叶臂、压板和连板之间布置着上、下二层摩擦片，该摩

擦片被导叶臂、压板和连板紧紧地压在一起，带动着活动导叶开启和关闭。为保证摩擦片的寿命，根据工作环境，其材质一般为特殊耐磨的不锈钢材料。在顶盖上设置有活动导叶限位装置，以限制活动导叶的最大开度和导叶失控时与其他活动导叶碰撞。

工作原理：活动导叶为二支点结构布置，置于两个具有自润滑性能的轴套中。导叶摩擦装置是一种安装在导叶轴颈上的夹紧式装置。来自接力器的操作力，通过推拉杆—控制环—连杆—连板—导叶臂—导叶摩擦装置（导叶销）使活动导叶转动，从而控制活动导叶的开度增大或减小。当活动导叶中间卡有异物或关闭时与顶盖或底环摩擦阻力大时，导叶摩擦装置的摩擦片在连板、压板和导叶臂之间打滑，连板与导叶臂之间产生滑动位移，致使活动导叶错位，但此时导叶臂不动，连板却随控制环、连杆一起继续沿关闭方向运动，由于摩擦片的摩擦力作用，发生错位的活动导叶不会随意摆动而撞击相邻导叶，其余的活动导叶跟随控制环继续关闭，从而保护导水机构零件不因过度受力而被破坏。同时导叶摩擦装置上的微动开关（连板和压板之间）接点位移断开，向中控室发出报警信号。

根据机组形式不同，导叶摩擦装置布置数量不同，龙首二级水电站水轮机组中26个活动导叶的导叶摩擦装置为间隔布置（即13只活动导叶具有导叶摩擦装置），并且所有装置导叶摩擦装置的活动导叶外侧都布置着监测导叶错位的微动开关。

（3）弹簧联杆装置。弹簧联杆是目前国内采用的新型传动机构安全装置，其特点是当导叶卡住异物操作力超过一定数值后，它将通过偏心产生一个力矩拉动弹簧伸长

使连杆产生以铰点为中心的变形。同时发出信号，使运行人员将机组导叶重新打开，利用水流将异物冲至下游，弹簧将活动导叶复位。如果由于其他原因个别导叶不能正常关闭，连杆弯曲保证其他导叶正常关闭，避免事故发生，保证机组正常停机或事故停机。这种结构便于更换安全零件、检修。西北地区的青海尼那水电站采用的就是此种新型的安全连杆装置，如图 2-40所示。

图 2-40　弹簧连杆保护装置

（四）导水机构止漏装置

导水机构的止漏装置包括导叶轴承的止漏，导叶全关时为防止蜗壳中的压力水流入下游而装置的导叶与导叶之间和导叶与上、下环间的止漏设备。

导叶轴承多数采用锡青铜制造，加注黄油润滑，这种润滑方式需防止水流进入轴承引起轴颈锈蚀和破坏油膜。导叶轴颈的密封通常布置在导叶套筒下端。图 2-41（a）是采用牛皮制作的 U 形密封环圈的密封装置，这种装置封水性能良好但结构复杂，应用较少。U 形密封圈 1 套装在轴承下部，用金属环 2 套在导叶轴颈上，导叶安装就位后用压紧螺钉 3 压紧在轴承下端，在水压力作用下 U 形密封圈的两边贴紧在

导叶轴颈和套筒内壁上防止水流进入轴承。图 2－41（b）是采用 L 形密封圈的密封装置，这种结构封水性能好，结构简单，应用广泛。L 形密封圈 9 用导叶上轴套 8 紧压在顶盖 10 上，L 形密封圈与导叶轴颈之间靠水压紧贴封水。

导叶下轴颈采用工业塑料的润滑轴承时，为了防止泥沙进入轴承发生轴颈磨损，一般采用 O 形橡皮密封圈进行密封，如图 2－41（c）所示。为防止磨损，有的结构在轴颈衬有不锈钢套，效果较好。

机组停机时导水机构必须封水严密。导叶上、下端面与顶盖、底环间为端面间隙，导叶首尾相接处为立面间隙。这些间隙封水不严会产生漏水损失，同时加剧间隙空化和空蚀破坏；压气调相运行时，会产生漏气损失。间隙较大漏水严重时，甚至造成机组无法停机。为此须设法减小这些间隙。

1. 导水机构的立面间隙

对于中低水头的大中型水轮机的立面间隙，如图 2－42（a）所示，压嵌橡皮条。图中 $B-B$ 表示用螺钉固定的压条将橡皮密封条压在导叶上。对高水头水轮机的立面间隙，加不锈钢保护层，提高导叶加工精度，精密研磨处理，取得好的效果。

立面间隙可通过具有左右旋螺纹的连接螺栓调整间隙，如图 2－39 所示。

2. 导水机构端面间隙

机组安装好后，由于冲水受压、温度变化、厂房变形等复杂原因，使导叶端面间隙发生不均匀变化。为使导叶动作不卡，端面间隙不能过小，但又不能预留过大，一般中小型水轮机端面间隙不大于 0.5～0.6mm，大型水轮机端面间隙不大于 1～1.5mm。大中型水轮机在顶盖和底环的导叶布置圆周上，压嵌橡胶密封圈，如图 2－42（b）所示。

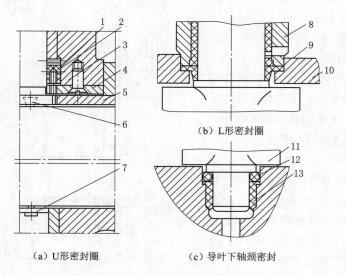

（a）U 形密封圈　　　（c）导叶下轴颈密封

图 2－41　导叶上下轴颈密封装置

1—U 形密封圈；2—金属环；3—压紧螺钉；4—压环；5—抗磨板；6、7—密封橡皮条；
8—导叶上轴套；9—L 形密封圈；10—顶盖；11—导叶；12—O 形密封圈；13—导叶下轴承

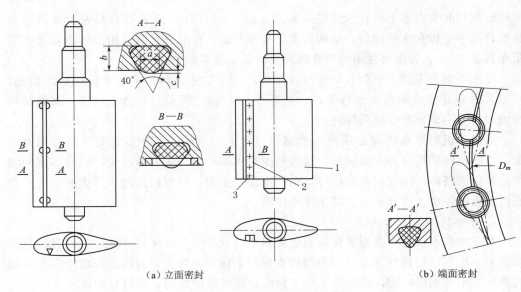

（a）立面密封 （b）端面密封

图 2-42 导叶立面及端面间隙
1—导叶；2—压条；3—螺钉

端面间隙的调整，是通过导叶轴顶部端盖上的吊起螺栓调节，如图2-43所示，端盖2用吊起螺栓3固定在导叶上部转轴上。此时通过螺钉、端盖的作用悬挂在拐臂4上，拐臂将导叶的重量传到导叶上部轴承的端面上，旋转螺栓3可使导叶上下移动，调整端面间隙。

高水头电站中，导叶下轴颈的端面受到高压水的顶托，可能会使导叶上浮，因此，漏入下端面的水从下轴颈的底环上的排水孔排走，如图2-43所示。

三、接力器

大中型水轮机通常用两个接力器操作控制环，如图2-44所示。接力器1固定在水轮机机坑壁龛里的金属壳体7的法兰上，接力器活塞杆2及推拉杆通过圆柱销4与控制环3连接，活塞与活塞杆之间用圆柱销铰接。控制环通过支承8支承在顶盖9上，通过连杆5与转臂6、导叶连接。这种结构的水轮机室内布置两根长推

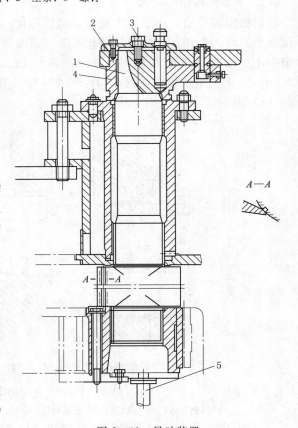

图 2-43 导叶装置
1—导叶体；2—端盖；3—吊起螺栓；4—拐臂；5—排水孔

拉杆，不便于运行和检修，因此，近年来，大型水轮机将接力器布置在顶盖上。

将接力器布置在顶盖上，可采用栓塞式直缸接力器、柱塞式环形接力器、摇摆式接力器等型式。图2-45（a）所示为两个缸体的栓塞式直缸接力器。接力器缸体1通过支座3固定在水轮机顶盖上，其位置高于控制环2。当油沿着油管4进入缸体时，接力器柱塞做直线运动。柱塞中部是带着圆柱销5的十字头，圆柱销与控制环的大孔耳铰接。当柱塞移动时，圆柱销使控制环做圆弧运动，实现导水机构的开启或关闭动作。这种接力器结构简单，但占据水轮机机坑较大的空间，适合控制环内有足够空间放置接力器的情况。

柱塞式环形接力器如图2-45（b）所示，由两个环形缸体8和柱塞9组成接力器，靠近控制环12的内壁，安放在水轮机顶盖上。圆柱销10和控制环连接，通过球形铰接11和接力器柱塞连接。由接力器配压阀控制压力油沿管路7进入接力器缸，实现导水机构的开启或关闭动作。这种接

图2-44 导水机构的传动系统

1—接力器；2—接力器活塞杆；3—控制环；4—圆柱销；
5—连杆；6—转臂；7—金属壳体；8—支承；9—顶盖

力器结构复杂，制造困难，但能有效利用控制环内部空间，结构紧凑。

摇摆式接力器如图2-45（c）所示，每个导叶有单独接力器14，它铰接在支承盖13上，接力器柱塞15与转臂16铰接。调速器配压阀控制压力油沿管路进入接力器缸，柱塞驱动导叶转动，同时接力器缸围绕其与顶盖的铰接点转过一个角度。

四、顶盖和底环

顶盖和底环位于座环的内圈，分别安装在座环的上、下环的内法兰盘上。顶盖和底环上下相对，形成环形过流通道。顶盖下面是转轮。

顶盖的结构为圆环状箱形体，如图2-46、图2-47所示，有整铸和焊接两种结构。顶盖上圆环形的外法兰与座环相连接。在导叶轴心线分布圆周上均匀布置有导叶轴孔，安装导叶套筒。顶盖中央有让主轴穿心而过的大孔。顶盖要有足够的强度和刚度，使充水加压后的变形尽量小，同时为布置在顶盖上的导轴承和导叶传动机构提供可靠的支承，需配置一定数量的筋板。顶盖与转轮相对应的部位，装有上部止漏环，减少漏水损失。为减少轴向水推力，通常在顶盖上设减压板和减压孔。在顶盖与主轴的间隙处，设有主轴密封和检修密封，以保护稀油润滑导轴承正常工作。

2-3-5
水泵水轮机结构——顶盖和底环

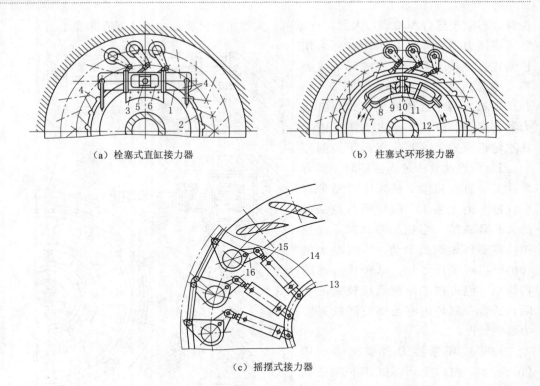

（a）栓塞式直缸接力器 　　　　　　　　（b）柱塞式环形接力器

（c）摇摆式接力器

图 2-45　导水机构接力器布置在顶盖上的结构示意图

1—缸体；2—控制环；3—支座；4—油管；5、10—圆柱销；6—接力器柱塞；7—管路；8—缸体；9—柱塞；
11—球形铰接；12—控制环；13—支承盖；14—摇摆式接力器；15—接力器柱塞；16—转臂

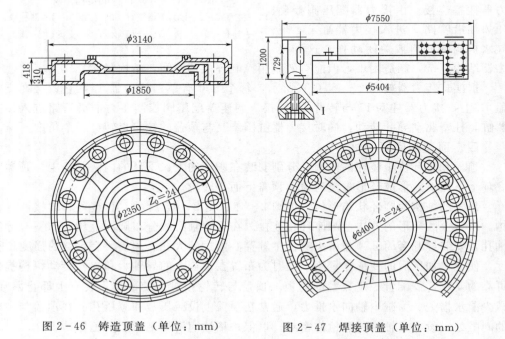

图 2-46　铸造顶盖（单位：mm）　　　　　图 2-47　焊接顶盖（单位：mm）

底环结构如图 2-48 所示，为环形结构。底环上预留有安放导叶下轴颈的孔，与转轮下环相对应的部位，装有下部止漏环，减少漏水损失。

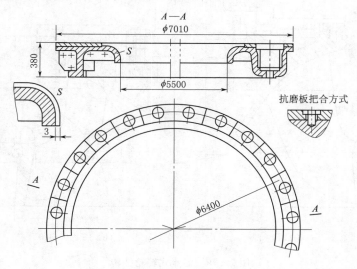

图 2-48 底环（单位：mm）

对于高水头水电站和多泥沙水电站，顶盖和底环的过流表面要设置抗磨板或铺焊抗磨层。抗磨板常用 16～20mm 厚的不锈钢板，用埋头螺钉或塞焊方法与母材相连。

任务四 混流式水轮机转轮和主轴

混流式水轮机转轮位于整个水轮机的中心，上为顶盖，下有尾水管，四周为导叶所包围，底环和基础环包着转轮下环面。主轴穿过顶盖中心孔，与转轮上冠相连，构成水轮机旋转部分。

混流式水轮机转轮将水流的能量转换成机械能，主轴将这机械能传递给发电机。旋转部分的自重和轴向水推力通过主轴传递给推力轴承，旋转部分的径向力通过主轴传递给导轴承，再由轴承支座传向厂房基础。

一、转轮的组成

混流式水轮机转轮由上冠、叶片、下环、止漏装置和减压装置等组成，如图 2-49 所示。

2-4-1

反击式水轮机的工作部件

（一）上冠

上冠位于转轮的上部，其外形与倒置圆锥体相似。上冠与下环配合构成转轮的过流通道，在上冠下表面有均匀分布的叶片，其上面或侧面有转动止漏环、减压装置，顶部中央加工有上冠法兰，用以连接主轴。上冠下部中央装有泄水锥，其外形呈倒锥体，其作用主要是导流，将经减压装置上止漏环的漏水及橡胶导轴承的润滑水尽可能平顺地导向尾水管，还可作为主轴的中心补气和顶盖补气通道之用。

（二）叶片

叶片位于上冠与下环之间，把它们连成转轮整体。叶片的作用是将水能转换为机

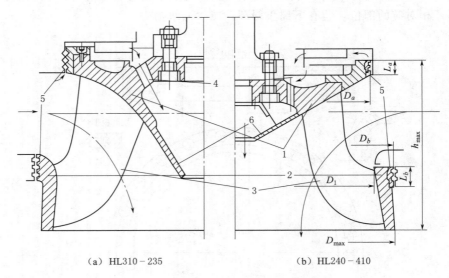

（a）HL310-235　　　　　　　　（b）HL240-410

图 2-49　混流式转轮结构

1—上冠；2—下环；3—叶片；4—减压装置；5—止漏装置；6—泄水锥

械能，呈扭曲状，断面形状为翼形。叶片数一般为 10～24 片，常用 10～18 片。叶片的形状和数目直接影响转轮性能，尤其是对效率和空蚀的影响更大。

（三）下环

下环位于叶片下端，将叶片连成整体，以增加转轮的强度和刚度，承受叶片水流引起的张力。在下环的轮缘上，安装有转动下部止漏环，减少转轮漏水损失。

（四）止漏装置

水轮机转动部分和固定部分相邻处，存在有间隙，从间隙漏走的压力水，不经过转轮，造成一定的能量损失，故在间隙处安装止漏装置（止漏环），以尽量减少漏水损失。通常把安装在固定部件上的止漏环，如安装在顶盖、底环或基础环上的称为固定止漏环，安装在上冠、下环上的，称为转动止漏环。

按止漏环的形状，如图 2-50 所示，可分为间隙式、迷宫式、梳齿式、阶梯式四种形式。间隙式止漏环的间隙一般为 $\delta = 0.001D_1$，止漏效果差，与转轮同心度高，制造安装方便，抗磨性能好，一般应用于多泥沙水电站。迷宫式止漏环的间隙一般为 $\delta = 0.0005D_1$，止漏效果好，与转轮同心度高，制造安装方便，一般应用于水质清洁的电站。迷宫式止漏环可采用热套或焊接方法固定。梳齿式止漏环的间隙一般为 $\delta = 1～2mm$，平面间隙 $\delta_1 = \delta + h$，h 为抬机高度，一般为 10mm，止漏效果好，与转轮同心度不易保证，间隙不易测量，安装较麻烦，多应用于水头大于 200m 的电站，常与间隙式止漏环配合使用。梳齿式止漏环可采用埋头螺钉固定，环氧树脂填平螺钉坑，也可采取焊接方法固定，但要注意控制梳齿环的变形。阶梯式止漏环的间隙 $\delta = 0.0005D_1$，$\delta_1 = \delta + h$，它兼有迷宫式和梳齿式止漏环的作用，止漏效果好，与转轮同心度易保证，本身刚度高，安装测量均较方便，多应用于水头大于 200m 的电站。

止漏环与上冠、下环的结构，如图2-51所示。

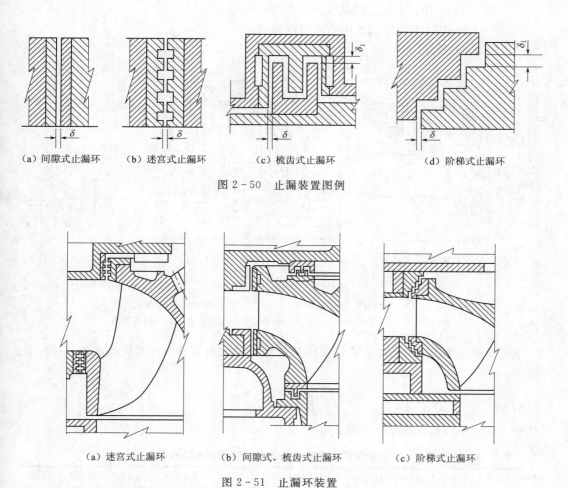

（a）间隙式止漏环　　（b）迷宫式止漏环　　（c）梳齿式止漏环　　（d）阶梯式止漏环

图2-50　止漏装置图例

（a）迷宫式止漏环　　（b）间隙式、梳齿式止漏环　　（c）阶梯式止漏环

图2-51　止漏环装置

水头更高时，可在梳齿式止漏环的动环上切制螺纹槽，螺纹方向与转动方向相反，这些螺纹槽可增加局部阻力，增加止漏效果，如图2-52所示。图中所示结构适用于$H=300$m的机组，转动环做成两个梳齿，转轮梳齿与固定梳齿的间隙为0.5mm。在压力作用下，由止漏环之间的空隙渗漏出来的水是使梳齿式止漏环连接部件拉应力增大的原因。为了防止梳齿式止漏环破裂，在其支持面上做成环形沟槽14和辐向沟槽13。位于高压侧的环状结构用来聚集从缝隙渗入的水流，从低压侧的辐向沟槽排出，排出的水流可由引水管5流入上冠的减压孔7再排到尾水管。

（五）减压装置

减压装置的作用是减小作用在上冠外面的轴向水推力，降低机组推力轴承的负荷。

水流流经转轮时会产生轴向力，混流式水轮机总的轴向水推力为

$$F_E = F_1 + F_2 + F_3 + F_4 \qquad (2-31)$$

式中　F_1——转轮通道内水流作用产生的推力，N；

　　　F_2——作用于转轮上冠因水压力产生的推力，N；

　　　F_3——作用于下环因水压力产生的推力，N；

　　　F_4——浮力，N。

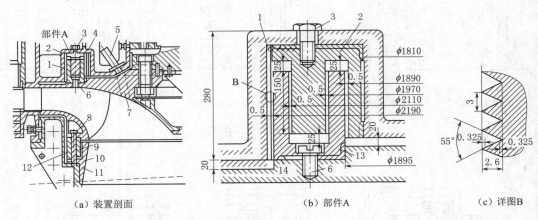

（a）装置剖面　　　　　　　（b）部件A　　　　　　（c）详图B

图 2-52　梳齿式止漏装置

1、12—抗磨板；2—上部静环；3、6、8、11—螺钉；5—引水管；
7—减压孔；9—下部动环；10—下部静环；13—辐向沟槽；14—环形沟槽

实际设计中，采用经验公式计算作用在转轮的轴向水推力。混流式水轮机采用公式为

$$F_t = 9.81 \times 10^3 K \frac{\pi}{4} D_1^2 H_{\max} \qquad (2-32)$$

式中　K——与水轮机型号有关，参考表 2-4。

表 2-4　　　　　　　水轮机轴向力系数 K 与水轮机转轮型号的关系

转轮型号	HL100	HL110	HL120	HL160	HL180	HL200	HL220	HL230	HL240	HL310
K	0.08～0.14	0.09～0.15	0.10～0.13	0.18～0.24	0.20～0.26	0.2～0.28	0.24～0.30	0.28～0.34	0.30～0.41	0.37～0.45

混流式水轮机转轮重量可按下式近似计算。

$$W_R = [0.5 + 0.025(10 - D_1)]D_1^3 \qquad (2-33)$$

分瓣结构的转轮重量按式（2-33）结果增加 10%。

主轴重量 W_S 近似计算，高水头混流式水轮机 $W_S = W_R$，中水头混流式水轮机 $W_S = (0.40.5)W_R$（较低水头或大机组取小值）；对发电机与水轮机同一轴的机组，混流式 $W_S = (0.70.8)W_R$

水轮机总的轴向推力为

$$F_a = F_t + 9.81 \times 10^3 (W_R + W_S) \qquad (2-34)$$

常用的减压装置结构型式有两种：

（1）引水板与泄水孔的减压方式，如图 2-53（a）所示。在上冠上装有转动引水板，顶盖对应部位装固定引水板，形成较小间隙 C 和 E。当漏水进入引水板间隙 C

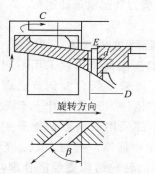 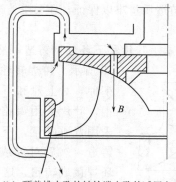 

（a）引水板和泄水孔的减压方式　　（b）顶盖排水孔的转轮泄水孔的减压方式　　（c）漏水经泄水锥内腔排入尾水管

图 2-53　减压装置

时，被转动板带动旋转，在离心力作用下，被引至固定引水板之上，经泄水孔排至尾水管。间隙 E 较 C 更小，剩余少量漏水经 E 产生更大的局部损失，经上冠减压孔漏向尾水管。这样上冠漏水经减压板产生两次阶梯式压降，降低了上冠外表面轴向水压力。其减压效果与减压板面积、减压板间隙 C 和 E 有关。减压板面积越大，间隙 C 和 E 越小，减压效果越好。只是间隙 C 要满足抬机要求，最小值不得小于 20mm。间隙 E 可取止漏环间隙的 1.5～2 倍。泄水孔最好开成顺水流方向倾斜 $\beta=20°\sim30°$，其排水面积取止漏环间隙面积的 4～6 倍。

（2）顶盖排水管的转轮泄水孔的减压方式（均压管和泄水孔减压方式），如图 2-53（b）所示。用数条钢管把顶盖上冠间的压力水腔与尾水相连，这些钢管称均压管。上冠上面的漏水一部分经均压管泄入尾水管，一部分经转轮上的泄水孔排入尾水管。降低了上冠外侧水压力，故轴向水推力也得到降低。自转轮泄水孔排入尾水管的漏水，有的直接排入尾水管，这种方式可能在泄水锥的过流表面上产生空蚀和磨损；有的经泄水锥内腔排入尾水管，如图 2-53（c）所示，这种方式可能影响补气的效果。

二、转轮的结构型式

混流式转轮的结构型式，主要是指上冠、叶片和下环三部分的构造型式。它们基本上可分为下列几种构造型式，即整铸、铸焊、组合式，大中型水轮机常用后两种。

（一）整铸转轮

把叶片、上冠和下环整体铸造而成的转轮叫作整铸转轮，如图 2-54 所示。这种结构适用于中小型转轮，特别是小型转轮用得最多。对低水头中小型混流式转轮，可用优质球墨铸铁铸造，以降低成本。对高水头中小型转轮和低水头大型转轮，可采用 ZG30整铸。对高水头的转轮，为提高其强度和抗磨抗蚀能力，采用高强度低合金钢或普通碳钢整铸，在叶片表面和下环内侧易空蚀、磨损部位堆焊耐磨耐蚀材料。

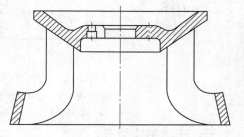

图 2-54　整铸转轮

2-4-3
水泵水轮机
结构——
转轮

整铸转轮尺寸不大时，生产周期短，成本低，有足够的强度，但易产生铸造缺陷，过流表面粗糙。当尺寸大时，铸造质量难以保证，还要受铸造能力和运输条件制约。

（二）铸焊转轮

铸焊转轮就是将转轮的上冠、叶片和下环分别铸造，然后焊接成整体，如图2-

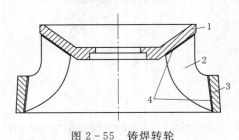

图2-55　铸焊转轮

1—上冠；2—叶片；3—下环；4—焊接缝

55所示。铸焊转轮的不同部位可以采用不同钢种，对上冠和下环可采用低合金钢或低碳钢，叶片采用镍铬不锈钢。另外叶片上半部采用普通碳钢，下半部采用镍铬不锈钢分别铸造，然后对焊成叶片整体，再与上冠、下环焊接成转轮。这样的转轮结构更经济合理，既节省了我国稀缺的铬镍不锈钢，又避免了在叶片上堆焊抗磨层引起的叶片变形。

铸焊结构转轮，由于铸件小，形状较简单，降低了铸造能力的要求，容易保证铸造质量。铸焊转轮焊接工作量大，对焊接工艺要求高，要严格控制焊接变形和消除焊接应力，对每条焊缝要进行严格的质量检查。

（三）组合转轮

当转轮直径在5.5m以上时，受铁路运输条件限制或因铸造能力不足，须把转轮分瓣制造，运到现场组合焊接。通常上冠可整铸或分块铸造，叶片可用厚钢板机加工后热压成型或铸造，叶片先与上冠组焊，下环可铸造或厚钢板卷制焊接。我国主要采用上冠螺栓连接，下环焊接结构，在上冠连接处有轴向和径向的定位销，如图2-56所示。

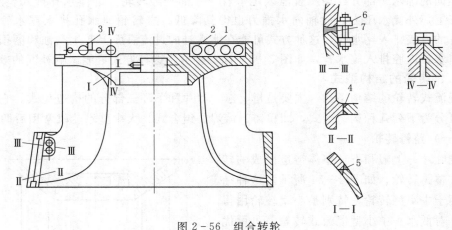

图2-56　组合转轮

1—组合螺栓；2—组合定位螺栓；3—定位销；4—下部分剖面；

5—上部分剖面；6—临时组合法兰；7—下环分瓣面

三、主轴结构型式

水泵水轮机结构——主轴

水轮发电机组的主轴有分段和整根之分，分段轴即把主轴分成水轮机轴和发电机轴，对于高水头、多泥沙水电站，为方便转轮单独检修，还在它们间加中间轴。主轴的结构型式主要是指轴和转轮的连接方式。

（一）单法兰和双法兰主轴

按主轴与转轮、发电机的连接方法，主轴可分为单法兰和双法兰两类。对巨型机组，按法兰盘与主轴相对位置，可进一步分为外法兰和内法兰两种。

单法兰主轴常为实心阶梯轴，无法兰一端开有键槽，用键与转轮连接传递扭矩。法兰端开有止口，用与发电机轴法兰盘对中心。法兰盘间用螺栓连接。这种型式常用于中小型卧式水轮机。对大中型伞式机组，主轴不分段，可少用一对法兰，单法兰用于与水轮机转轮连接，轴身为中空的。

双法兰主轴两端都有法兰，一端与转轮相连，一端与发电机轴相连，如图2-57所示。中小型水轮机常用实心轴，大中型水轮机采用空心轴，既能减轻重量，又不影响轴的强度和刚度。

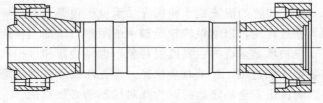

图2-57 双法兰主轴

带中心孔主轴又可分为厚壁轴和薄壁轴两种，把壁厚大于法兰厚的轴称为厚壁轴，壁厚小于法兰厚的轴称为薄壁轴。近年来国内机组广泛采用薄壁轴。新产品规定，当主轴直径超过600mm时采用薄壁轴，直径小于600mm可采用厚壁轴。

对巨型机组，近年来发展了大直径内法兰主轴。这种轴可不改变法兰直径，就能增加主轴直径，减薄主轴壁厚，既较大地减轻了主轴重量，又可增加主轴的强度和刚度。例如某水电站机组内法兰主轴，其外径2530mm，壁厚20cm，重量111t，据核算，传递同样扭矩，法兰直径不变，采用外法兰主轴，则需330t。三峡水电站水轮机主轴直径达4m，采用了内法兰结构。

（二）主轴轴颈结构

主轴轴颈结构与导轴承有关，当采用筒式瓦时，又分水润滑和稀油润滑两种情况，水润滑轴承，轴颈常包一层不锈钢，再精加工。对稀油润滑筒式轴承，可在轴上直接精加工轴颈；若采用分块瓦式导轴承，主轴必须带有轴领（制造厂称轴领为滑转子），如图2-58所示。轴领常用锻钢制造，热套或焊接于轴上，其外圆要精加工。

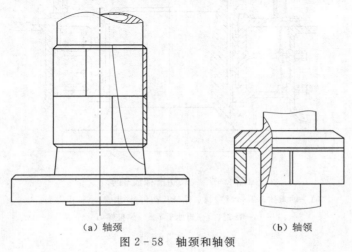

（a）轴颈 　　　　　　（b）轴领

图2-58 轴颈和轴领

任务五 混流式水轮机导轴承

立式和卧式混流式水轮机的轴承受力情况不同，因此导轴承结构形式也有差异。导轴承的作用是固定机组的轴线位置，承受由水轮机主轴传来的径向力和振动力，径向力主要来自转轮和尾水管的水力不平衡。

一、立式水轮机导轴承

立式装置的混流式水轮机导轴承位于顶盖上方，导轴承在结构布置时，应尽量使轴承靠近转轮，以缩短转轮至轴承的距离，增加主轴运行的稳定性和可靠性。

导轴承是运行的主要监视对象，也是检修和维护的主要项目。导轴承运行中常见问题是轴承过热，严重时会烧瓦。常见的故障有轴承磨损，使间隙变大。这些问题直接影响机组安全稳定运行，为此对导轴承必须重视。

立式水轮机导轴承按润滑介质不同，可分为水润滑和稀油润滑导轴承，稀油润滑导轴承又分为分块瓦式和圆筒瓦式两种，机组采用透平油润滑。

2-5-1

水泵水轮机
结构——
水导轴承

（一）水润滑导轴承

水润滑导轴承结构如图 2-59 所示，由固定在顶盖上的铸铁轴承体 1 和固定在轴承体顶部的水箱 2 两大件组成。调整螺钉 8 用来调整轴瓦间隙并固定轴承中心。压力表 5 用来监视轴承上下部的压力和真空值。轴承体内有橡胶瓦 3，瓦面上有沟槽，沟

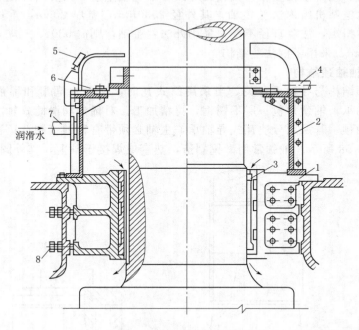

图 2-59 水润滑橡胶轴承

1—轴承体；2—水箱；3—橡胶瓦；4—排水管；5—压力表；

6—密封；7—进水管；8—调整螺钉

槽方向与轴的转动方向相适应。清洁润滑水经进水管 7 引入轴承上部的水箱内，水箱上部设有密封装置，润滑水经轴瓦上的沟槽向下运动，当主轴旋转时带入瓦面，形成润滑水膜，并把摩擦功转变的热量带走，在轴承体 1 上镶有 6～12 块橡胶瓦，用调整螺钉 8 固定在轴承座上，轴瓦磨损后允许在背面加垫调整或单独更换，橡胶轴承下部不需布置密封装置，因此轴承尽可能靠近水轮机转轮，增加吸振作用，提高运行的稳定性。这种轴承的轴瓦能吸收砂粒，当润滑水中含有少量砂粒时，砂粒可陷入橡胶被覆盖，保护轴承不受损。

水润滑导轴承结构简单，制造安装方便，成本低，导轴承距转轮近。但对水质要求高，泥沙含量大时会导致轴瓦迅速磨损。水中不能含油类物质，油类物质渗入橡胶，使轴瓦变软变黏。橡胶轴瓦导热性差，温度过高时会加速老化。

（二）稀油润滑导轴承

1. 分块瓦式导轴承

分块瓦式导轴承，如图 2-60 所示，带内、外圆筒形边壁的环状油箱置于顶盖上。油箱内有轴承体 5，冷却器 7，8～12 块巴氏合金轴瓦放置在轴承体底板上，从圆周方向包围着主轴轴领 1，每块瓦之间留有适当的间距，总间距约为周长的 20%～25%。轴承体上装有支顶螺钉 6，球状支顶螺钉头部顶在瓦块背部的钢垫块上，接触点周向偏心约为瓦块弧长的 5%。这样，瓦块有自调位能力，使进油边间隙大，出油边间隙小，便于形成楔形油膜。支顶螺钉可调整轴瓦与轴的间隙，并传递径向力至轴承体，调整好间隙后用螺母及锁片锁住。

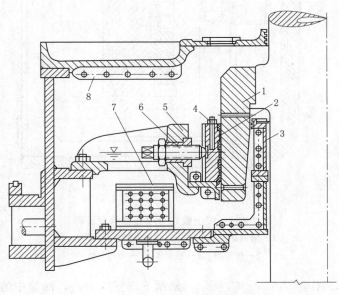

图 2-60　透平油润滑分块瓦式导轴承

1—主轴轴领；2—分块轴瓦；3—挡油箱；4—温度信号器；
5—轴承体；6—支顶螺钉；7—冷却器；8—轴承盖

这种分块瓦式稀油润滑轴承在大型水轮机上得到了广泛的应用。但由于支顶螺钉与螺母的螺纹总归存在着加工误差，支顶螺钉与瓦背为点接触，接触面积太小，运行时在交变径向力长期作用下，会产生变形，导致瓦间隙变化，使机组振动和摆度增加，瓦温升高，严重时停机处理。

近年来采用了由楔子板代替支顶螺钉的分块瓦轴承，如图 2-61 所示。楔子板与分块瓦背采用 1∶20 的斜平面接触，轴承座圈与楔子板采用大小曲率半径的柱面母线接触。这种型式即保留了分块瓦的自调位能力，又把点支承改为线支承，改善了支承条件。调整轴瓦与轴领的间隙时，先把楔子板往下放，使轴领与瓦面间隙为 0，然后根据预定间隙，换算成楔子板顶部顶瓦螺丝旋转圈数，加以调整，再把楔子板与瓦块间的定位螺钉拧紧，这样，除轴瓦正常磨损外，运行中瓦面间隙不再改变。

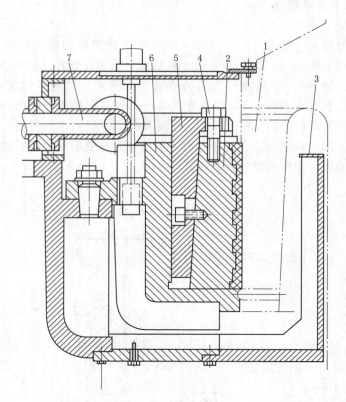

图 2-61　楔子板式分块瓦轴承立面图
1—轴领；2—分块瓦；3—挡油圈；4—顶丝；
5—楔子板；6—轴承体；7—冷却水管

分块瓦轴承工作时如图 2-62 所示，轴承下部侵入油内，油箱中的油被轴领带动旋转，轴领下部的油在离心力作用下，穿过通油孔 2，一部分进入瓦间，一部分被带入瓦面楔形间隙形成油膜，并向上、向外侧运动，翻过轴承体顶面，经油箱外部，流经冷却器降温后回到轴领下部，形成润滑油循环。根据安全运行要求，瓦块 2/3 泡在油内即可维持良好润滑。为防止轴领内侧形成低压，润滑油雾外溢，轴领上部开有数个呼吸孔，使轴领内外侧压强平衡。

分块瓦式轴承结构的优点是瓦面间隙调整方便，轴瓦块有自调位能力，运行中受力均匀，润滑条件较好，瓦温不易上升，零件轻，制造安装方便，适应顶盖变形能力强。缺点是轴领加工成本高，费工费料，价格稍贵。此外，密封装置在轴承体下部，使轴承距转轮较远，检修安装不方便。这种轴承适用于主轴直径超过 1m 的机组。

2. 圆筒瓦式导轴承

圆筒瓦式导轴承如图 2 - 63 所示，主要由上油箱 2、下油箱 6 和带法兰盘的圆筒形轴承体 4 三大部件组成。轴承体内壁直接浇铸有轴瓦钨金，钨金瓦面开有倾斜和水平油沟，下法兰盘上钻有径向进油孔，孔口装有逆转轴旋转方向的进油嘴，轴承体视轴的尺寸大小可分成 2～4 瓣螺栓组合。下油箱固定在主轴上，随主轴旋转。轴承体上部法兰盘上固定有上油箱，上油箱内装油冷却器 3，此外还有浮子信号器 7、温度信号器 8 等附属装置。

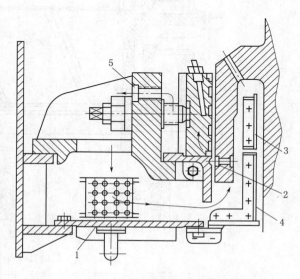

图 2-62　润滑油循环示意图
1—冷却器；2—通油孔；3—上部挡油箱；
4—下部挡油箱；5—顶瓦孔（兼作排油孔）

机组运行时，主轴带动转动油盆及箱内润滑油旋转，产生油压，润滑油经轴承下部的径向孔进入轴承体环形油沟，被主轴带动沿轴瓦上的斜油沟流到上油盆，在上油盆 2 内布置了冷却器 3，润滑油经过冷却后再由轴承上的回油管流向下游盆，使润滑油得到循环，这种轴承结构简单，平面布置紧凑，运行可靠，刚性好，但轴承位置距转轮较远，下部密封机构检修时不如橡胶轴承方便，适用于直径小于 1m 的导轴承。

二、卧式水轮机轴承

混流式卧轴式水轮机基本结构及工作原理与立式大同小异，由于适用于小机组，机组结构较立式简单些。只是卧式机组导轴承既要承受机组旋转径向力，还要承受旋转部分重量，其工作条件较立轴的要差些。卧式机组也有轴向推力，主要是尾水管方向的推力，还要考虑反向推力，故要有双向止推结构，往往把导轴承和推力轴承放在一个轴承座内。

图 2-64 为卧式轴承常用结构（径向推力轴承）。它由轴承箱支座 9，轴承上盖

61

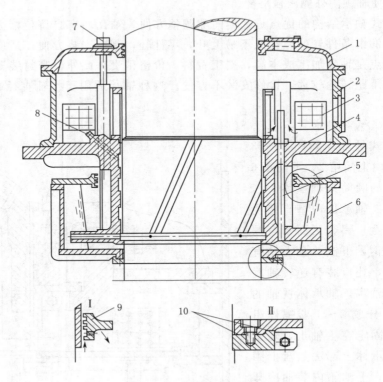

图 2-63　圆筒瓦式导轴承

1—油箱盖；2—上油箱；3—冷却器；4—轴承体；5—回油管；

6—下油箱；7—浮子信号器；8—温度信号器；

9—油盆盖；10—密封橡皮条

8，轴承盖 17 组成，轴承箱内由大小推力盘 1 和 7，球面支承 5，推力垫块 2，导轴瓦装配 6，冷却器 10 等主要部件组成。固定在主轴上的大推力盘将推力传递给推力垫块，再通过调整螺钉 4，球面支承 5 等传递给轴承箱支座。调整螺钉与推力垫块支承点位置偏心为弧长的 5‰左右，易产生油楔。小推力盘是为平衡反向推力而设置的。反向推力通过小推力盘 7、导轴瓦装配 6 传递给轴承箱支座。水轮机转动部分自重和径向力，通过主轴、导轴瓦装配和球面支承传递给轴承箱支座。卧式导轴承径向力主要作用在导轴瓦装配下轴瓦上，作用范围一般为正下方 60°～90°弧角之间。

　　机组运行时，如图 2-64 中 A—A 剖面所示，大推力盘将润滑油带到上方，被刮油板刮下，顺刮油板面流进 b 孔，沿着与轴平行的 b 孔通道到 C—C 剖面处流出，再顺着 C—C 剖面箭头所示路径流出，进入 B 腔。B 腔内的油一方面流向右方，受轴和大推力盘旋转带动，产生离心力，一方面顺着推力垫块瓦面及瓦间流动，顺主视图箭头所示流出推力环座进入冷却器；B 腔内油流向左方，顺导轴瓦装配瓦面油沟，受主轴带动形成瓦面油膜，同时向小推力盘运动，由小推力盘与导轴瓦装配间隙流出，经油冷却器流向进油器管子，回到大推力盘下腔，形成油循环。

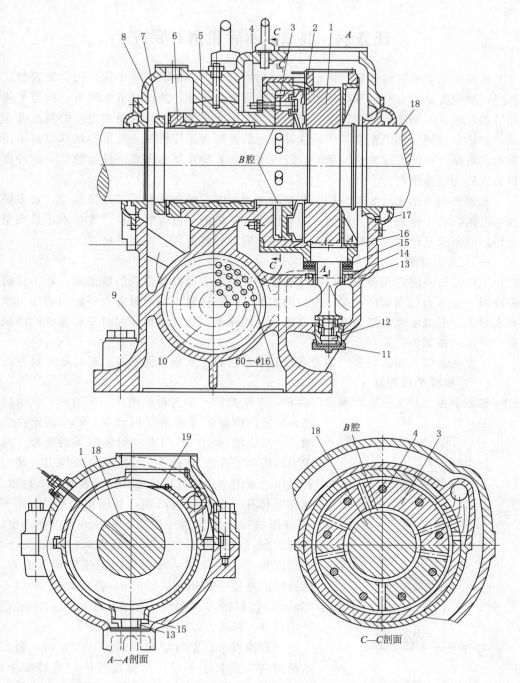

图 2-64　径向推力轴承

1—大推力盘；2—推力垫块；3—推力环座；4、12—调整螺钉；5—球面支承；6—导轴瓦装配；
7—小推力盘；8—轴承上盖；9—轴承箱支座；10—冷却器；11—密封套；13—进油器管子；
14—封油板；15—封油圈；16—挡油侧盖；17—轴承盖；18—主轴；19—刮油板

任务六　混流式水轮机密封装置

　　水轮机的主轴密封装置包括工作密封和检修密封。轴承结构不同，密封装置型式不同，如橡胶轴承，在轴承润滑水箱上部装置密封部件，防止润滑水流失；如透平油润滑的轴承，在轴承下部主轴上装置密封部件，防止转轮上冠与顶盖之间的漏水进入轴承油箱，保证导轴承正常工作，这种密封装置称为工作密封。对下游尾水位高于顶盖的水电站，在停机或检修轴承时，需设密封装置防止尾水倒灌淹没水轮机，这种密封装置称为检修密封。

　　水轮机的主轴密封装置一般装在主轴法兰上方，地方狭窄，工作条件差，对多泥沙水电站，其工作条件更为恶劣。但它作为水轮机的一道重要保护，关系水轮机安全运行，故要求其结构简单轻便，工作可靠，安装检修方便，工作寿命长。

一、工作密封

　　工作密封是固定在转轴上的动环和固定在顶盖上的静环合成的摩擦副，其工作时静环以一定压力压向动环，保持密封面的稳定接触以封水，同时引进一定清洁压力水到密封面，形成液膜润滑，避免干摩擦引起的摩擦副快速磨损，同时要有足够的磨损补偿余量，做到低泄流，长寿命。

　　工作密封结构型式较多，主要有橡胶平板密封、水压端面密封、迷宫环密封等。

（一）橡胶平板密封

　　橡胶平板密封又分单层和双层两种，单层橡胶平板密封如图 2-65 所示，它由转环和固定的圆环形橡胶密封板组成。转环固定在主轴上，随主轴转动，密封面一般装有不锈钢板。橡皮密封板固定在顶盖支座上，借助自外界引入清洁密封压力水的水压把橡皮板压在转环密封面上封水。橡皮板要有一定的耐酸碱性，其硬度一般为 60°~70°（邵尔），密封间隙一般在 1~2mm 范围内调整。间隙太大，密封不到位，泄流量太大；间隙太小，密封面易产生干摩擦，橡胶板因迅速磨损而失效。橡胶板的厚度一般取 4~10mm，搭接宽度为 15~35mm，密封压力水水压一般在 0.02~0.2MPa 范围内调整，视被封水水压而定。

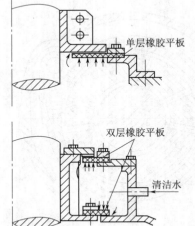

图 2-65　橡胶平板密封

（图中标注：单层橡胶平板、双层橡胶平板、清洁水）

　　双层橡胶平板密封结构如图 2-65 所示，密封水箱固定在支架上不动，下橡皮板固定在转架上，构成随主轴旋转的转动环，上橡皮板固定在水箱上端，形成上下两个封水摩擦副，在密封水箱清洁压力水作用下，上、下橡皮板贴在封水面上，起封水作用。

　　橡胶平板密封结构简单，密封性能好，能自动封闭密封面因磨损而出现的间隙，摩擦系数小，适应较大的压力变化范围。但当机组摆度过大或密封面调整不良时，漏水量将会增加，安装调试时应注意。单层橡胶平板密封适用于水质较清洁的水电站，双层橡胶平板密封适用于多泥沙的水电站。

（二）水压端面密封

水压端面密封有几种型式，如图2-66所示。图2-66（a）的结构适用于水头较低、河流含沙量较少的机组。密封环2安装在支持环1上，靠水压力和环的重量将密封环2压紧在衬板5上，衬板5和主轴一起旋转，当停机检修轴承时，将密封围带4充以高压空气使围带变形压紧在主轴法兰侧面以阻止水流流入。图2-66（b）的结构适用于水中含沙量较多的机组及漏水量较大的高水头机组。这类水压端面密封受力均匀，运行效果好，密封件使用寿命长，在五强溪、十三陵、三峡等水电站被广为采用。

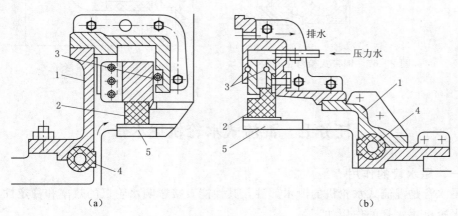

图 2-66 水压式端面密封装置

1—支持环；2—密封环；3—橡皮条；4—密封圈带；5—衬板

（三）迷宫环密封

迷宫环密封是近年来出现的一种新型密封。其工作原理是在水轮机转轮顶部设有泵板装置，由于泵板的吸出作用，主轴法兰始终处于大气之中，轴与轴封间不接触并只有一层空气，该密封有极长的寿命。该主轴密封为不接触迷宫型，由紧靠着轴上的转动套、密封箱和主轴密封排水管等部件组成。在水轮机正常运行情况下，整个负荷范围内密封盒上无水压。转轮上的泵板随转轮一起旋转防止水和固体进入主轴密封，同时泵板排水管防止沙或固体物质积在水轮机顶盖下，并将透过上止漏环的少量漏水通过泵板排水管排至尾水。在启动和关闭速度降低的情况下，水压可能达到轴封，此时由于迷宫环状密封箱的扩散作用使漏水压力大幅度下降，同时位于每个迷宫环之间的主轴密封排水管可有效地防止水漏在密封箱上，并将渗漏水排至电站集水井。该种新型密封运行效果较好，已逐步在多个电站中被应用。

二、检修密封

对尾水位高于水导轴承的水电站，为防止尾水倒灌，设置停机检修密封。检修密封常用型式有空气围带式和抬机式两种。

空气围带式检修密封如图2-67所示，将横断面为中孔的O形橡胶围带装在顶盖固定部件内，与转动部件圆柱面间隙为 1.5～2mm。正常运行时，空气围带与旋转件不接触，停机时空气围带内的 O 形孔充入 0.4～0.7MPa 压缩空气，围带膨胀，从四周贴紧旋转部件圆柱面，达到封水的目的。

抬机式检修密封如图 2-68 所示，将环状橡胶密封圈装在主轴法兰或法兰保护罩端面外圆处，停机时将水轮机抬起，使密封圈贴紧固定件，达到封水的目的。

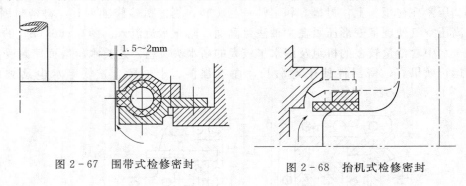

图 2-67　围带式检修密封　　　　　　图 2-68　抬机式检修密封

任务七　混流式水轮机尾水管

一、尾水管的作用

反击式水轮机的泄水部件

尾水管是混流式水轮机的泄水部件，其性能直接影响水轮机的效率和稳定性。

水轮机尾水管的作用如下：

（1）将转轮出口处的水流引向下游。

（2）利用下游水面至转轮出口处的高程差，形成转轮出口处的静力真空。

（3）利用转轮出口的水流动能，将其转换为转轮出口处的动力真空。

图 2-69 表示三种不同的水轮机装置情况：没有尾水管；具有圆柱形尾水管；具有扩散型尾水管，即尾水管出口断面面积大于进口断面面积。三种情况下，转轮所能利用的水流能量均满足下式：

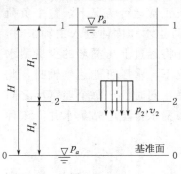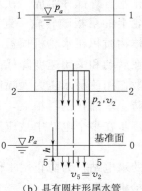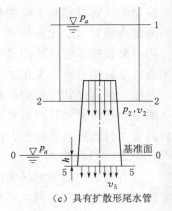

（a）没有尾水管　　　　　（b）具有圆柱形尾水管　　　　　（c）具有扩散形尾水管

图 2-69　尾水管的作用

$$\Delta E = E_1 - E_2 = \left(H_d + \frac{P_a}{\rho g}\right) - \left(\frac{P_2}{\rho g} + \frac{v_2^2}{2g}\right) \tag{2-35}$$

式中　ΔE——转轮前后单位水流的能量差，m；

　　　H_d——转轮进口处的净水头，m；

　　　P_a——大气压强，Pa；

　　　P_2——转轮出口处压强，Pa；

　　　v_2——转轮出口处水流速度，m/s。

这三种情况下，转轮出口处的水流能量不同，使得转轮前后能量差也不同。

（一）没有尾水管

转轮出口处的压力 $\dfrac{P_2}{\rho g} = \dfrac{P_a}{\rho g}$，将它代入式（2-35），得到转轮所利用的水流能量为

$$\Delta E' = H_d - \frac{v_2^2}{2g} \tag{2-36}$$

式（2-36）说明，没有尾水管时，水轮机转轮只是利用了电站总水头的 H_d 部分，转轮至下游水面的高差相应水头 H_s 没有利用，同时损失了转轮出口水流的全部动能。

（二）水轮机具有圆柱形尾水管

为了求得转轮出口处的压力 $\dfrac{P_2}{\rho g}$，列出转轮出口断面 2—2 及尾水管出口断面 5—5 之间的伯努利方程：

$$h + H_s + \frac{p_2}{\rho g} + \frac{v_2^2}{2g} = \left(\frac{p_a}{\rho g} + h\right) + \frac{v_5^2}{2g} + h_w \tag{2-37}$$

式中　h_w——尾水管内的水头损失。

因此有

$$\frac{P_2}{\rho g} = \frac{P_a}{\rho g} - H_s - h_w \tag{2-38}$$

或

$$\frac{P_a - P_2}{\rho g} = H_s - h_w \tag{2-39}$$

式中　$\dfrac{P_a - P_2}{\rho g}$——静力真空，是在圆柱形尾水管作用下利用了 H_s 水头形成的。

将式（2-38）代入式（2-35）中，得到水轮机采用圆柱形尾水管后，转轮利用的水流能量为

$$\Delta E'' = \left(H_d + \frac{P_a}{\rho g}\right) - \left(\frac{P_a}{\rho g} - H_s + h_w + \frac{v_2^2}{2g}\right) \tag{2-40}$$

即

$$\Delta E'' = (H_d + H_s) - \left(\frac{v_2^2}{2g} + h_w\right) \tag{2-41}$$

从式（2-41）可以看出，与没有尾水管时相比较，有尾水管时，多利用了吸出

水头 H_s，但依然损失掉了转轮出口水流的全部动能，而且增加了尾水管内的损失 h_w。因此，这种情况下，多利用了 $(H_s - h_w)$ 的能量，即利用了式（2-39）中的静力真空。

（三）水轮机具有扩散型尾水管

根据转轮出口断面 2—2 及尾水管出口断面 5—5 之间的伯努利方程，可得出

$$\frac{P_2}{\rho g} = \frac{P_a}{\rho g} - H_s - \frac{v_2^2 - v_5^5}{2g} + h_w \tag{2-42}$$

断面 2—2 处的真空值为

$$\frac{P_a - P_2}{\rho g} = H_s + \frac{v_2^2 - v_5^5}{2g} - h_w \tag{2-43}$$

比较式（2-39）与式（2-43），此时在转轮后面除形成静力真空外，又增加了数值为 $\frac{v_2^2 - v_5^5}{2g}$ 的真空，即动力真空。该真空是由于尾水管的扩散作用，使转轮出口的流速由 v_2 减小到 v_5 形成的。

将式（2-42）代入式（2-35）中，则在水轮机具有扩散型尾水管时，转轮利用的水流能量为

$$\Delta E''' = \left(\frac{p_a}{\rho g} + H_d \right) - \left(\frac{p_a}{\rho g} - H_s - \frac{v_2^2 - v_5^5}{2g} + h_w + \frac{v_2^2}{2g} \right) \tag{2-44}$$

即

$$\Delta E''' = (H_d + H_s) - \left(\frac{v_5^2}{2g} + h_w \right) \tag{2-45}$$

比较式（2-45）和式（2-41）可知，当采用扩散型尾水管代替圆柱形尾水管后，转轮出口动能损失由 $\frac{v_2^2}{2g}$ 减少到 $\frac{v_5^5}{2g}$，又多利用了数值为 $\frac{v_2^2 - v_5^5}{2g}$ 的能量，比式（2-43）中定义的动力真空值减少了尾水管中的损失。

为了评估扩散型尾水管恢复动能的效能，假设扩散型尾水管内没有水力损失（ $h_w = 0$），且出口动能为无穷大，没有动能损失（ $\frac{v_2^2}{2g} = 0$），则此时断面 2—2 处的理想动力真空就等于转轮出口的全部动能 $\frac{v_2^2}{2g}$。

实际恢复的动能与理想恢复的动能的比值称为尾水管的恢复系数 η_w，即

$$\eta_w = \frac{\frac{v_2^2}{2g} - \left(h_w + \frac{v_5^2}{2g} \right)}{\frac{v_2^2}{2g}} \tag{2-46}$$

式（2-46）表明：尾水管内的水头损失及出口动能越小，则尾水管的恢复系数越高。

水流流经尾水管总的损失为内部摩擦水力损失 ξ 与出口动能损失之和，即

$$\xi = h_w + \frac{v_5^2}{2g} \tag{2-47}$$

将式（2-46）代入式（2-47），可得

$$\xi = \frac{v_2^2}{2g}(1 - \eta_w) \qquad (2-48)$$

规定尾水管中能量损失 ξ 与水轮机水头 H 之比为尾水管的相对水力损失 ζ，则

$$\zeta = \frac{\xi}{H} = (1 - \eta_w)\frac{v_2^2}{2gH} \qquad (2-49)$$

由上式可知，尾水管的恢复系数 η_w 不是尾水管的相对水力损失，它只反映其转换动能的效果，对两台具有不同比转速的水轮机来说，尾水管恢复系数相同，实际相对水力损失却不同，主要是由于它们的转轮出口动能 $\dfrac{v_2^2}{2g}$ 所占总水头的比重不同。

高比转速水轮机的转轮出口动能 $\dfrac{v_2^2}{2g}$ 可高达总水头的 40% 左右，低比转速水轮机不到总水头的 1%，若尾水管恢复系数是 75%，则高比转速水轮机尾水管的相对水头损失为 10%，而低比转速水轮机的约为 0.25%，因此，尾水管对高比转速水轮机作用更大。

二、尾水管的类型

（一）直锥形尾水管

直锥形尾水管是一种扩散型尾水管，如图 2-70 所示。它制造容易，内部水流均匀，阻力小，水力损失小，动能恢复系数 η_w 较高，一般可达到 83% 以上，被广泛应用于中小型水电站。

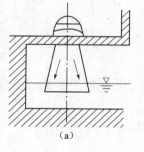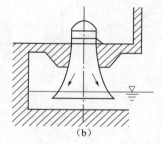

(a)　　　　　　　　(b)

图 2-70　直锥形尾水管

（二）弯曲形尾水管

弯曲形尾水管由锥管段、肘管段、扩散段三部分组成，如图 2-71 所示。锥管段断面为圆形，其作用是扩散水流，降低弯管入口流速，减小弯管段水头损失。肘管段又名弯管段，是尾水管中几何形状最复杂的一段，该断面形状由圆形过渡到矩形，将水流由垂直方向改变为水平方向，且使水流在水平方向扩散，以便与水平扩散段相连，图 2-72 所示肘管是一个 90° 的弯管。扩散段为一矩形扩散段，一般宽度 B 不变，底板水平，顶板上翘，仰角 α 为 10°～13°。其作用是进一步扩散水流，减小出口流速。当出口较宽时，为改善顶板受力条件可加设中墩，但加中墩后应保证尾水管出口净宽不变。当出口宽度大于（10～12）m 时，应设中墩。

这种尾水管里衬由制造厂提供，尾水管在现场用钢筋混凝土完成。这种尾水管增加了转弯的附加水力损失及出口水流不均匀性的水力损失，因此其恢复系数较直锥形尾水管低，而大中型电站的立式水轮机，若采用直锥形尾水管，会增加土建工程量，所以大中型水电站的立式水轮机通常采用弯曲形尾水管。

（三）弯锥形尾水管

此种形式由弯管和直锥管两部分组成，如图 2-73 所示，直锥段与转轮出口之间有一弯管段，弯管角度一般为 90°，水流从转轮出来进直锥段前必过弯管，则其水力损失大，效率较低，结构简单，常用于小型卧轴混流式水轮机。一般与水轮机配套生产。

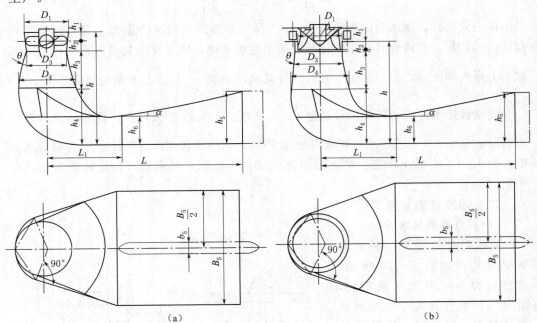

图 2-71 弯曲形尾水管

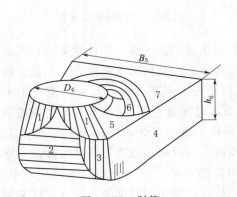

图 2-72 肘管

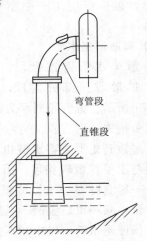

图 2-73 弯锥形尾水管

1—锥面；2—水平圆柱面；3—垂直圆锥面；4—垂直面；

5—斜面；6—圆环面；7—上翘面

注意：不管什么形式尾水管，其出口断面最高点均应在下游最低水位以下0.3～0.5m，以防进气。

三、尾水管选择

尾水管需根据机组和电站的具体条件来选择和确定尾水管的形式。目前在小型机组上多采用圆形断面的直锥形尾水管。大型卧式机组（如贯流式水轮机），为了减少水电站的土建投资并保证尾水管有足够的淹没深度，常将直锥管的出口做成矩形断面，加大水平方向尺寸而减少高度方向尺寸。大型立式机组，土建投资占电厂投资比例很大，因此在水电站设计中，要尽量降低水下开挖量和混凝土量，应选用弯曲形尾水管。

（一）直锥形尾水管的设计

直锥形尾水管由于结构简单，设计时一般可按下列步骤进行。

（1）根据经验公式，决定尾水管的进口速度V_5。

$$V_5 = 0.008H + 1.2 \qquad (2-50)$$

（2）确定尾水管出口断面面积。

$$F_5 = \frac{Q}{V_5} \qquad (2-51)$$

$$D_5 = \sqrt{\frac{4}{\pi} \frac{Q}{V_5}} = 1.13\sqrt{\frac{Q}{V_5}} \qquad (2-52)$$

（3）确定锥角θ及管长L。根据扩散管中水力损失最小原则，一般选锥角$\theta = 12°\sim16°$，管长L可由进口断面面积$F_2(D_2)$和出口断面面积$F_5(D_5)$值及θ值算出。

（4）确定排水渠道尺寸。为保证尾水管出口水流畅通，排水渠道必须有足够的尺寸。对于立式小型机组可参考图2-74确定。设计时先根据当地地质条件按$h/D_5 = 0.6\sim1.0$确定h值，然后再由曲线［图2-74（b）］查出b/D_5，算出b，并取$c = 0.85b$。

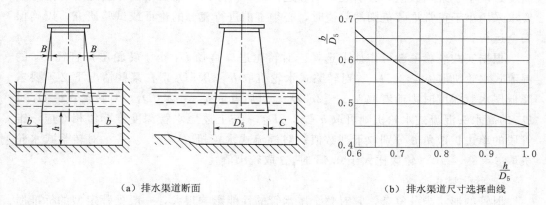

（a）排水渠道断面　　　　　　　　　（b）排水渠道尺寸选择曲线

图2-74　排水渠道断面尺寸选择

（二）弯曲形尾水管的选择及计算

与直锥型尾水管不同之处在于弯曲形尾水管的轴心线为曲线，整个尾水管由不同的断面形状而成。选择弯曲形尾水管就是根据电站机组的具体条件选择各组合断面的几何参数，这些参数的选择原则是设计出的尾水管要求有较高的综合经济指标，即一方面要尾水管有较高的能量指标，即恢复系数要大，这会给电站带来长期的经济效益，另一方面又要求土建工程最小，即减少电站一次性投资。而上述两种经济效益往往是矛盾的。例如为了提高尾水管的恢复系数，应增加尾水管的高度 h，但随着 h 的增加将会带来电站水下开挖量及混凝土量增加。因此在弯曲形尾水管各断面参数选择时应予综合考虑。

弯曲形尾水管的性能受下面三个因素影响，选择时应着重加以考虑。

1. 尾水管的深度

尾水管深度 h 是指水轮机导水机构底环平面至尾水管底板平面之间的距离。深度 h 越大，则直锥段的长度可以取大一些，因而降低其出口即肘管段进口及其后部流道的流速，这对降低肘管中的损失较有利。尾水管的深度变化对水轮机的效率，特别是在大流量情况下影响很显著，这可从图 2-75 的曲线看出（$\Delta\eta$ 代表效率差值）。

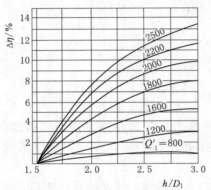

图 2-75　弯曲形尾水管相对深度
h/D_1 与水轮机效率差值的关系

尾水管的深度对水轮机的运行稳定性影响很大。特别是混流式水轮机因叶片角度不能调整而容易产生偏心涡带及振动，实践及研究表明，采用较大的深度可改善尾水管偏心涡带所引起的振动。因此常常需要限制尾水管深度的最小值。

但是，尾水管的深度又是影响工程量的最直接的一个因素。水下部分的开挖和施工常常很困难而且牵涉面较广，甚至由于地质条件的限制而要求尾水管高度必须小于某一数值，会引起施工和运行两者的矛盾。需要指出，当尾水管的深度要求采用小于正常推荐范围的数值时，必须事前进行充分的论证或试验研究，以确保安全运行。

根据实践经验一般可作如下选择。对转轮进口直径 D_1 小于转轮出口直径 D_2 的混流式水轮机取 $h \geqslant 2.6D_1$；对转桨式水轮机取 $h \geqslant 2.3D_1$，在某些情况下必须要求降低尾水管深度时则前者取 $h_{min} \leqslant 2.3D_1$；对后者取 $h_{min} = 2.0D_1$。对转轮直径 $D_1 > D_2$ 的高水头混流式水轮机则可取 $h \geqslant 2.2D_1$，与上述尾水管深度推荐值相对应，锥管段的单边扩散角 β 分别取下列数值：对混流式水轮机 $\beta \leqslant 7° \sim 9°$；对转桨式水轮机取 $\beta = 8° \sim 10°$（轮毂比大于 0.45 时，β 取较小值）。

2. 肘管型式

肘管的形状十分复杂，它对整个尾水管的性能影响很大，一般推荐定型的标准肘管。图 2-76 所示为标准混凝土肘管。此肘管 $D_4 = h_2$，图中各线性尺寸列于表 2-5。此外，当水头高于 200m 时，由于水流流速过大，此时可采用金属肘管，它们的型式与混凝土肘管不同，可参阅《水轮机设计手册》。

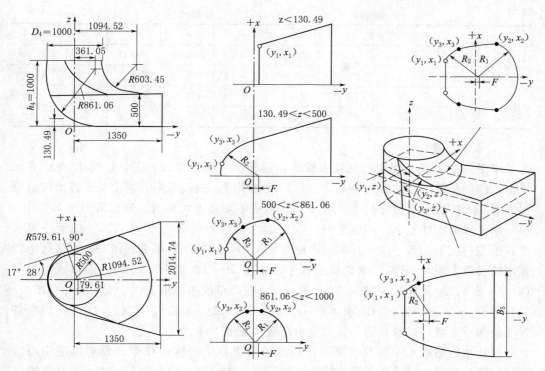

图 2-76 标准混凝土肘管（单位：mm）

表 2-5　　　　　　　　　　　标 准 肘 管 尺 寸　　　　　　　　单位：mm

z	y_1	x_1	y_2	x_2	y_3	x_3	R_1	R_2	F
50	−71.90	605.20							
100	41.70	569.45							
150	124.56	542.45						579.61	79.61
200	190.69	512.72						579.61	79.61
250	245.60	479.77						579.61	79.61
300	292.12	444.70						579.61	79.61
350	331.94	408.13						579.61	79.61
400	366.17	370.44						579.61	79.61
450	395.57	331.91						579.61	79.61
500	420.65	292.72	−732.67	813.12	94.36	552.89	1094.52	579.61	79.61
550	441.86	251.18	−496.96	713.07	99.93	545.79	854.01	571.65	71.65
600	459.48	209.85	−360.21	671.28	105.50	537.70	761.82	563.63	63.69
650	473.74	168.80	−276.14	639.26	111.07	530.10	696.36	555.73	55.73
700	484.81	128.09	−205.27	612.27	116.65	522.51	645.77	547.77	47.77
750	492.81	87.764	−142.56	588.39	122.22	514.92	605.41	539.80	39.80
800	497.84	47.859	−85.20	566.55	127.79	507.32	572.92	531.84	31.84

续表

z	y_1	x_1	y_2	x_2	y_3	x_3	R_1	R_2	F
850	499.94	7.996	−31.21	545.98	133.30	499.73	546.87	523.88	23.88
900	500.0	0	21.35	525.97	138.93	492.13	526.40	515.92	15.92
950	500.0	0	75.71	505.26	144.50	484.54	510.90	507.96	7.96
1000	500.0	0	150.07	476.94	150.07	476.95	500.0	504.0	0

3. 水平长度

水平长度 L 是机组中心到尾水管出口的距离。肘管型式一定，长度 L 决定了水平扩散段的长度。增加 L 可使尾水管出口动能下降，提高效率。但太长了将增加沿程损失和增大厂房水下部分尺寸。增加 L 的效益不如高度 h 显著，通常取 $L = 4.5D_1$。

水平段的形状如下：两侧平行，顶板向上翘，倾角 $\alpha = 10° \sim 13°$。底板一般水平，少数情况下，为了减少开挖要求尾水管上抬，此时一般不超过 $6° \sim 12°$（低比转速水轮机取上限）。转桨式水轮机的水平段宽度 $B = (2.3 \sim 2.7)D_1$；混流式为 $B = (2.7 \sim 3.3)D_1$。当 $b > 10 \sim 12m$ 时，允许在出口段中加单支墩。支墩尺寸（图 2-77）为：$b = (0.1 \sim 0.15)B$；$R = (3 \sim 6)b$；$r = (0.2 \sim 0.3)b$；$l \geqslant 1.4D_1$。出口段最好不要加双支墩，试验表明双支墩会引起效率显著下降。

有些水电站因水工建筑的要求，尾水管的出口中心线往往需要偏离机组中心线（图2-78）。此时，肘管水平段的俯视图按以下方法绘制：偏心距离 e 由水工建筑要求决定，肘管的水平长度 L 保证标准值。在以上两条件下，使肘管两侧面夹角的角平分线过机组中心（图 2-78）。而肘管段的断面形状则保持不变。

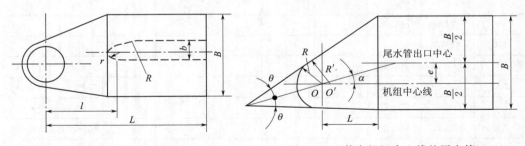

图 2-77　扩散段与支墩　　　　图 2-78　偏离机组中心线的尾水管

地下电站为了减小厂房和尾水流道尺寸，常采用高而窄的尾水管。此时厂房的挖深一般不是主要矛盾，这样就可用加大深度来弥补宽度的缩小。实践证明这样做对水轮机效率影响不大。

我国水轮机型号已标准化、系列化，每种型号的转轮都有配套的尾水管，推荐的标准系列尾水管尺寸可见附录一。

四、减轻尾水管振动的措施

水轮机组运行时，尾水管容易出现偏心涡带引起的振动，可采取尾水管加导流隔板或尾水管补气等措施来减轻影响。

产生偏心涡带的根本原因是转轮出口水流有环量存在，因此加导流隔板可消除环流，从而消除或减弱偏心涡带。图2-79所示的导流板类型有三种：①在尾水管锥管段进口部位加置十字形隔板；②在锥管段进口管壁加置导流板；③在肘管段前后加置导流板。实践证明，加设导流板的办法对改善振动有一定效果，但有时会造成降低效率，偏离最优工况等不利影响。导流板的形状和尺寸的选用针对机组的特性而定，装得不好的导流板容易被冲掉，因此采用此法需进行试验研究再决定。

为了减少压力脉动和由它引起的尾水管振动，以及破坏运行时所产生的振动，通常对转轮区进行补气，补气方法有自然补气和强迫补气，详见项目九所述。当尾水管的压力低于大气压时，可采用自然补气，但补气量难以控制；当尾水管管壁附近的压力高于大气压时采用强迫补气，它根据不同的工况补进不同的气量，以保持减振效果和对机组运行效率的影响处于最优状态。补气对水轮机工程会产生有利的影响，动载荷减小，转轮下面的真空度降低；但也会引起不良现象，如正常运行工况下，水轮机出力会降低，有时转轮后面的压力脉动反而会增大，有时也会引起飞逸转速增大。

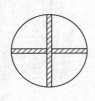 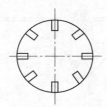 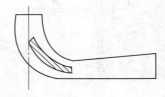

（a）锥管段十字形隔板　　　（b）锥管段导流板　　　（c）肘管段导流板

图2-79　尾水管中装设导流板

任务八　混流式水轮机结构实例

一、HL200-LJ-550 水轮机结构

HL200-LJ-550系指混流式水轮机，转轮型号为200，立轴，金属蜗壳，转轮直径为550cm，如图2-80所示，是哈尔滨电机厂为某大型水电站设计的用于调频、调峰、调相的水轮机。水轮机参数为：设计水头 $H_r = 112\text{m}$，水轮机设计水头下出力 $P = 3.06 \times 10^5 \text{kW}$，设计流量 $Q_r = 307\text{m}^3/\text{s}$，额定转速 $n_r = 125\text{r/min}$，飞逸转速 $n_R = 260\text{r/min}$，吸出高度 $H_s = -5\text{m}$，最大效率 $\eta_{\max} = 92.5\%$，应用水头范围为 $81 \sim 126\text{m}$。

蜗壳1由低合金高强度钢板14MnMoVN焊接而成。包角采用341°。座环2为钢板焊接结构，上下环之间焊有12只固定导叶。导水机构为径向式，由24只导叶3组成，采用ZG20MnSi整铸，导叶密封18均采用可靠的成型橡胶条带压板的结构。上、中、下轴颈处均采用具有自润滑性能而吸水性小的聚甲醛及尼龙轴套17，套筒采用L形密封。导叶传动机构16为叉头式。用剪断销信号装置加以保护。控制环12为钢板焊接结构，与顶盖15上的支持环14接触表面处采用具有自润滑性能的尼龙抗磨板13。导水机构接力器采用两只操作油压为4MPa的摇摆接力器7，直径为650mm，接力器布置在两个不相邻象限内，导水机构的锁锭装置设在支持环上，投入时锁住控制

2-8-1

中国水电的摇篮——丰满水电站

2-8-2

三峡水电站

2-8-3

白鹤滩水电站

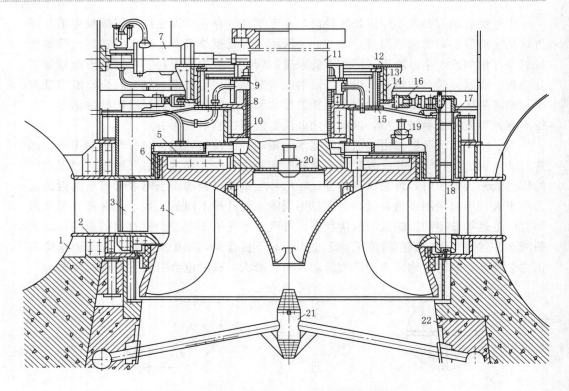

图 2-80　HL200-LJ-550 水轮机剖面图

1—蜗壳；2—座环；3—导叶；4—转轮；5—减压装置；6—止漏环；7—接力器；8—导轴承；
9—平板密封；10—抬机式检修密封；11—主轴；12—控制环；13—抗磨板；
14—支持环；15—顶盖；16—导叶传动机构；17—尼龙轴套；18—导叶密封；19—真空破坏阀；
20—吸力式空气阀；21—十字补气架；22—尾水管钢板里衬

环。转轮 4 采用 ZG20MnSi 分半铸造，上冠用螺栓把合，下环在工地焊接。为防止空蚀破坏，在叶片背面易空蚀区堆焊抗空蚀的金属护面。为减轻轴向水推力，在上冠上装有减压装置 5 并开 12 只减压孔。为减小漏水，在上冠上装 1 道、下环上装 2 道沟槽式止漏环 6。主轴 11 采用双法兰空心薄壁轴，由 20MnSi 锻造而成，为防止锈蚀和磨损，在与橡胶瓦接触的表面，包有不锈钢层。

水导轴承 8 采用橡胶轴瓦，在瓦面上开有特殊形状的输水槽，轴承体上端设有水箱，采用橡胶平板密封 9。在主轴下法兰处装有橡皮平板抬机式检修密封 10。

尾水管为 4H 型，锥管段设有钢板里衬 22，并装有十字补气架 21。该机采用三种补气措施：在顶盖上装 2 只 $\phi200$ 吸力式真空破坏阀 19，当转轮上冠处形成 6.3kPa 真空压强时补入空气；在主轴下端装 1 只 $\phi400$ 吸力式空气阀 20，当转轮内出现真空时自动补气；尾水管十字补气架的进口管上装 1 只 $\phi200$ 吸力式真空破坏阀，当尾水管出现真空时自动补气。

二、HL006-LJ-140 型水轮机结构

HL006-LJ-140 系指混流式水轮机，转轮型号 006，立轴，金属蜗壳，转轮直径为 140cm，如图 2-81 所示，是重庆水轮机厂为我国绿水河水电站设计的高水头水轮机。

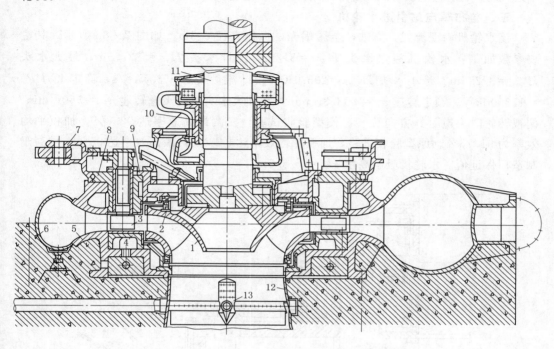

图 2-81　HL006-LJ-140 水轮机剖面图

1—转轮；2—止漏环；3—导叶；4—底环；5—座环；6—蜗壳；7—控制环；8—外顶盖；
9—内顶盖；10—导轴承；11—主轴；12—尾水管；13—十字补气架

该机的基本参数为：设计水头 $H_r = 305m$，设计水头下出力 P 为 15630kW，设计流量 $Q_r = 6m^3/s$，额定转速 $n_r = 750r/min$，飞逸转速 $n_R = 1293r/min$，吸出高度 $H_s = -1m$，应用水头范围为 295～315m。

转轮 1 采用低合金高强度 20MnMoCuVRe 整铸，止漏环 2 采用梳齿式和间隙式联合型式，材料为中合金钢 15MnTiCu。主轴采用双法兰，材料为 45 号钢，在主轴密封接触位置包不锈钢。导轴承 10 为圆筒式甩油轴承，由铸铝分两半制造的甩油盆。固定在主轴上，与主轴一起旋转，油盆中的油受离心力作用后获得能量，使油沿进油管进入上油盆。经冷却后进入钨金轴瓦润滑。导水机构为径向式，导叶 3 采用 35 号钢整体锻造，为防磨抗蚀，在导叶上下端面、出水边过流表面及导叶轴颈均包焊一层 1Cr18Ni9 不锈钢，为金属接触密封。控制环 7 支承在座环上法兰上方，采用 ZG25 铸成。顶盖由内外两部分组成，材料为 ZG25。为抗磨和减轻间隙空化和空蚀，在外顶盖 8 底面装有金属不锈钢抗磨板，存内顶盖 9 上开三个孔，其中两个装紧急真空破坏阀，一个接排水管排除顶盖的压力水。底环 4 采用 ZG25 铸造，在其上面装有金属不锈钢抗磨板。蜗壳 6 与座环 5 焊为一体。蜗壳采用 16Mn 钢板焊接，座环采用 20SiMn，上下环和固定导叶分别铸造，而后焊为一体。在蜗壳上装有空放阀和空气阀，尾水管 12 的进口直锥段和肘管均采用金属里衬，出口段用高标号水泥浇成。尾水管装有十字补气架 13，在补气管路中装有自动补气的 φ120 吸力式空气阀，当此阀补不进气时，将管路上设置的压缩空气阀打开，可进行强力补气。

三、鲁布革电站引进水轮机

该水轮机为混流式，立轴，金属蜗壳，标称直径 3.5m，如图 2-82 所示。其主要参数如下：水轮机额定水头 $H_E = 312$m，设计水头 $H_r = 327.5$m，最大水头 $H_{max} = 372.5$m，最小水头 $H_{min} = 295.1$m。设计流量 $Q_r = 53.5$m³/s，额定出力 $P_r = 153000$kW。额定转速 $n_r = 333.3$r/min，在最大水头时的飞逸转速 $n_R = 560$r/min。俯视转轮时为逆时针方向旋转。模型验收试验，实测最高效率达 92.8%，加权平均效率为 91.75%。原型验收试验，加权平均效率达 94.2%，最高效率达 95%，均高于制造厂保证值。水轮机吸出高度 $H_s = -6.5$m。

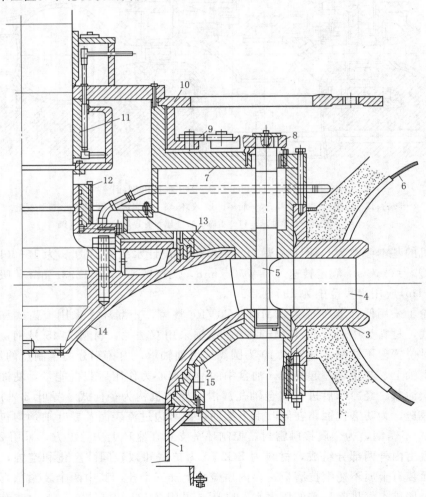

图 2-82　鲁布革电站水轮机剖面图

1—尾水管；2—底环；3—座环；4—固定导叶；5—活动导叶；6—蜗壳；7—顶盖；8—拐臂；9—连杆；
10—控制环；11—导轴承；12—主轴密封；13—梳齿式止漏环；14—转轮；15—阶梯式止漏环

引水室为金属焊接蜗壳，座环采用最简单的平行板式结构，在工厂组焊成整体，再分半铁路运输，工地焊为一体。座环采用高强度抗撕裂钢板制作，蜗壳采用高强度优质细晶粒 62u 调质钢板卷制。

顶盖采用箱形焊接结构，以增加强度和刚度。顶盖和底环用螺栓法兰盘与座环上下环连接，在其过流表面用宽带铺焊机铺焊 8～10mm 厚 Cr17 不锈钢护面，硬度为 HV350～400。顶盖与转轮上冠对应处装有梳齿式固定止漏环，每道间隙密封长度约 100～200mm，间隙为 0.5～1mm；底环与转轮下环对应处装有阶梯迷宫式止漏环，约 100m 水头 1 道阶梯。固定止漏环采用比动环软的镍铝青铜制造，这种材料有较好的抗空化性能。在顶盖支承控制环的面上焊一层不锈钢，采用自润滑材料轴衬，以减少摩擦。

导水机构的 24 片导叶采用不锈钢整铸，以加强抗磨蚀能力。为减少端面间隙空化和空蚀及漏水，采用偏心大轴颈导叶轴结构。为补偿控制环在传动中可能产生的跳动，连杆和控制环连接处装球轴承。导叶传动机构采用 12 个易弯拐臂作安全元件，与常规拐臂相间布置。当相邻导叶被异物卡住时，易弯拐臂塑性变形，保证其他传动机构正常动作。为防止泥沙进入导叶轴承，采用 O 形橡皮圈和环状整铸耐磨自润滑的聚酰胺（石墨填充酰胺纤维）压板结构，如图 2-83 所示。导叶下轴颈衬套可不拆卸大件而单独拆换。两个接力器采用双向作用布置，配有锁锭，与控制环臂相连。接力器最大行程 450mm，操作油压为 4MPa。

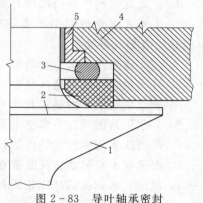

图 2-83　导叶轴承密封
1—导叶；2—聚酰胺压板；
3—橡皮圈；4—顶盖；5—套筒

转轮采用焊接结构。为减少转轮磨蚀，转轮装有长、短叶片各 15 片，短叶片弦长约为长叶片的 2/3。叶片采用 Cr16Ni5 不锈钢板铣坡口和厚度，热弯成型，这样易保证型线准确。上冠采取内外环热套结构。转轮组焊时，先把内环与叶片可能焊接之处全部焊好，然后热套外环，焊接其他部位。在叶片进口 300mm 和出口 500mm 范围内，进行抛光处理，表面粗糙度达 1.6μm。转轮上冠和下环装着 Cr16Ni5 不锈钢止漏环。转轮与主轴采用法兰盘连接，靠接触面摩擦力传递扭矩，保证各台机组互换性。

水轮机导轴承采用筒式瓦，轴承体分半组合，设 4 个巴氏合金承载面，设 4 条油沟。

通过毕托管将转动下油箱润滑油泵入上油箱，再经轴承面下降到下油箱，形成油循环。主轴工作密封采用水泵密封，叶片泵设在上冠顶部，运行时泵叶把止漏环漏水甩向顶盖内低压腔、机组初期运行漏水量少时，顶盖低压腔漏水排至尾水，随运行止漏环磨损而漏水量足够大时，取顶盖低压腔水作机组技术供水水源。顶盖取水水压或水量过大时，作机组检修信号。主轴与顶盖间隙处，因水泵密封作用，运行时无水可漏，故只设迷宫密封装置，主轴轴颈设不锈钢衬套，顶盖对应设巴氏合金轴衬，其空气间隙为导轴承间隙的 2 倍，避免了主轴密封摩擦损失。检修密封采用空气围带式，其投入与退出随开停机自动切换。

主轴为锻造碳钢锻制，设中间轴，使水轮机有上拆和中拆两种方式（中拆是指在水轮机层可拆卸转轮）。

尾水管为弯曲形尾水管，锥管管上段 300mm 为不锈钢制造，下段用优质碳钢卷制，上下均用法兰盘连接，可以拆卸。锥管段设两个 $\phi 600mm$ 进人门。肘管段碳钢衬板全部埋入混凝土中。

思 考 与 练 习 题

1. 混流式水轮机通流部件有哪些？

2. 混流式水轮机的引水室有哪几种型式？分别有什么作用？按其制造方法分，金属蜗壳有哪几种类型？

3. 座环作用是什么？它的组成有哪些？与金属蜗壳连接，它的类型有哪些？

4. 导水机构的作用是什么？

5. 导水机构的保护装置有什么作用？类型有哪些？

6. 导水机构的间隙有哪些类型？

7. 混流式水轮机转轮的作用什么？它由哪几部分组成？

8. 混流式水轮机的止漏装置有哪几种型式？

9. 混流式水轮机的减压装置有什么作用？其类型有哪些？

10. 水轮机导轴承的作用是什么？立式水轮机导轴承有哪些类型？

11. 混流式水轮机常用的主轴密封装置有哪几种结构型式？

12. 混流式水轮机尾水管有哪几种型式？其作用是什么？

轴 流 式 水 轮 机

【知识目标】

掌握轴流式水轮机的特点、转轮组成，熟悉轴流转桨式水轮机转轮叶片操作系统，熟悉轴流转桨式水轮机主轴、泄水锥等其余部件，掌握水轮机防飞逸和防抬机措施。

【技能目标】

会运用所学理论知识识读轴流转桨式水轮机剖面图。

【重点难点】

重点：轴流转桨式水轮机转轮组成，水轮机防飞逸和防抬机措施。

难点：轴流转桨式水轮机剖面图的识读。

任务一 轴 流 式 水 轮 机 概 述

轴流式水轮机属于反击式水轮机，由于水流进入和离开转轮均是轴向的，故称为轴流式水轮机，如图3-1所示。轴流式水轮机又分为轴流定桨式和轴流转桨式两种。它的结构除转轮和混流式水轮机有较大区别外，其他部件基本相同。

轴流式水轮机结构和混流式水轮机主要区别如下：

（1）转轮结构型式不同，轴流式水轮机的叶片进口边和主轴相垂直，而混流式水轮机的叶片进口边和主轴平行。轴流转桨式水轮机结构复杂，转轮内部有操作转轮叶片的机构。

（2）水头低于30～35m时，轴流式水轮机通常采用混凝土蜗壳，而混流式水轮机多采用金属蜗壳。

3-1-1

轴流式水
轮机原型

（3）轴流式水轮机导叶上端为顶盖，转轮上面为支持盖，而混流式水轮机导叶和转轮上面只有一个顶盖。

轴流式水轮机和混流式水轮机相比，优点如下：

（1）比转速高、能量性能好。轴流式水轮机比转速是高比转速水轮机，其值大于混流式水轮机的比转速。在低水头条件下，当它们使用相同水头和出力时，轴流式水轮机过流能力大，可以采用较小的转轮直径和较高的转速，缩小机组尺寸，降低投资。当两者具有相同的直径并使用同一水头时，轴流式水轮机能发出更多的效

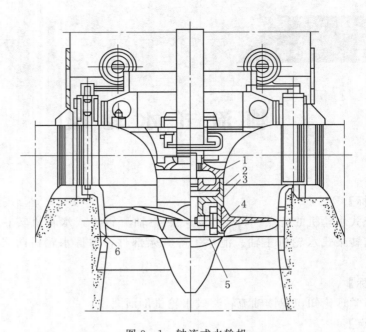

图 3-1 轴流式水轮机

1—转轮接力器活塞；2—转轮体；3—转臂；4—叶片；5—叶片枢轴；6—转轮室

率。轴流转桨式水轮机，由于转轮叶片和导叶随着工况的变化形成最优的协联关系，提高了水轮机的平均效率。

（2）轴流式水轮机转轮叶片表面形状和粗糙度易达到制造要求。

（3）轴流式水轮机转轮叶片可拆卸，便于制造和运输。

因此，轴流式水轮机用于开发较低水头，较大流量的水力资源。

轴流式水轮机和混流式水轮机相比，缺点如下：

（1）叶片数目少，且是悬臂结构，强度差，不能应用于中高水头电站。

（2）相同水头时，因为其单位流量和单位转速高，吸出高度小，导致电站基础开挖深度大，投资高。

目前，轴流转桨式水轮机的应用水头范围是 $3\sim80m$，已进入混流式水轮机的区域。我国水电站采用轴流转桨式水轮机，最大单机出力为 200MW（大藤峡水电站和水口水电站），最大转轮直径达 11.3m（葛洲坝水电站），最大水头达 78m（石门水电站）。

轴流转桨式水轮机一般采用立式装置，其工作过程和混流式水轮机基本相同，水流经压力水管、蜗壳、座环、导叶、转轮、尾水管到下游。不同的是轴流转桨式水轮机是双调节机构，当负荷改变时，它可以调节导叶转动的同时，还可以调节转轮叶片，使其与导叶转动保持某种协联关系，以保证水轮机在高效率区域运行。

大型轴流转桨式水轮机主要由主轴、转轮、导水机构、蜗壳、尾水管、导轴承、座环和转轮等组成，如图 3-2 所示。

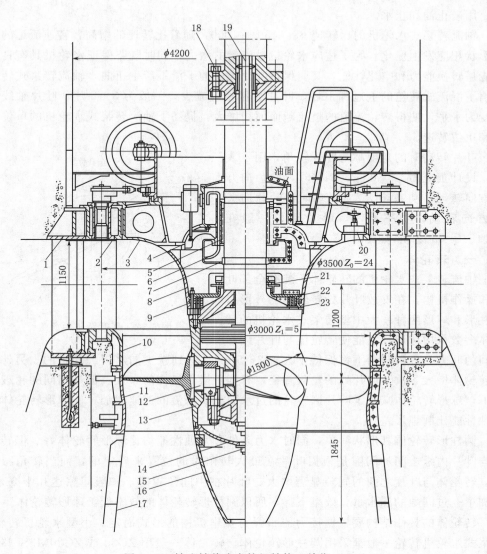

图 3-2 轴流转桨式水轮机结构（单位：mm）

1—座环；2—顶环；3—顶盖；4—轴承座；5—导轴承；6—升油管；7—转动油盆；8—支持盖；9—密封环；

10—底环；11—转轮室；12—叶片；13—轮毂；14—轮毂端盖；15—放油阀；16—泄水锥；17—尾水管里衬；

18—主轴连接螺栓；19—操作油管；20—真空破坏阀；21—碳精密封；22、23—梳齿式止漏环

3-2-1

轴流式水轮
发电机组虚
拟仿真系统
操作1

3-2-2

轴流式水轮
发电机组虚
拟仿真系统
操作2

任务二 轴流转桨式水轮机转轮

  轴流转桨式水轮机转轮位于转轮室内，它上面是顶盖，下面是尾水管。轴流转桨式水轮机转轮主要由转轮体、叶片、泄水锥、叶片操作机构和密封装置等部件组成。转轮体上部与主轴连接，下部连接泄水锥，在转轮体的四周放置悬臂式叶片。在转桨式水轮机的转轮体内部装有叶片转动机构，在叶片与转轮体之间安装着转轮密封装

置，用来止油和止水。

轴流转桨式水轮机的比转速 $n_s=450\sim1000$，随着比转速的增高，转速流道的几何形状相应发生变化。为了适应水轮机过流量的增大，同时既要保证水轮机具有良好的能量转换能力和空化性能，又要保持叶片表面的平滑不产生扭曲，轴流转桨式转轮取消了混流式转轮的上冠和下环，叶片数目相应减少，一般为 3~8 片，叶片轴线位置变为水平，使得转轮流道的过流断面面积增大，提高了轴流转桨式水轮机的单位流量和单位转速。

叶片转动时的角度称为叶片转角，用 φ 表示，设计工况时 $\varphi=0°$；$\varphi>0°$ 时，叶片向开启方向转动，功率增大；$\varphi<0°$ 时，叶片向关闭方向转动，功率减小，叶片转角一般在 $-20°\sim+35°$ 之间，如图 3-3 所示。

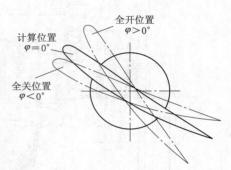

图 3-3 桨叶转角示意图

一、转轮体

轴流转桨式水轮机的转轮体上装有全部叶片和操作机构，在安放叶片处转轮体的外形有圆柱形和球形两种。大中型转桨式水轮机的转轮体多数采用球形，它能使转轮体与叶片内缘之间的间隙在各种转角下都保持不大于 2~5mm，达到减少漏水损失的目的。另外球形转轮体增大了放置叶片处的轮毂直径，有利于操作机构的布置。但是相同的轮毂直径下，球形转轮体减小了叶片区转轮的过水面积，水流的流速增加，使球形转轮体的空蚀性能比圆柱形差。

圆柱形转轮体其形状简单，同时水力条件和空蚀性能均比球形转轮体好。但转轮体与叶片内缘之间的间隙是根据叶片在最大转角时的位置来确定的，而当转角减小时，转轮体与叶片之间的间隙显著增大，叶片在中间位置时，一般间隙达几十毫米，增加了通过间隙的漏水量，效率下降，所以圆柱形转轮体的效率低于球形转轮体。

转轮体的具体结构要根据接力器布置与操作机构的形式而定。小型水轮机转轮，定桨式水轮机转轮一般都采用圆柱形转轮体。转轮体一般用 ZG30 或 ZG20MnSi 整体铸造，为了支承叶片，转轮体开有与叶片数目相等的孔，并在孔中安置叶片轴，转轮体的上部与主轴的扩大法兰相连接，下部与泄水锥连接。大中型水轮机为了减轻重量，常采用钢板焊接的泄水锥，用螺栓固定在转轮体下面。泄水锥的作用是引导转轮出口的水流顺利地进入尾水管，避免水流发生撞击和漩涡。泄水锥加长会增加对泄水锥的横向干扰力，造成连接螺栓的破坏；缩短会使水流产生严重的相互干扰，降低水轮机的效率。因此，应选择适当长度的泄水锥，可影响尾水管内形成的涡带和压力脉动，从而有效控制空腔的空化与空蚀。

二、叶片

轴流式转轮的叶片一方面承受其正背面水压差所形成的弯曲力矩，另一方面承受水流作用的扭转力矩，同时还要承受离心力作用。受力最大位置在叶片根部，叶片的断面是外缘薄，逐渐增厚，根部断面最厚。叶片根部有一法兰，这是为了叶片与转轮体的配合。叶片本体末端是枢轴，枢轴上套有转臂。这样，把枢轴插在转轮体内，通过转臂，连上叶片操作机构就可以转动叶片了。

　　轴流转桨式转轮叶片由叶片本体和枢轴两部分组成。对于尺寸较小的水轮机，一般采用整体轴，因为这样可以减少零件数目，便于铸造、加工、安装。但当水轮机尺寸较大时，采用分件式结构，叶片本体和枢轴分开制造，然后用螺栓连接或焊接。整体轴的结构一般用于中小型水轮机，分件式结构一般用于大中型水轮机，这是因为：①分件式结构的叶片本体和枢轴的重量和尺寸都减少了，便于铸造、加工和安装；②因为叶片易受空蚀损坏，分件式结构可单独地拆卸某个叶片进行检修；③分件式结构的两个部件可采用不同的材料，例如叶片本体采用不锈钢，而枢轴采用优质铸钢。但是分件式结构对转轮的强度是有所削弱的，因为为了布置叶片，枢轴和转臂的连接螺钉，分件式叶片法兰和枢轴法兰的外径都要比整体时大（图3-4），这一缺点对于高水头的转轮可能就是致命的，因为水头高，叶片数目就多，转轮上相邻叶片轴孔之间的宽度本来就很小，如果采用分件式结构，转轮体就无法满足要求。

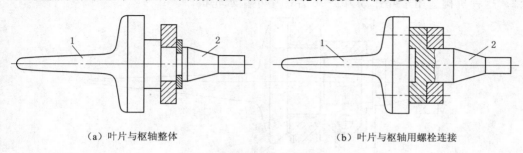

（a）叶片与枢轴整体　　　　　　　　　　（b）叶片与枢轴用螺栓连接

图3-4　叶片枢轴结构
1—叶片；2—枢轴

　　叶片的材质要求与混流式相同，目前多采用 ZG30 或 ZG20MnSi 铸钢，并根据电站运行条件，在叶片正面铺焊耐磨材料，背面铺焊抗空蚀材料。许多电站运行实践表明，铺焊不如堆焊效果好。有的机组采用不锈钢整铸叶片效果更理想。

三、叶片操作机构和接力器

　　叶片操作机构由接力器、操作架、活塞杆、连杆、转臂等零件构成，如图3-5所示。叶片操作机构安装在转轮体内，用来变更叶片的转角，使其与导叶开度相适应，从而保证水轮机运行在效率较高的区域。叶片操作机构是由调速器进行自动控制的。

　　转轮接力器的布置方式很多，通常把接力器布置在转轮体叶片中心线上部，也有把接力器布置在叶片下部泄水锥的空腔内。根据接力器布置方式不同，叶片操作

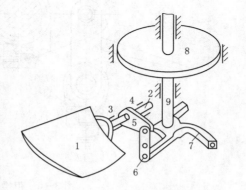

图3-5　叶片操作机构示意图
1—桨叶片；2—桨叶转轴；3、4—轴承；5—转臂；
6—连杆；7—操作架；8—接力器活塞；9—活塞杆

机构的形式很多，主要有带操作架传动的直连杆机构、带操作架的斜连杆机构和不带操作架的直连杆机构。采用一个操作架来实现几个叶片同时转动的机构称为操作架式叶片转动机构。其动作过程是：当压力油进入接力器活塞 8 的上方，推动活塞下移，活塞杆 9 带动操作架 7 向下移动，与操作架相连的连杆 6 下移，使与相连的转臂 5 的右端以桨叶转轴 2 为轴向顺时针方向转动。由于转轴和转臂、叶片为一体，所以桨叶片 1 在转轴带动下向顺时针方向旋转，叶片开度增大。反之，叶片开度减小。

（一）带操作架直连杆操作机构

当叶片转角在中间位置时，转臂水平，连杆垂直的称为带操作架直连杆机构，如图3-6所示。操作架上有耳柄，便于安装时调整。耳柄与操作架配合端面有限位销，防止耳柄固定时与夹板产生偏卡。连杆采用两块连接板，使连杆销受力均匀。转臂与叶片用圆柱销传递扭矩，径向位置由卡环定位，转臂下部开口用螺钉夹紧，便于装拆和紧固卡环。由于连接板与耳柄配合面容易引起偏卡磨损，目前多采用耳柄式连杆代替。这种机构适用于叶片数为4～6片的中小型水轮机。

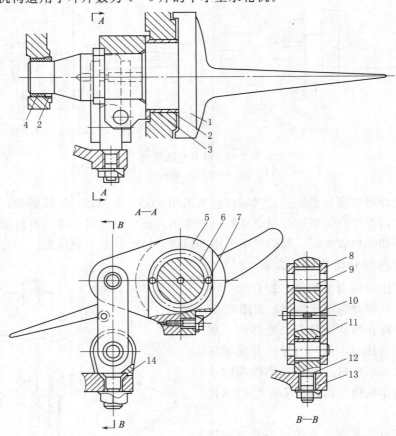

图3-6 带操作架直连杆机构

1—叶片；2—圆柱销；3—止推轴套；4—轴套；5—转臂；6—卡环；7、9—销；
8—连接板；10—定位螺钉；11—轴套；12—耳柄；13—操作架；14—限位销

（二）无操作架直连杆操作机构

无操作架直连杆机构是直接在接力器活塞上安装套筒和连杆操作转臂，没有操作架，如图3-7所示。这种结构连杆和转臂由接力器活塞带动，活塞上下动作由装在活塞上的套筒和装在转轮体上的铜套引导，比带操作架结构紧凑，重量轻，但套筒引导瓦处易漏油，转轮体加工复杂，周期长。该结构适用于叶片数为4～5片的大型水轮机。

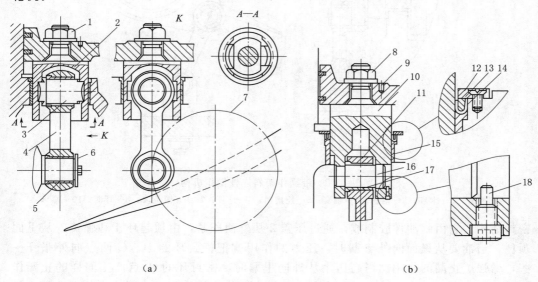

（a）　　　　　　　　　　　　　　　　　　（b）

图3-7　无操作架直连杆机构

1—螺母；2—套筒；3—销；4—连杆；5—轴套；6—限位板；7—转臂；
8—螺母；9—限位销；10—套筒；11—连杆；12—压环；13—顶环；
14—密封圈；15—轴套；16—销；17—轴套；18—限位螺钉

（三）带操作架斜连杆操作机构

带操作架斜连杆操作机构是当叶片转角在中间位置时，转臂与连杆都有较大的倾角，如图3-8所示。这种结构转臂平面尺寸小，接力器直径小，行程远，但运动中受较大的圆周分力，适用于叶片数目较多、便于布置叶片操作机构的水轮机。

四、叶片密封装置

由于转桨式水轮机在运行中需要转动叶片以适应不同的工况，当叶片操作机构工作时，一些转动部件与其支持面间需要进行润滑，因此在转轮体内是充满油的。转轮体内的油是具有一定压力的压力油，一部分是因为主轴中心孔的油，最后排入受油器，而受油器布置在发电机的顶上，所以转轮体内的油有相当于发电机的顶部至转轮体这段油柱高度的压力，另一部分是因为转轮旋转，油的离心力使油产生一定的压力。另外，转轮体外是高压水流，为了防止水流进入转轮体内部和防止转轮体内部的油向外渗漏，在叶片与转轮体的接触处必须安装密封装置。从电站的运行实践来看，转桨式水轮机转轮叶片密封结构性能的好坏对保证机组正常运行关系很大。

密封的型式很多，图3-9所示为目前国内水轮机厂采用较普遍的λ形转轮叶片

87

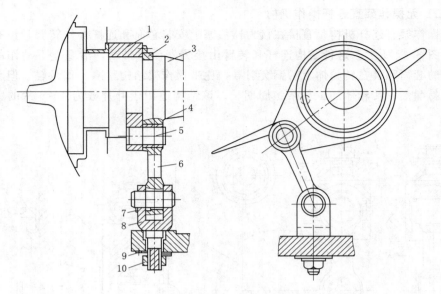

图 3-8　带操作架斜连杆操作机构

1—转臂；2—卡环；3—枢轴；4—轴套；5—连接销；6—连杆；7、9—限位块；8—耳柄；10—螺母

密封结构。它由耐油橡胶制成，通过压盖 2 从外面压紧，由顶起环 4 和弹簧 5 从里面顶住，当油要从里面向外渗漏时，压力的作用就把密封环的 B、C 两点向外张开一些，增强了止漏的作用。当高压水从外向里漏时，密封环的 A 点产生同样的止漏作用。通过试验和运行表明，它具有良好的密封性能、结构紧凑、制造和装拆方便，但性能不稳定。这种密封属于单向止漏结构，防漏油效果好，防漏水效果差，尾水位较高的电站不宜采用。

近年来有的机组采用 V 形橡胶环双向密封，结构简单，安装方便，更换密封不需要拆卸叶片，优点较多，如图 3-10 所示。

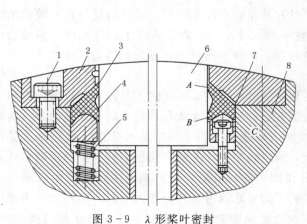

图 3-9　λ 形桨叶密封

1—螺钉；2—压盖；3—λ 密封圈；4—顶起环；
5—弹簧；6—叶片枢轴；7—限位螺钉；8—转轮体

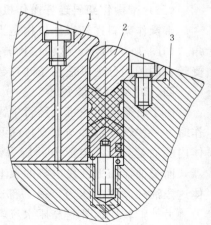

图 3-10　双向多层 X 形和
V 形联合作用密封

1—桨叶；2—密封圈；3—转轮体

五、转轮叶片的操作系统

叶片操作系统如图3-11所示，在导水机构导叶动作的同时，转轮叶片的协联机构凸轮装置1动作，控制配压阀3，使高压油经压力油管4进入受油器2，再经操作油管5至转轮接力器6的一腔，高压油推动活塞，接力器另一腔的油则顺着另一条油管返回至配压阀。图中所示为开启叶片油管，叶片关闭则相反。

为了把压力油从油压设备经调速器送入转桨式水轮机转轮体内，以操作叶片转动，需要装设操作油管和受油器。

操作油管的布置，如图3-12所示，在转桨式水轮机和发电机的主轴中心孔布置两根同心的操作油管2和3、4和5，它是用来操作叶片转角的压力油管。下端连接接力器的活塞，上端连接于受油器。这样操作油管与主轴中心孔形成a、b、c三个油腔，把接力器活塞上、

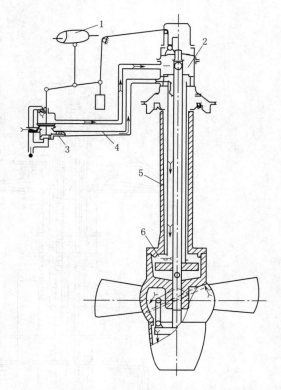

图3-11 轴流转桨式水轮机转轮叶片操作系统
1—凸轮装置；2—受油器；3—配压阀；4—压力油管；
5—操作油管；6—转轮接力器

下的空腔及转轮体内的空腔同受油器的相应空腔连通起来。图3-12中机组的主轴分水轮机轴、发电机轴及励磁机轴三部分，所以操作油管也分为三部分。当机组只有一根主轴时，操作油管可以做成一整根。

由于操作油管很长，管壁较薄，为了增加刚度，提高横向振动的临界转速，在水轮机轴和发电机轴上口处中心孔内装有一定数量的引导瓦，以减小操作油管的跨度。

通过受油器可以把旋转着的操作油管与外部的固定油管相连通，以便把压力油送入转轮接力器。图3-13是受油器结构，受油器底座1固定于发电机或励磁机顶上，在受油器体3的中心部分有油室b和c，分别与油管B和C相通，在油室b和c中装有同心油管2和5，它们分别与外操作油管和内操作油管用法兰连成一体。

受油器里的甩油盆7固定于励磁机轴上，与机组主轴一起旋转。来自主轴中心孔的油进入甩油盆a并被甩向底座1，然后由底座上的油口A用管子排到油压设备的回油箱。为了防止油进入发电机，在甩油盆上做了梳齿密封。

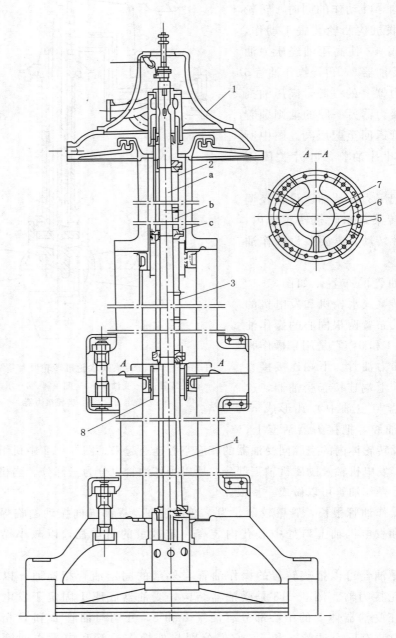

图 3-12 操作油管布置

1—受油器；2—上操作油管；3—中操作油管；
4—下操作油管；5—内管；6—外管；
7—支撑螺钉；8—引导瓦；a—内压力油腔；b—外压力油腔；c—回油腔

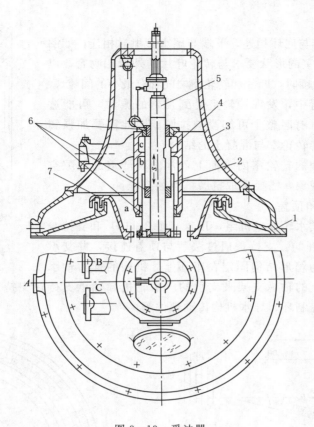

图 3-13 受油器

1—底座；2、5—油管；3—受油器体；4—套管；6—衬套；7—甩油盆

任务三 轴流转桨式水轮机其余部件

轴流转桨式水轮机除转轮外，其余部件基本与混流式水轮机相同，故本项目对不同之处简单介绍。

一、主轴

轴流转桨式主轴的作用和结构基本上与混流式水轮机相同，不同之处是它的轴心不能补入空气，而装有操作油管。主轴型式一种是与混流式的双法兰型相同，还有一种是带扩大法兰（转轮体上盖），即与发电机轴连接一端为法兰，而与转轮连接的一端为转轮体上盖。

二、泄水锥

泄水锥的外形尺寸由模型试验确定。中小型机组的泄水锥大多采用 ZG30 铸造，大型机组的泄水锥采用钢板焊接。泄水锥与转轮体的连接结构如图 3-14 所示，泄水锥上部周围开有带筋的槽口，用螺钉把合，除加保险垫圈外，装配后螺幅还应和锥体点焊，防止机组在运行中泄水锥脱落。

三、转轮室

转轮室的上端与底环相连，下端与尾水管里衬相连，如图 3-15 所示。转轮室的形状要求与转轮叶片的外缘相吻合，以保证在任何叶片角度时，叶片和转轮室之间都有最小的间隙。

在水电站运行中，发现转轮室受到强烈的振动，可能造成可卸段的破坏，有时整个可卸段被拉脱。因此需要加强转轮室的刚度，改善转轮室与混凝土的结合。

在叶片出口处的转轮室内表面上，常出现严重的间隙空化、空蚀和磨损现象，需要采取抗磨抗空蚀措施。

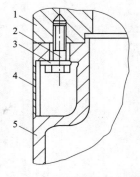

图 3-14　泄水锥连接结构
1—转轮体；2—螺钉；
3—保险垫圈；
4—护盖；5—泄水锥

四、支持盖和顶盖

大型的轴流式水轮发电机组，顶盖（图 3-16）和支持盖（图 3-17）是分开的。支持盖通过法兰与顶盖连接，并支承在顶盖上。顶盖为箱形结构固定在座环上。机构的推力轴承用固定在支持盖上的轴承支架来支承的。水轮机导轴承支持在支持盖下部的引水锥内。顶盖上装有控制环、导水机构传动部件等。

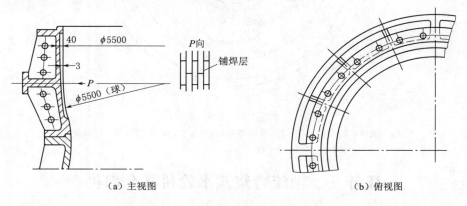

（a）主视图　　　　　　　　　（b）俯视图

图 3-15　转轮室结构（单位：mm）

图 3-16　顶盖

支持盖的下翼板为水轮机过流通道表面的一部分，应做成流线形，该过流表面有承受转轮前水流压力的作用。当推力轴承安置在支持盖上时，支持盖还承受着作用在转轮上的轴向水推力和转动部分重量。

中小型轴流式水轮机常将顶盖和支持盖合为一件，总称顶盖。

轴流式水轮机的主轴要伸到顶盖以下，轴的长度要比混流式的长。伞式发电机时，除了能减轻发电机的重量外，还能减小轴的总长度，减少水轮机的摆度，有利于稳定运行。

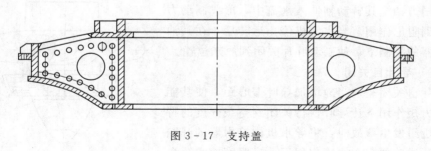

图 3－17　支持盖

任务四　水轮机防飞逸装置和防抬机措施

飞逸转速对机组是危险的。圆周运动的离心力与物体转动的角速度平方成正比，如圆周速度增加 2 倍，则离心力增加 4 倍，由此可知，机组在飞逸工况时产生的离心力是很大的。如不采取措施，强大的离心力可能损害机组转动部件或轴承装置，或引起机组及厂房强烈振动而使厂房结构、蜗壳、钢管等遭受振动破坏。因此，水轮机组在设计时要有一定的强度，转动部分要按飞逸转速来设计，机组飞逸时间不允许超过 2min。

一、防飞逸措施

由于飞逸转速的大小将直接影响机组的安全和造价，因此一方面要按照厂家的规定尽量限制飞逸转速的提高，降低机组的重量和造价，另一方面从技术上采用防飞逸保护措施，防止飞逸事故的发生。

（一）设置快速阀门

在水轮机引水钢管上装置不同类型的闸门，如对中低水头水轮机设置平板闸门或主阀（蝴蝶阀、闸阀），对高水头水轮机采用球阀。当机组过速达 1.4～1.5 倍额定转速而导叶又不能正常关闭时，可在动水情况下电动或液压操作快速闸门，保证在 2min 内截断水流。这种装置是水电站常用的相对可靠的防飞逸措施，但水轮机设备成本会因快速闸门的安装增加 20％～30％，而且也增加了设备维护工作量。

（二）增设事故配压阀

在导水机构接力器压力油管上设置事故配压阀，当接力器出现故障时，事故配压阀自动操作接力器，关闭导水机构。这种装置成本低，但可靠性差，当压力油压力下降或消失时该装置失效。

（三）关闭或开大叶片转角

对转桨式水轮机，可利用它在叶片转角较大时飞逸转速有所下降的特性，采用强行关闭或开大叶片转角，降低飞逸转速。但在飞逸工况下开大叶片转角，可能会引起机组强烈振动，同时需增大转轮叶片操作机构零件的尺寸。

（四）采用制动叶片

为了降低飞逸转速，有的轴流转桨式水轮机采用制动叶片，其结构如图 3－18 所示，它装设在转轮体上靠近叶片法兰孔的下部或上部，当转轮的转速超过额定值时，这些制动叶片克服了锁闩力，绕其转动轴伸入水流中，形成制动力矩，起到阻尼作用。当水轮机停止运转后，在其油压接力器的控制下，使制动叶片关闭到原来位置。

（五）导叶自关闭

导叶自关闭是适当地增加导叶偏心距，使其能在水流力矩作用下让导叶自行关闭到空载开度的特性。当机组发生事故时，将导水机构接力器的开腔油撤掉，导叶便在水力矩作用下，克服摩擦力矩自动关闭，防止飞逸机组产生飞逸。这是一种简单可靠的防飞逸方法，目前国内外都在进行试验研究。它可使机组的转动部件不再按飞逸转速计算结构强度，可大大降低机组的造价。

二、机组的抬机

（一）抬机现象及后果

机组在甩负荷和事故紧急关闭导水叶时，尾水管内由于真空中断了水流的连续性，有可能出现强烈的反水击；水轮机由空载工况转为调相运行时，导叶由空载缓慢关闭，当转轮下部空气阀关闭，产生反向轴向力。若这两种反向轴向力大于机组转动部分的总重量，就会使机组转动部分抬起一定高度，即抬机现象。

机组抬机，会导致发电机电刷和集电环损坏，励磁机电枢接线脱落，转子风扇损坏甩出，造成水轮机转轮叶片断裂，导叶及座环支柱等被打断一系列恶性事故。

（二）防抬机措施

为了防止或减少机组转动部分上抬机事故的发生，可采用以下措施：

（1）在顶盖上装置真空破坏阀，使其保持动作的准确性和灵活性。

（2）调整导叶的关闭时间。满足机组甩负荷后其转速上升值不超过规定值的条件下，适当延长导叶关闭时间。

（3）当机组出现甩负荷后，向转轮室补入压缩空气。

（4）装设限制抬机高度的限位装置。当机组出现抬机时，使抬机高度限制在允许的范围内，避免设备损坏，但这种方法对抬机严重的机组无效。

（5）选择合理的导叶关闭规律。在保证机组转速上升值不超过规定值的条件下，将导叶关闭的过程分段进行。导叶关闭时间的延长，不仅可以降低转轮室的真空值，还可以降低导叶关至最小开度时的机组转速，减少甩负荷后出现的反向轴向力。

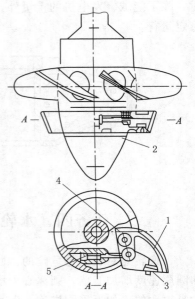

图 3-18　制动叶片结构
1—制动叶片；2—泄水锥；3—锁闩结构；
4—转轴；5—接力器

任务五　轴流式水轮机结构实例

目前，国内较大的轴流转桨式水轮机剖面如图 3-19 所示，该机型号为 ZZ560-

LH-1130，基本参数为：额定出力 P_r =176MW，设计水头 H_r =18.6m，设计流量 Q_r =1130m³/s，额定转速 n_r =54.6r/min，飞逸转速 n_R =120r/min，运行水头范围为10.6~27m。该机不作调相运行。

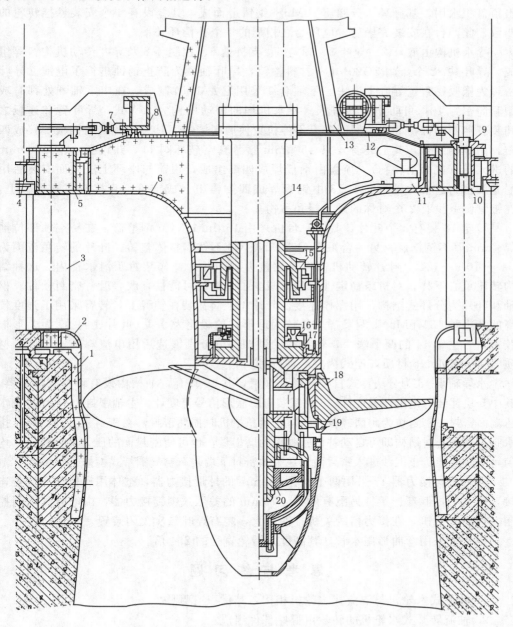

图 3-19　ZZ560-LH-1130 水轮机剖面图

1—基础环；2—底环；3—导叶；4—座环；5—顶盖；6—支持盖；7—导叶传动机构；8—控制环；
9—导叶轴套；10—套筒密封；11—真空破坏阀；12—接力器；13—推力轴承支架；14—主轴；
15—水导轴承；16—主轴密封；17—检修密封；18—转轮；19—叶片密封；20—转轮接力器兼操作架

该机蜗壳采用包角为 180° 的不对称梯形断面的混凝土蜗壳。座环 4 采用上环和 17 个固定导叶用螺栓把合的组合结构，其中上环分 8 瓣由钢板焊成。每个固定导叶是用 ZG20MnSi 分两段铸造后焊成，其中 1 号、4 号为中空特殊固定导叶，供自流排出顶盖积水用。基础环 1 分四瓣 20MnSi 钢铸造而成，其上设有 4 个安装悬挂转轮的凹台，此凹台在安装完毕后，应用与之相配的 4 个补偿环补平。

导水机构由底环 2、导叶 3、顶盖 5、支持盖 6、控制环 8 及导叶传动机构 7 等组成。导叶共 32 个，用 ZG20MnSi 材料整铸，导叶轴颈为防止锈蚀进行了电镀。导叶密封为橡胶密封，导叶上、中、下轴套 9 采用尼龙 1010 制成，在中下轴颈处都有成型套筒密封 10，可防止泥沙进入。导水机构的传动机构为叉头式，导叶臂和连板之间装有剪断销保护装置，同时备有不停机更换剪断销的工具。支持盖由钢板焊接成四瓣，用螺栓组合，其上装有 4 只 ϕ500mm 紧急真空破坏阀 11，并设有一个 ϕ700mm 的进入孔（也为吊物孔）。顶盖由钢板焊成四瓣组成，顶盖与座环上法兰面安装后用尼龙胶密封。推力轴承支架 13 由钢板焊成四瓣再组合成锥管，直接放在支持盖上，在锥管侧壁设有 2 个对称的进人门和吊物孔。

转轮 18 装有 4 个叶片，其中一台机采用 15MnMoVCu 钢整铸，在易空蚀部位铺焊 4mm 厚不锈钢层；另一台采用 0Cr13Ni6Mo 不锈钢整体整铸，叶片的转角范围为 $\varphi = -10° \sim +24°$。叶片转动机构将转轮接力器和叶片操作架置于泄水锥内。这种结构转轮重心下移，对机组稳定性有利，减少了漏油的可能性，改善叶片密封条件。枢轴和叶片为分件式结构，用螺栓连接。叶片止推筒瓦装在转臂上，转臂采用了强度较高的新钢种 18MnMoNb 材质。转轮体为球形，轮毂比为 0.4。叶片密封 19 为 λ 形橡胶密封。主轴 14 的两个法兰，轴身和轴颈四部分分别锻造后用电渣焊焊成整体，材质为 18MnMoNb 材质，型式为空心薄壁轴。

水导轴承 15 为分块瓦式自循环稀油润滑，共 10 块瓦，油槽内设有环管式冷却器，其中 5 块瓦装有电阻型温度计，5 块瓦装有膨胀形信号温度计。主轴密封 16 采用可调水压端面密封，密封块为耐磨橡胶，为防止紧急抬机时损坏密封，在密封盖上设有减压排水阀。这种密封结构即可自动补偿密封块的磨损量，也可使密封面的压力保持稳定、均匀，同时还能防止泥沙进入密封面。在主轴密封下端装有空气围带式检修密封 17。

导水机构接力器 12 采用两个直径 900mm 的环形接力器，缸体用螺栓与支持盖连接，活塞与控制环连接。另配有两只 ϕ70mm 的差压式锁锭接力器，由电磁配压阀控制。为防止抬机，在接力器的关机排油管上，装有导叶二次关闭装置。

尾水管采用弯曲形尾水管，其高度为转轮直径的 2.4 倍。

思 考 与 练 习 题

1. 轴流式水轮机与混流式水轮机相比，其优点有哪些？
2. 轴流转桨式水轮机的转轮由哪些部件组成？
3. 轴流转桨式水轮机，按接力器布置方式不同，其叶片操作机构的型式有哪些？
4. 轴流转桨式水轮机的叶片操作机构为什么要设密封装置？
5. 防飞逸措施有哪些？
6. 什么是抬机现象？防抬机措施有哪些？

斜流式水轮机和水泵水轮机

【知识目标】

掌握斜流式水轮机的特点及转轮组成，熟悉连杆-滑块机构、凸轮换向机构的作用，熟悉抽水蓄能机组的类型及特点，掌握水泵水轮机的类型。

【技能目标】

能运用所学理论知识识读斜流式水轮机和水泵水轮机剖面图。

【重点难点】

重点：斜流式水轮机转轮的组成及连杆-滑块机构、凸轮换向机构的作用，抽水蓄能机组和水泵水轮机的类型。

难点：斜流式水轮机和水泵水轮机剖面图的识读。

任务一　斜流式水轮机概述

斜流式水轮机属于反击式水轮机，是在轴流式水轮机水力设计和机械结构的基础上发展起来的一种转桨式水轮机。

斜流式水轮机和混流式、轴流式水轮机相比，其优点如下：

(1) 斜流式高效率区域较宽广。尤其是在变水头工况下，效率曲线变化平缓。当水头、流量变化幅度大时，其效率较高，能在 (0.3～1.3) 倍额定出力范围内工作。

(2) 应用水头较高。斜流式转轮的叶片在一个直径较大的球面上，叶片数目较多 (8～15 片)，且不拥挤，可以适应较高的水头 (40～200m)。

(3) 空化与空蚀性能好。斜流式水轮机比轴流转桨式水轮机空化与空蚀性能好，同一比转速下，空化系数低 5%～10%。斜流式水轮机还可以采用较短的尾水管，有利于空化与空蚀性能的改善。

目前，斜流式水轮机最大单机容量为 22 万 kW，最高水头 113.4m。

斜流式水轮机一般采用立式布置，主要由主轴、转轮、导水机构、蜗壳、尾水管、导轴承、座环和转轮室等组成，如图 4-1 所示。它的结构与轴流转桨式水轮机基本相同，不同的是转轮和转轮室等部件。

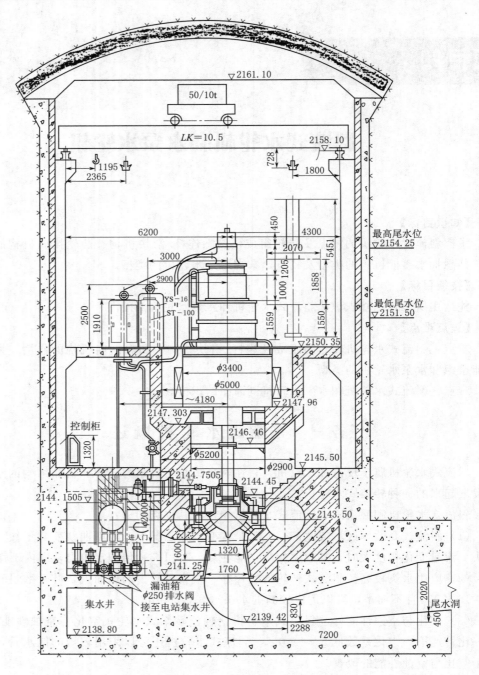

图 4-1　XL003-LJ-160 型机组装置图（单位：mm）

任务二　斜流式水轮机转轮

斜流式水轮机的转轮位于转轮室内，它的上方是顶盖，下方是尾水管，它的组成主要有轮毂1、叶片2、泄水锥3、叶片操作机构、凸轮换向机构、叶片密封等部件。如图4-2所示。

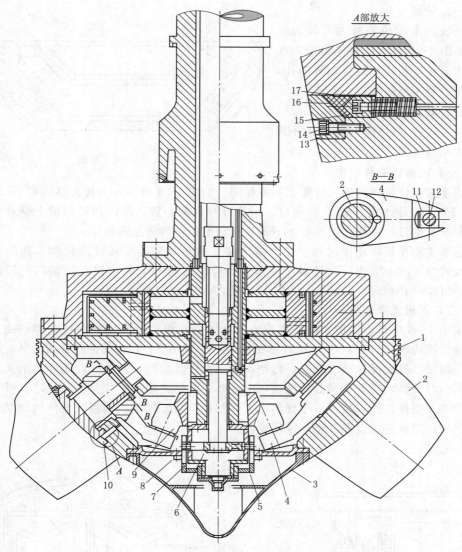

图4-2 斜流式转轮

1—轮毂；2—叶片；3—泄水锥；4—叶片转臂；5—凸轮；6—从动盘；7—导向套；
8—滚动轴承；9—操作盘；10—叶片密封；11—滑块；12—滑块销；13—压盖；
14—螺钉；15—垫环；16—λ形密封；17—弹簧

斜流式水轮机与轴流转桨式水轮机相比，有以下特点：

（1）轮毂是球形，因叶片倾斜，装叶片的枢轴孔都是倾斜的，加工时需要特殊胎具。

（2）叶片操作机构的转臂和连杆是倾斜的，结构较复杂，操作叶片转动的接力器除活塞式外，还有刮板式。

（3）当采用刮板式接力器时，需另装一套凸轮换向机构。

（4）斜流式转轮在运行中不允许有向下的轴向移动。否则会使叶片同转轮室相碰，需设置防止主轴下沉的监视保护装置。

一、轮毂

斜流式水轮机轮毂大部分为球形，如图 4-3 所示，整体铸造，在转轮体上开有和叶片数目相等的孔，在轮毂的上方外围装有止漏环。

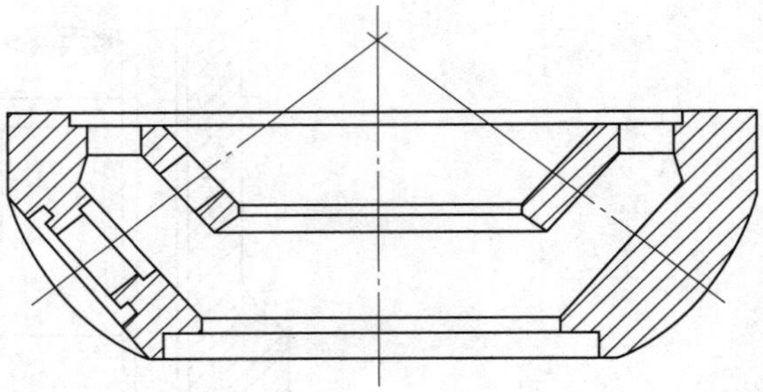

二、叶片操作机构

根据操作接力器不同，可分为活塞式和刮板式。

图 4-3　球形轮毂

（一）活塞式操作机构

活塞式操作机构与轴流转桨式基本相同，如图 4-4 所示，由接力器活塞 1，双转臂 3，转臂 6，销轴 2、4、5 等组成。因为叶片倾斜布置，所以双转臂的上臂和叶片转臂上开有槽口，以便把活塞的上下垂直运动变成在斜面上的转动。

活塞式操作机构动作过程：接力器活塞 1 向下运动，双转臂绕销轴 4 逆时针转动，双转臂 3 的上部槽口在销轴 2 上滑动，叶片转臂 6 上的槽口在销轴 5 上同时滑动，并带动叶片顺时针转动，叶片打开；反之，叶片关闭。

（二）刮板式操作机构

如图 4-5 所示，刮板式操作机构由滑块式连杆机构、凸轮换向机构等组成。刮板式操作机构动作过程：压力油从主轴内油管进入 A 腔，B 腔的油经轴内的另一油管回油，刮板 2 推动操作轴 1 顺时针转动，带动操作盘旋转，销轴 6 在转臂 7 的叉口内滑动的同时，带动转臂 7 逆时针转动，叶片 8 逆时针转动，叶片打开；反之，叶片开启。活塞式操作机构安装在一个倾斜面上，制造、装配困难；刮板式操作机构结构紧凑、集中，重量轻、安装简单，应用广泛。

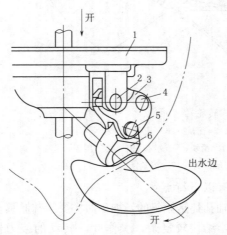

图 4-4　活塞式操作机构示意图

1—接力器活塞；2、4、5—销轴；
3—双转臂；6—转臂

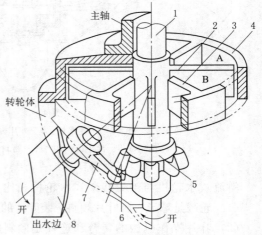

图 4-5　刮板式操作机构示意图

1—操作轴；2—刮板；3—固定叶；4—缸；
5—操作盘；6—销轴；7—转臂；8—叶片

三、连杆-滑块机构

连杆-滑块机构的作用是把接力器的转动传给叶片，带动叶片转动，达到调节叶片角度的目的。

如图4-2所示，连杆-滑块机构由操作盘9、滑块销12、滑块11和叶片转臂4等组成。操作盘用键固定在操作轴上，操作盘的斜面上开有与叶片相等的孔，装有滑块销，用螺栓连接。滑块销另一端装有滑块，滑块装在叶片转臂的叉口内，滑块不仅能沿垂直叶片轴线的方向运动，还能沿着滑块销轴的轴线垂直滑动。

连杆-滑块机构的动作过程：操作轴逆时针转动，操作盘逆时针旋转，滑块销向逆时针方向旋转，这时滑块在叶片转臂叉口内运动，带动叶片转臂顺时针转动，叶片顺时针旋转，叶片关闭；反之，叶片开启。

四、凸轮换向机构

凸轮换向机构的作用是把刮板接力器的转动（叶片转角的变化），转换成内油管的上下往复运动，是叶片的反馈输出机构，实现配压阀针塞的回复。

如图4-2所示，凸轮换向机构由凸轮5、从动盘6、导向套7等组成。从动盘内圆与内油管固定在一起，从动盘十字线方向装有四根轴，每根轴上装有两套滚动轴承8，其四周装有一个四头螺旋槽的凸轮和直槽的导向套，凸轮固定在操作轴上，导向套通过底盘与轮毂刚性连接，从动盘外边的四套轴承装在导向套的直槽中，里边的四套轴承装在凸轮的螺旋槽中。凸轮相当于螺母，从动盘相当于螺杆。刮板接力器转动时，凸轮转动，凸轮螺旋槽内的滚动轴承只能沿螺旋槽运动，同轴上的另一套轴承装在导向套的直槽内，而导向套固定不动，因此从动盘只能做上下直线运动，将圆周运动转换成轴向运动。

凸轮换向机构的动作过程：刮板接力器逆时针转动，凸轮逆时针转动，从动盘上下移动，与之相连的内油管向下移动，通过叶片回复机构，完成反馈，使配压阀活塞回复。

任务三　水　泵　水　轮　机

一、抽水蓄能机组的类型及特点

抽水蓄能电站的主要设备是抽水蓄能机组。按照水泵水轮机的结构，抽水蓄能电站厂房内安装的抽水蓄能机组可以划分为以下几种：

四机式机组，由单独的抽水机组和发电机组组合而成，其优点是水泵和水轮机可分别设计，运行时可达到各自的最优效率。按照主轴布置形式分为卧式和立式机组两种类型。对两个水库以上的抽水蓄能电站有优越性。缺点是设备多、制造工作量大、成本高、占地面积大、厂房土建投资多、运行维护费用高等，应用少。但是，当抽水扬程和发电水头相差悬殊时，只能采用这种结构，将抽水机组和发电机组布置在不同厂房内。

三机式机组，是一台泵和一台水轮机分别连接在电动发动机一端或两端，又称组合式机组，优点是水泵和水轮机可分别设计，效率高，结构比四机式简单。按照主轴布置形式分为卧式和立式机组两种类型。

可逆式水泵水轮机，是双向运行的水力机组，它向一个方向旋转抽水，向另一个方向旋转发电，它和可逆式电动发电机组合成的抽水蓄能机组又称为二机式机组。优点是能适应两种工况的水力特性要求，机组结构简单，造价低，土建工程量小，安装、运行、维护方便。缺点是转轮在相同转速下不能使抽水和发电两种工况都在最优效率区运行。通常采用立式布置，小型机组可采用卧式布置。

二、水泵水轮机的类型

水泵水轮机和常规水轮机一样，根据应用水头的不同，可以设计成混流式、斜流式、轴流式、贯流式等型式。

因为抽水蓄能电站的效益随水头的增大而明显增高，所以混流可逆式水泵水轮机应用最为广泛，工作水头为 $30\sim700$m；斜流可逆式水泵水轮机主要应用于 150m 以下水头变化幅度较大的场合；轴流式水泵水轮机适用水头低，应用很少；贯流式水泵水轮机主要应用在潮汐电站，水头一般不超过 20m，如图 4-6 所示。目前大型可逆式水泵水轮机在水泵工况和水轮机工况时的最高效率均可达 93% 以上，中型机组可达 90% 以上。

水泵水轮机的主要过流部件
4-3-1

水泵水轮机的发展趋势
4-3-2

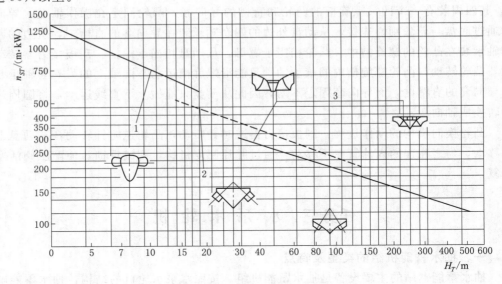

图 4-6　可逆式水泵水轮机水头应用范围
1—轴流式；2—斜流式；3—混流式

（一）混流可逆式水泵水轮机

1. 低水头混流可逆式水泵水轮机

低水头混流可逆式水泵水轮机的所有构件和常规低水头水轮机相似，如果水头变化幅度不大，可选用单转速混流式水泵水轮机，其最大优点是结构简单、造价低。但是，低水头抽水蓄能电站仍常遇到水头变幅过大的困难，比如潘家口水电站（水头 $35\sim38$m）和响洪甸水电站（水头 $27\sim64$m）的混流式水泵水轮机都必须使用双转速。采用双转速主要是为了保证水泵工况的性能，在高水头范围使用高转速，在低水头使用低转速。水轮机工况的特性受水头变化的影响较小，一般只使用双转速的低档转速。常用的双转速电机是变极电机，即将电机转子磁极的一部分做成可切除的，在水头低时，全部磁极都接通，电机在原设计转速运转；在高水头时即将部分磁极切除，电机就在高转速运转。双转速电机的造价高、损耗大，而且要在停机状态才能改变转速，同时也不能完全解决水泵工况低水头区效率过低的问题。

潘家口电站是个常规发电与抽水蓄能结合的电站，又称混合式抽水蓄能电站。由于现有水库条件，水头变化幅度特别大，最高和最低水头比率为 2.4∶1，在水泵水轮机选型上有很大困难。现在安装的 3 台最大出力为 90MW 的混流式水泵水轮机使用的变速电机，有 142.8r/min 和 125r/min 两种转速。另外将原作为启动水泵用的变频器由 9MW 加大到 60MW，可在低水头范围（水头<45m）用变频器驱动机组无级变速运行，达到比使用固定转速时更高的效率。

无级变速是水力机械最理想的调节方式，近年国外出现了用交流励磁的变速电机，可实现在转速±10%范围内无级变速，可从根本上解决两种工况在转速上不匹配的问题，也保证了水泵和水轮机可以经常在最优效率区运行，但这种造价很高。

虽然高水头抽水蓄能电站的经济效益较高，但在地形条件已限定的地方仍需开发低水头抽水蓄能电站，特别是在一些已建水电站内增装抽水蓄能机组的场合。

2. 高水头混流可逆式水泵水轮机

低水头抽水蓄能电站的水位波动在机组工作水头中所占的比重较大，就造成水泵工况流量变化幅度很大，不易维持在高效率区运行。如果把应用水头提高，则流量变化范围会缩小，水力性能可以提高。同时在高水头下，机组转速可以提高，这不但可以使机组尺寸缩小，且一系列水工建筑物都可减小尺寸，节约很多投资。因此，抽水蓄能电站的效益随水头的增大而明显增高。

（1）单级混流可逆式水泵水轮机。最早开始使用的是单级混流可逆式水泵水轮机，它在部分构件上和常规水轮机有着明显的区别。

1）转轮。可逆式水泵水轮机的转轮要适应两种工况的要求，其特征形状与离心泵较相似。高水头转轮的外形十分扁平，水轮机工况的进口直径与出口直径的比率为 2∶1 或更大。转轮进口高度约为直径的 10% 以下；叶片数目少，但叶片薄而长，包角很大，能做到 180° 或更高。很多混流可逆式机组有 6～7 个叶片，近年来，为向高水头发展，有使用 8～9 个叶片。可逆式机组的过流量相对较小，水轮机工况进口处叶片角度只有 10°～12°，为改善水轮机和水泵工况的稳定性，叶片出口边经常做成倾斜的而不是在轴面上。

2）导叶。为适应双向水流，活动导叶的叶形多为对称形，头尾都做成渐变圆头。选择导叶的原则为：能承受水泵工况水流的强烈撞击；使用数目较少而强度较高的导叶；按强度要求选厚度最小的导叶；为减小静态和动态水力矩，导叶长度不宜过大，通常选取导叶翼型弦长为两相邻导叶轴的中心距离的 1.1 倍左右（$L/t=1.1$）。

3）蜗壳。在结构和经济条件许可下，水轮机工况要求采用较大的断面，以使水流能均匀地进入转轮四周；而水泵工况则希望蜗壳的扩散度不过大，以免产生脱流。

研究和实践证明，可逆式机组的蜗壳断面应选取介于水轮机和水泵两种工况的要求，并要更多地满足水轮机工况。

4）尾水管。可逆式水泵水轮机作水轮机工况运行时要求尾水管的断面为缓慢扩散型，在水泵工况时则要求吸水管为收缩型，在断面规律上一致。两者流动方向相反，但水泵工况要求在转轮进口前有更大程度的收缩，以保证进口水流流速分布均匀。

5）座环。座环既是重要的固定过流部件，又是机组的基本结构部件。座环的高程和水平决定整个水泵水轮机的安装位置，顶盖和底环分别安装在座环的上方和下方。座环和蜗壳的连接部位主要采用蝶形边和平行板式两种形式，平行板式是现在使用较多的形式。

6）顶盖和底环。高水头机组的顶盖和底环（底环常和泄水环做成整体）要承受很大的水压力，为保证转轮密封和导轴承的稳定性，顶盖和底环都必须具有很大的刚度，以使变形减至最小。现在这两个部件都采用高强度厚钢板焊接成厚度很大且刚度很高的整体箱形结构，其总体厚度可达导叶高度的4～5倍。底环和顶盖结构对称，除转轮的轴向力外，底环和顶盖所承受的水压力相同，因而座环的受力条件十分明确，稳定性好。有些水泵水轮机采用明露式尾水锥管。

7）导水机构。多数水泵水轮机都采用和常规水轮机一样的导水机构，即用一对直缸接力器通过控制环来操作导叶。由于水泵水轮机在运行中增减负荷很急速，水力振动较大，水泵工况时水流对导叶的冲击很大，所以导叶和调节机构的结构都要比常规水轮机更坚固。

（2）多级混流可逆式水泵水轮机。多级混流可逆式水泵水轮机是为适应发展高水头抽水蓄能电站的需求而产生的。因电力系统对抽水蓄能的需求不断增加，抽水蓄能机组的应用水头逐步提高。在将单级混流可逆式水泵水轮机应用于500～600m水头时，发现水力效率偏低，转轮叶片压力偏高，同时叶片流道的宽度将变得很小，不利于加工。不过，因其结构简单，仍有很多公司致力于研究应用于800～900m水头的单级水泵水轮机。

当工作水头超过800～900m时，转轮的结构强度难以保证；同时，如果水头过高，水泵水轮机的比转速将很低，转轮的水力损失和密封损失都会变得很大，从而导致转轮的效率太低。如果把这个水头改由几个转轮来分担，就可以提高单个转轮的水力性能并便于强度设计，同时还可以减少由于空蚀所要求的淹没深度。因此，从20世纪80年代起就出现了使用两级转轮的水泵水轮机。如果具有两级转轮的水泵水轮机都装设导水机构，那么机组的整体结构将变得十分复杂，所以有的抽水蓄能电站使用无导叶的两级水泵水轮机。

如果抽水蓄能电站的工作水头超过800～1000m或更高时，两级水泵水轮机也不能满足要求。为了适应更高的应用水头，国外已使用超过两级的多级可逆式水泵水轮机。多级水泵水轮机每级叶轮的设计水头不超过200～300m，因此比转速得到了提高，由单级转轮常用的20～30（m·kW）提高到40～50（m·kW）。虽然增加了两级之间的反导叶流道，但总的效率并不比单级水泵水轮机低。国外现在使用4～6级的多级水泵水轮机，应用水头可达 1000～1400m。

（二）斜流可逆式水泵水轮机

斜流可逆式水泵水轮机的优点是除了导叶可调节外，转轮叶片也可以调节，所以能适应水头变幅较大的场合。斜流式水泵水轮机的结构较复杂，制造工艺要求较高，机组造价相对较高。

在变水头和变负荷工况下运行，叶片转角和导叶开度协联动作，可以保证较高的机组效率。由于转轮叶片几乎能全关闭，在水泵工况下的启动转矩约为额定输入功率的 10%，所以启动比较方便。在容量较大的电力系统中，可以利用压缩空气把转轮周围的水面压低后再启动，机组达到额定转速后，再排气充水。因此，斜流式水泵水轮机的启动方式比较简单，不必设置专门的启动设备。

有些电站使用单转速斜流式水泵水轮机就可以满足水轮机和水泵两种工况的要求。但是，如果水头变化仍过大，则还需要使用双转速，比如我国早年安装在岗南水电站（水头 31～59m）和密云水电站（水头 27～65m）上的斜流可逆式水泵水轮机都使用了双转速。

斜流可逆式水泵水轮机在水力特性上有以下几个方面的优点：

（1）轴面流道变化平缓，在两个方向的水流流速分布都比较均匀，水力效率较高。

（2）和斜流式水轮机一样，转轮叶片是可调的，能随工况变动而适应不同的水流角度，可以减小水流的撞击和脱流，因而扩大了高效率范围。

（3）斜流可逆式机组的水泵工况进口一般比相同转轮直径的混流可逆式机组要小，能形成进口处更均匀的水流，有助于改进水泵工况的空化性能。

与混流式水泵水轮机相比，斜流式水泵水轮机在结构上有以下几个特点：

（1）斜流式水泵水轮机在转轮体内要安放转桨机构，高水头斜流式水泵水轮机叶片数可达 11～12 片，转桨机构的设计相当复杂。

（2）对于同一转轮直径而言，斜流式水泵水轮机的导叶分布圆直径要比混流式水泵水轮机的大，一般来说 $D_0 = (1.35 \sim 1.4)D_1$，这就使得底环和蜗壳的尺寸全面加大。

（3）斜流式转轮体有很多加工面是在锥面上的，给机械加工带来难度，增加造价。

（4）为使斜流式有较高的水力效率，需要保证转轮叶片顶部与转轮室之间有固定的间隙，为此需装设专用的监视设备。

（三）贯流可逆式水泵水轮机

贯流可逆式水泵水轮机是潮汐电站中使用的一种特殊机型。它的应用水头较低，通常用于潮汐能开发，形成低水头潮汐抽水蓄能电站。它不但在海潮涨落时两个方向都能发电，必要时还可以向两个方向抽水，故又称为双向可逆式水泵水轮机。贯流可逆式水泵水轮机按照电动发电机的布置形式可以分为全贯流式和半贯流式两种。

全贯流式机组的电动发电机直接安装在水泵水轮机转轮的外缘上，不用设置电动发电机轴，所以水流流态较好，机组转动惯量较大且运行稳定，结构布置紧凑，土建工程量小，但是结构复杂，电动发电机密封困难，因此应用很少。

半贯流式机组可分为竖井式和轴伸式两种。竖井式是把水泵水轮机布置在过水流道内，电动发电机布置在竖井内；轴伸式是把水泵水轮机布置在过水流道内，电动发电机布置在过水流道外，水泵水轮机和电动发电机通过水平或倾斜的轴相连，电动发电机可以布置在上游侧，也可以布置在下游侧。

贯流可逆式水泵水轮机的工作方式详见项目五任务一。

根据潮汐电站的海水潮汐特点及海湾库容与流量关系，可以取"海→湾"为正向发电，这时贯流式机组的灯泡体一般放在海湾一侧。有的潮汐电站设计成以"湾→海"为正向发电，则贯流式机组就要放在海湾一侧。通过试验和实践证明，贯流式机组的灯泡体应放在水泵水轮机的高压侧，即水轮机工况的上游侧或水泵工况的下游侧。贯流式水泵水轮机还应具有一个功能，就是在海和湾的水位相差很小而不利于发电或抽水时，可以把叶片开到近于轴向位置，让海水通过。

只有贯流式水泵水轮机才能适应潮汐电站如此复杂的运行方式。有的贯流式转轮设计采用稠密度很小的叶片，在反向工作（发电或抽水）时，叶片能转到轴心线的另一边去。有的设计因使用较长的叶片不能转过轴心线，则把叶片设计成S形，这样可以较好地适应双向工作的要求。我国的江夏潮汐电站就成功地采用了这种形式的贯流式水泵水轮机。

贯流式水泵水轮机除转轮叶片和导叶叶片设计有特殊要求外，其他部分的结构和常规贯流式水轮机没有多少差别。

任务四 斜流式水轮机和水泵水轮机结构实例

一、XL003-LJ-160水轮机结构

XL003-LJ-160是斜流式水轮机，转轮型号003，立轴，金属蜗壳，转轮直径为160cm。

该机主要参数为：设计水头 $H_r = 58m$，设计水头下出力 $P_r = 8330kW$，额定转速 $n_r = 428.6r/min$，飞逸转速 $n_{max} = 820r/min$，设计流量 $Q_r = 16.5m^3/s$，吸出高度 $H_s = -8m$，最大效率 $\eta_{max} = 90\%$，应用水头范围为 $27.5 \sim 77m$。该机水力性能较好，适宜水头、流量变化大的电站采用，该机结构如图4-7所示。

引水室采用钢板焊接蜗壳9，其包角345°，蜗壳上垫有弹性垫层。座环10由20MnSi钢整体浇铸而成，有8个固定导叶，设计时取消了座环蝶形边。

导水机构为径向式，导叶11共16只，由ZG20MnSi铸成。导叶轴套采用尼龙制造，在中轴颈处装有L形橡皮密封圈。导叶传动机构为连柄式结构。控制环用ZG30整体制造，底端及内侧与支持盖滑动面处装8组抗磨板，用稀油润滑。导水机构接力器为两只 $\phi350$ 带套管的直缸型式，接力器直径选用偏大，操作油压相应降为2.06MPa。顶盖由ZG30整铸。支持盖20采用HT28-48铸铁制造，其下端面用螺钉固定着止漏环，在支持盖内有两个补气孔，通过钢管与转轮室4相通，起减压补气作用。转轮室兼作底环，由15MnMoVCu整铸。安装时要严格保持叶片与转轮室间隙

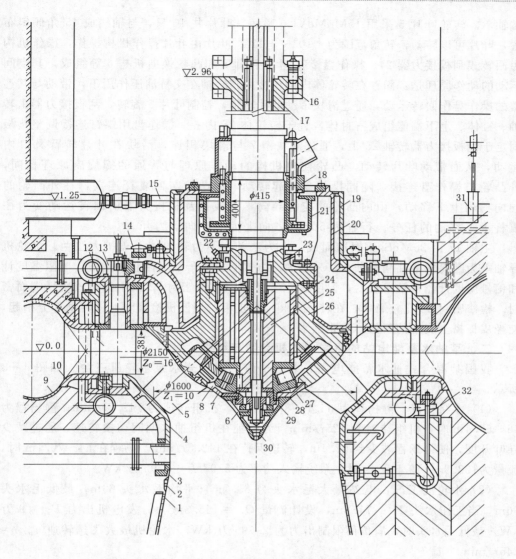

图 4-7 XL003-LJ-160 水轮机剖面图

1—尾水管里衬；2—衬板；3—连接带；4—转轮室；5—叶片；6—凸轮换向机构；7—滑块销；

8—转臂；9—蜗壳；10—座环；11—导叶；12—套筒；13—导叶臂；14—连杆；

15—推拉杆；16—螺栓；17—主轴；18—导轴承；19—控制环；20—支持盖；

21—转动油盘；22—主轴密封；23—检修密封；24—刮板接力器；

25—转轴；26—转轮体；27—下端盖；28—操作盘；29—泄水锥；

30—排油阀；31—真空破坏阀；32—基础螺栓

在 1.5～2.5mm 之内，运行中是由装在轴承油箱中的轴向位移保护装置监视此间隙的大小，防止主轴下沉。

转轮的转轮体 26 采用 ZG30 整铸，外部形状为空间曲面，外壁上开有 10 只叶片轴孔，内装铜瓦，作为叶片的外端轴承，内壁相对应处开有 10 只轴孔，作为叶片内端轴承。转轮叶片 5 采用 15MnMoVCu 整铸。叶片共 10 只，与轴线成 45°角倾斜布置，叶片可以转动，转角范围为-10°～+12°。叶片由叶片操作机构操作，操作机构由回转式刮板接力器 24、操作盘 28、叶片转臂 8 和凸轮换向机构 6 等组成。其空间运动的动作原理是：固置在转轮体内刮板接力器转轴在交替油压作用下，带动与其连接的操作盘作回转运动，通过滑块带动叶片转臂，控制叶片 5 旋转。刮板接力器由转轴、缸体、上下端盖组成密封体，置于转轮体 26 内腔。操作盘用螺钉连接调整垫板固定于刮板接力器转轴 25 上，通过滑块销 7 与滑块相连，滑块在叶片转臂叉口内运动，从而带动叶片转动。凸轮换向机构的动作原理与普通的螺旋副原理相同，外凸轮与操作盘连接，随同操作盘一起转动，内凸轮与回复杆连接，在外凸轮的导向槽内上下移动，由内凸轮的花键导向，完成把刮板接力器的回转运动变为往复杆上下移动的任务。行程为 50mm，向上为关，向下为开。

主轴 17 由 20MnSi 钢锻造而成，上为法兰，下为转轮体上盖扩大法兰。水轮机导轴承为圆筒式稀油润滑轴承，采用内冷方式，由浮子继电器监视油面，电阻温度计和信号温度计监视轴承温度，温度达 60℃停机。主轴密封 22 采用弹簧式碳精端面密封。检修密封 23 比较简单，在转环上装一橡皮板，当停机检修时，将转动部分抬起，使橡皮板搭上支架的斜面，防止漏水。

二、某抽水蓄能电站的水泵水轮机参数与结构

我国某混合式抽水蓄能电站，装有引进的混流式水泵水轮机三台。如图 4-8 所示。

(1) 水泵工况：静扬程为 65.1～87.5m 时，机组转速为 142.8r/min；静扬程为 36～66.4m 时，机组转速为 125r/min。为避免在机组抽水期间切换转速，通过减少导叶开度，使静扬程减少到 61.4m，转速保持在 142.8r/min。扬程在 54～70.1m 时，流量为 103.9～119.5m³/s 时，系统输入功率为 5.97 万～8.95 万 kW。

(2) 水轮机工况：电站最大毛水头为 85.7m，平均毛水头 69m，最低毛水头 36m。当工作水头 $H = 71.6m$，设计流量 $Q_r = 145.3m^3/s$，发电机出力 $P_r = 9$ 万 kW。最低毛水头时，满负荷限制出力为 2.695 万 kW。水轮机最大飞逸转速 $n_{max} = 245r/min$。

蜗壳 5 采用焊接结构，材料采用 16Mn 低合金钢板。座环采用平行板结构，钢板焊接。蜗壳上设 $\phi650mm$ 进人门。

导叶和轴颈采用不锈钢整铸，精加工抛光，采用三支点结构，装有三个自润滑轴套，轴套内装有可更换的自润滑推力垫片。为防止导叶上浮，导叶轴上卡有止推环。

导水机构的传动机构，由导叶臂与导叶轴间设分半键传递操作力矩。传动机构的安全装置为剪断销。控制环由带锁锭的两个直缸接力器操作。

转轮采用分瓣铸焊结构，材料为 Cr13Ni4 不锈钢。上冠上部设间隙式梳齿式止漏环各一道，构成三道止漏缝隙。顶盖低压腔设排水管，上冠开有排水孔，转轮与主轴用法兰盘螺栓连接，三台机转轮保证互换性。

水轮机导轴承采用自泵分块瓦式，采用楔子板调整瓦衬间隙。

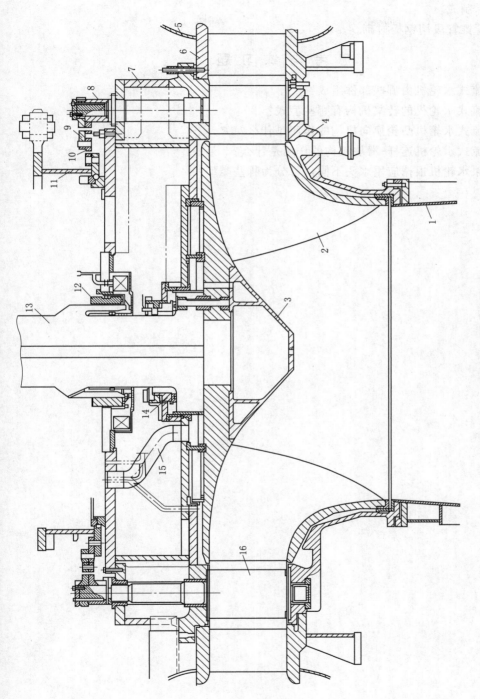

图 4-8　混流式水泵水轮机剖面图

1—尾水管；2—转轮；3—泄流环；4—底环；5—蜗壳；6—座环；7—顶盖；8—导叶臂；9—连接板；
10—连杆；11—控制环；12—分块瓦式导轴承；13—主轴；14—水压端面密封；
15—低压腔排水管；16—活动导叶

主轴密封采用水压端面密封,不锈钢转动环固定在主轴法兰盘上,固定环采用高分子聚乙烯制成。

尾水管锥管段用钢板衬砌。

思 考 与 练 习 题

1. 斜流式水轮机由哪些部件组成?
2. 斜流式水轮机的转桨机构有哪些型式?
3. 斜流式水轮机凸轮换向机构的作用是什么?
4. 斜流式水轮机连杆–滑块机构的作用是什么?
5. 水泵水轮机根据应用水头不同,可分为哪些类型?

贯 流 式 水 轮 机

【知识目标】

熟悉贯流式水轮机的特点和工作范围，掌握贯流式水轮机的布置形式。

【技能目标】

能会运用所学理论知识识读贯流式水轮机剖面图。

【重点难点】

重点：贯流式水轮机的布置形式。

难点：贯流式水轮机剖面图的识读。

任务一　贯流式水轮机的特点及工作范围

我国江河具有丰富的低水头水力资源，一般处于江河中下游的经济发达地区，20世纪90年代以后，这些地区经济发展迅速，用电需求增加较快，但能源紧缺，这一地区水力资源仅占全国水力资源总量的10％左右。随着我国水电建设事业的发展，可开发的中、高水头水力资源已开发的差不多了，低水头水力资源的开发和利用也日趋增多，贯流式水轮机的开发低水头水力资源的新型机组，适用的水头范围为1～25m，单机出力从几千瓦到几万千瓦。它与中、高水头水电站，低水头立轴的轴流式水电站相比，具有如下显著的特点。

（1）电站的引水部件、转轮、排水部件都在一条轴线上，水流从进水到出水方向基本是轴向贯通，称为贯流式水轮机。该类电站的进水管和出水管都不拐弯，形状简单，施工方便，过流通道的水力损失较少，机组运行效率较高，尾水管恢复动能可占总水头的40％以上。

（2）贯流式水轮机具有较高的过水能力和较大的比转速，所以在水头与功率相同的条件下，贯流式的转轮直径要比转桨式小10％左右。

（3）贯流式机组的结构紧凑，与同一规格的转桨式水轮机相比，其尺寸较小，可布置在坝体内，省去了复杂的引水系统，减少了电站的开挖量和混凝土量。根据有关资料统计，贯流式比转桨式机组的土建费节约20％～30％。

（4）贯流式水轮机可作为可逆式水泵水轮机。由于进出水流道没有急转弯，使水泵工况和水轮机工况均能获得较好的水力性能。如应用于潮汐电站上可具有双向发电、双向抽水和双向泄水等 6 种功能。因此，适合综合开发利用低水头水力资源。

（5）贯流式水电站一般比立轴的轴流式水电站建设周期短，投资小，收效快，淹没移民少，电站靠近城镇，有利于发挥地区兴建电站的积极性。

由于贯流式水轮机具有这些特点，所以在潮汐电站中可采用双向发电、双向抽水和泄水。这种机组的工作方式，如图 5-1 所示。

（1）海水涨潮时，海洋水位比海湾水位高，机组就以"海→湾"的方向发电，如图 5-1（a）所示，这时机组正转发电。

（2）海水退潮时，海洋水位比海湾水位低，机组按照"湾→海"的方向发电，如图 5-1（b）所示，这时机组反转发电。

（3）潮汐电站要想多发电，就需要较大的落差，贯流式机组可以在电力系统电能有剩余时，作为水泵将海湾的水抽到海洋中取，如图 5-1（c）所示，以便下次发电时海湾的水位低一些，得到更大的落差，此时机组反转抽水。

（4）如果涨潮时间与电力系统负荷高峰期的时间不一致，可在负荷低峰时把海水抽到海湾中蓄起来，如图 5-1（d）所示，以备高峰时发电用，这时机组正转抽水。

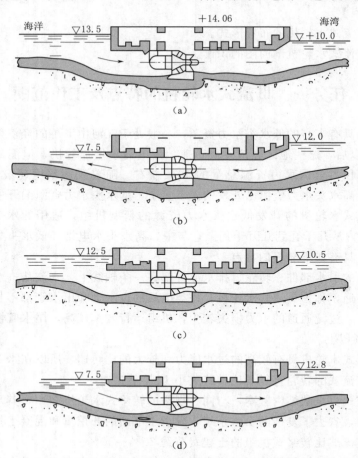

图 5-1　潮汐电站贯流式机组

（5）在潮水涨落时，当两边水位相差不大时，因水头太小而不利于发电时，机组可以停止发电，而在水中空转，让海水通过。

在一般平原地区的排灌站上可作为可逆式水泵水轮机运行，贯流式水轮机具有较广泛的使用范围，但是，它制造要求高，运行、检修不便。

任务二　贯流式水轮机的布置型式

贯流式水电站的型式一般采用河床式水电站布置，电站厂房是挡水建筑物的一部分，厂房顶有时也布置成泄洪建筑。由于水头较低，挡水建筑大部分采用当地材料，以土石坝为主。广东的白垢贯流式水电站则采用橡胶坝作为挡水建筑物，在洪水期则作为泄洪建筑，降低了工程投资。有的电站由于河流地形、地质条件的特点，也采用引水式布置，如我国四川安居、湖南南津渡水电站则采用明渠引水式的布置。贯流式水电站也常有航运、港口通航的要求，枢纽中设有船闸、升船机等建筑。

贯流式水电站一般处于地形比较平坦、离城镇比较近、水量比较丰富的地点，枢纽的总体布局应与当地的地区经济发展规划相结合（例如除发电以外的灌溉、水产、环境保护、旅游资源的综合利用），以发展水力资源的深度开发，增加贯流式水电站的经济效益。

贯流式水电站的动能计算、枢纽的布置等与一般水电站一样，与当地地形、人文条件有密切的关系，需要在具体设计中经过勘测设计、科学研究和技术经济方案的比较而确定。但贯流式水电站，尤其是它的厂房结构与布置，受贯流式机组型式的影响很大。按常规采用的贯流式机组型式，可把贯流式水电站划分为半贯流式水电站和全贯流式水电站两类。

全贯流式机组采用卧式布置，发电机的转子磁极与水轮机转轮叶片合为一体，发电机的磁极直接安装在水轮机叶片的边缘上，密封隔离磁极与流道内的水流，防止渗漏是将发电机转子安装在水轮机转轮外缘，如图5-2、图5-3所示。这种机型的主要特点为：取消了水轮机与发电机的传动轴，缩短了轴线尺寸，结构紧凑，厂房尺寸减小，使整个工程造价降低，而且增大了机组的转动惯量，有利于机组的运行稳定性。但叶片与发电机转子连接结构比较特殊，制造工艺要求很高，转子轮缘的密封复杂。我国目前尚处试验研究阶段。

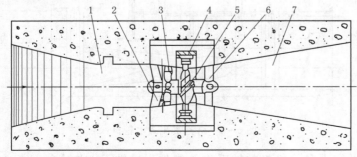

图5-2　全贯流式水轮机

1—引水管；2—前固定导叶；3—导水机构；4—发电机定子；5—转轮；6—后固定导叶；7—尾水管

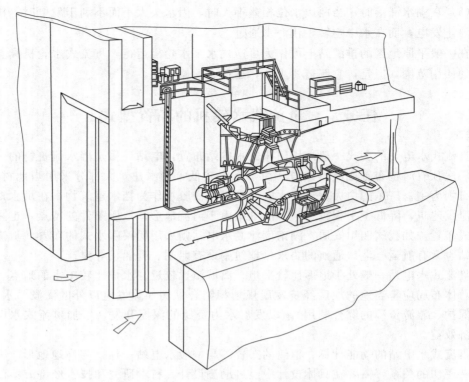

图 5-3　全贯流式水轮机剖面图

半贯流式水轮机根据机组的装置方式不同，大约可分为以下几类：

（1）灯泡式：这种机组的发电机密封安装在水轮机上游侧一个灯泡形的金属壳体中，发电机主轴与水轮机转轮水平连接。水流基本上轴向通过流道，轴对称流过转轮叶片，流出直锥形尾水管。灯泡式机组应用较广泛，低水头时，灯泡体放在进水侧，机组效率较高，如图 5-4 所示。高水头时，灯泡体放在尾水侧，对机组强度和运转稳定性较好。

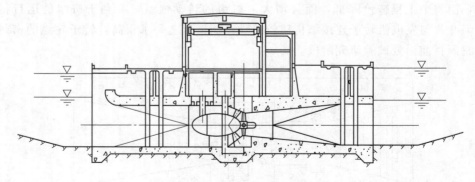

图 5-4　灯泡贯流式水轮机

这种机组的特点是，机组的轴系支承结构、导轴承、推力轴承都布置在灯泡体内，水头为 6～20m，容量可应用到 65MW（日本只见水电站）。当采用齿轮增速时，可应用于水头在 6m 以下，出力在 2500kW 以内的情况。由于贯流式水轮机水流畅直，水力效率比较高，有较大的单位流量和较高的单位转速，在同一水头、同一出力下，发电机与水轮机尺寸都较小，从而缩小厂房尺寸，减少土建工程量。但是发电机装在水下密闭的灯泡体内，给电机的通风冷却、密封、轴承的布置和运行检修带来困难，对电机设计制造提出了特殊的要求，增加了造价。但它与立式轴流式机组相比仍具有明显的优点。对于灯泡贯流式机组的研究，近 20 年来已积累了许多成功的经验，并逐渐向较高水头和较大容量发展，在国内外得到广泛应用。

（2）竖井式：其特点是将发电机布置在水轮机上游侧的一个混凝土竖井中，发电机与水轮机的连接通过齿轮或皮带等增速装置连在一起，如图 5-5 所示。该机组除具有一般贯流式水轮机的优点外，因发电机和增速装置布置在开敞的竖井内，密封、通风、防潮的条件比灯泡式好，运行和维护方便，机组结构简单，造价低廉。由于竖井式具有以上优点，所以广泛应用于小型水电站机组上。这种机组的缺点为：因竖井的存在把进水流道分成两侧进水，增加了引水流道的水力损失，一般竖井式机组的水力效率比灯泡式要降低 3% 左右，如果要作为反向发电，其效率下降更多。

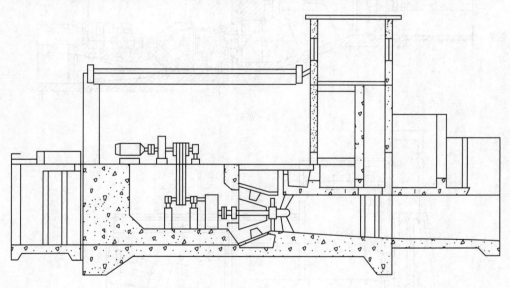

图 5-5 竖井贯流式水轮机（单位：mm）

（3）轴伸式：其水轮发电机组基本上采用卧式布置，水流沿轴向流经叶片的进出口，出叶片后，经弯形（或称 S 形）尾水管流出，水轮机卧轴穿出尾水管与发电机大轴连接，发电机水平布置在厂房内。如图 5-6 所示，轴伸贯流式机组按照主轴布置方式分为前轴伸、后轴伸、斜轴伸三种。轴伸式与轴流式相比，没有蜗壳、肘形尾水管，土建工程量小，发电机敞开布置，易于检修、运行及维护。但因机组采用直弯尾水管，尾水能量回收效率较低，机组容量大时，效率低，轴线较长，轴封困难，厂房噪声大、运行检修不便，因此，一般用于小型机组。

半贯流式除了以上三种形式外，还有明槽式和虹吸式等。其特点是机组容量不大，应用水头较低，机组结构较简单，发电机布置在水面以上，运行、安装、检修较方便，通常用于小型水电站。

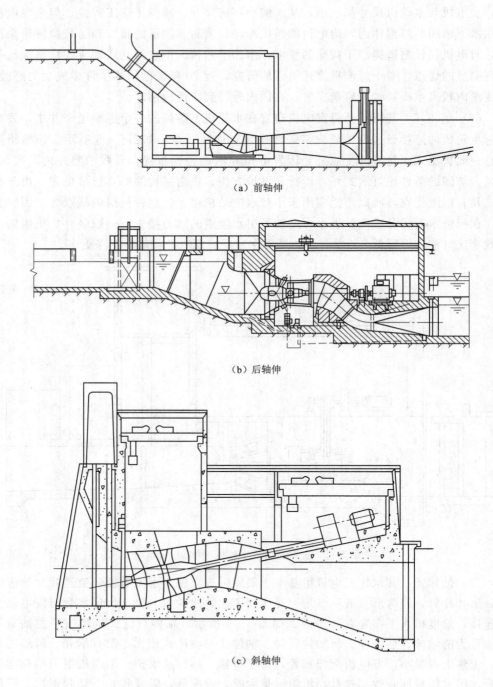

（a）前轴伸

（b）后轴伸

（c）斜轴伸

图 5-6　轴伸贯流式水电站剖面图

任务三 贯流式水轮机的发展概况

贯流式水电站是随着贯流式水轮发电机组的研制发展而发展的。各种贯流式机组的发展概况分述如下。

一、全贯流式水轮发电机组的发展概况

全贯流式机组的设想最早是由美国人哈尔扎（Harza）于 1919 年提出来的。由于它的发电机布置在水轮机转轮的轮缘外，因此，它的发电机又称为轮缘式发电机。这类机组实际上其发电机转子和水轮机的转轮已结合为一体，因此厂房跨度很小，可节省大量土建投资。但它的密封技术要求特别高。经过瑞士的爱舍维斯（Escher Wyss）公司近 20 年的努力，于 1937 年制造出第一台样机安装在德国的莱茵河上。该样机单机容量为 1753kW，转轮直径为 2.05m，最大水头 9m。此后经过若干次改进，目前单机容量最大的机组也是由爱舍维斯公司制造，安装在加拿大的安纳波利斯（Annapolis）电站，于 1983 年投产。该机组最大出力达 20MW，转轮直径 7.6m，最大应用水头 7.1m。

我国对这类机组的研究和应用均较少，湖北白莲河水库首电站的机组采用全贯流式。容量为 120kW，转轮直径 1.2m，最大运行水头 5m。世界各国部分大中型全贯流式机组部分参数列于表 5-1。

表 5-1   世界各国部分全贯流式机组参数

序号	投产年份	水电站名称	国别	型式①	转轮直径/mm	最大水头/m	台数	转速/（r/min）	容量 单机/kW	容量 装机/kW
1	1937	莱茵Ⅶ（Lelervll）	德国	STH	2050	9	4	250	1753	7012
2	1939	莱茵Ⅶ（Lelervll）	德国	STH	2100	9.2	3	214.3	1867	5601
3	1943	萨阿拉赫（Saalach）	奥地利	STH	1950	8.45	2	214.3	1365	2700
4	1980	昂代纳（Anderme）	比利时	STH	3550	5.25	3	107.1	3500	10500
5	1980	利克塞（Lixhe）	比利时	STH	3550	7.91	4	120	5850	23400
6	1980	赖瓦（Raiva）	葡萄牙	STH	3300	18.2	2	200	12840	25680
7	1981	亨格（Hongg）	瑞士	ST	3000	3.48	1	115.4	1499	1499
8	1982	魏思佐德尔（Weinzodl）	奥地利	ST	3700	13.2	2	150	8343	16686
9	1983	安纳波利斯（Annapolis）	加拿大	STH	7600	7.11	1	50	19900	19900
10	1983	阿博伊索（Aboisso）	科特迪瓦	STH	3200	6.1	2	125	3489	6978
11	1987	白莲河渠首	中国	STH	120	5.0	1	214.3	120	120

① STH 为定桨导叶可调，ST 为双调型。

二、灯泡贯流式机组的发展概况

为克服全贯流式机组密封技术困难的问题，爱舍维斯公司于 1933 年提出了将发电机密闭于一个容器中且前置于水轮机前流道的全新设计方案，并于同年正式获得专利。首台机组于 1936 年安装在波兰的诺斯汀（Rostin）电站并成功投产。该机组容

量为 195kW，转轮直径为 1.95m，水头 3.7m。因其发电机外形类似于白炽灯泡的形状而被称为灯泡贯流式机组。由于其结构和技术性能等许多方面均优于全贯流式机组，在 20 世纪 50—60 年代因西方能源危机转而进入重视开发低水头电站的时期，这类机组便显示出了强大的生命力。1966 年由法国奈尔皮克（Neyrpic）公司制造的机组，安装在法国罗讷河的皮埃尔贝尼特水电站上，单机出力为 20MW，转轮直径为 6.25m，水头为 8m，标志着灯泡贯流式机组技术已成熟。目前全世界投产的灯泡贯流式机组已有几千台套，总容量已超过 6000MW。现已运行电站装机容量最大的为美国石岛水电站，共 8 台机组，总装机为 432MW，单机出力 54MW，转轮直径 7.4m，水头 12.1m。单机容量最大的为巴西杰瑞水电站，达 75MW，转轮直径 7.9m，最大水头 19.6m。转轮直径最大的为美国悉尼墨累水电站，达 8.2m。世界各国部分大型灯泡贯流式机组参数列于表 5-2。

表 5-2　　　　　世界各国部分大型灯泡贯流式机组参数

| 序号 | 水电站名称 | 国别 | 总装机容量/MW | 单机容量/MW | 水头/m | | | 转轮直径/m | 流量/(m³/s) | 转速/(r/min) | 投运年份 |
					最大	额定	最小				
1	皮埃尔-贝尼特	法国	80	20	12.5	7.8	3.5	6.1	333	83.3	1966
2	博凯尔	法国	210	35	15.3	10.7		6.25	400	93.8	1970
3	鲁西荣	法国	240	40		12.5		6.25	400	93.8	1977
4	阿尔顿沃尔顿	奥地利	360	40	18.07	14	10.5	6	334	103.4	1937
5	雷辛	美国	49.2	24.6	7	6.2		7.7	444	62.1	1977
6	杰瑞夫斯顿	奥地利	339.5	46.5	15	12.5		6.5	430		1981
7	萨拉托夫	苏联	360	45	15.7	10.6	6.5	7.5	528	75	1972
8	石岛	美国	432	54	15.5	12.1	6	7.4	481	85.7	1977
9	只见	日本	65.8	65.8	24.3	20.7		6.7	358	100	1989

我国对灯泡贯流式机组的研制从 20 世纪 60 年代开始，到 1980 年广东白垢电站 10MW 的机组投产，标志着我国已基本掌握灯泡贯流机组的制造技术。目前国产灯泡贯流式水轮机单机容量最大为 58.5MW，转轮直径为 7.4m，最大运行水头为 24.3m。我国大型灯泡贯流式机组的部分参数见表 5-3。

表 5-3　　　　　我国部分大型灯泡贯流式机组参数

| 序号 | 水电站名称 | 台数 | 总装机容量/MW | 单机容量/MW | 水头/m | | | 转轮直径/m | 流量/(m³/s) | 转速/(r/min) | 投运年份 |
					最大	额定	最小				
1	白垢	2	20	10	10.0	6.2	3	5.5	205	78.9	1984
2	安居	2	31	15.5	9.6	8.0	3.5	5.5	222.8	88.2	1991
3	马骝滩	3	46.5	15.5	11.5	7.5	2.5	5.5	239	90.9	1992
4	都平	2	30	15	11	7.4	3.3	5.5	231	88.2	1992
5	白石窑	4	72	18	12.18	7.8	3.0	5.8	263	85.7	1996

续表

序号	水电站名称	台数	总装机容量/MW	单机容量/MW	水头/m			转轮直径/m	流量/(m³/s)	转速/(r/min)	投运年份
					最大	额定	最小				
6	江口	2	40	20	12.1	7.3	3	6.4	316.7	78.9	1997
7	百龙滩	6	192	32	18	9.7	3	6.4	377.5	93.8	1996
8	桥巩	8	456	58.5	24.3	13.8	5.5	7.4	466.96	83.3	2009
9	JIRAU	46 (18)*	3450	75	19.6	15.2	8.12	7.9		85.71	2013

* 其中18台由东方机电制造。

三、竖井贯流式机组发展概况

竖井贯流式机组是将发电机布置于转轮前流道中的空心"闸墩"内的另一类贯流式机组。由于其空心"闸墩"提供的空间远比灯泡机组的密封仓要大得多，可以布置增速齿轮以提高发电机转速，从而减少造价，因此适用于更低水头。由于空心"闸墩"有如坑井，所以也被称为坑井贯流式机组。目前世界上单机容量最大的竖井贯流式机组安装于美国的路易斯安那州的威达利亚水电站，单机容量 25MW，转轮直径 8.2m，于 1986 年投产。

我国目前竖井贯流式机组应用较少，且限于小型机组。国内外竖井贯流式机组的部分参数列于表 5-4。此外，我国自行设计制造的适用于潮汐电站的双向式多工况运行的贯流式机组也已在浙江江厦潮汐水电站运行多年。

表 5-4　　　　　　　　　　国内外部分竖井贯流式机组参数

序号	水电站名称	国别	台数	总装机容量/MW	单机容量/MW	转轮直径/m	水头/m	转速/(r/min)	投产年份
1	小龙门	中国	4	52	13	6.5	5	75	2006
2	威达利亚（Vidalia）	美国	8	200	25	8.2	6.1	52.2 (T) 600 (G)	1986
3	华尔刚（Vargonz）	瑞典	1	14.2	14.2	6.1	5.2	65.9 (T) 750 (G)	1986
4	墨累（Murray）	美国	2	38.8	19.4		5.03	45.3 (T)	1985
5	莫哈华克（Mohawk）	美国	1	3.16	3.16	4.5	4.42	70 (T) 900 (G)	1986
6	高尚	中国	4	1.0	0.25	2.0	2.8		1981
7	淮安运西	中国	10	2.3	0.23	1.6	2.6	150 (T) 600 (G)	1976

四、轴伸贯流式机组的发展概况

轴伸贯流式机组由德国人库尼（Kuhne）于 1930 年发明并获专利。总台机组由瑞士爱舍维斯公司设计，由阿里斯查密尔（Allis Chaimers）公司制造，安装在美国密执安州的劳沃波恩特（Lower Paint）电站，单机容量为 166kW，转轮直径为 0.76m，水头 6.1m。该类机组发电机在流道外，具有安装、检修维护方便的特点，而被广泛应用于低水头的中、小型电站中。这类机组根据发电机的位置又可分为前轴伸、后轴伸和斜轴伸等三种。目前世界上已运行的单机容量最大的为美国的奥扎尔卡（OZARK）水电站，容量为 25.2MW，转轮直径 8m，设计水头 9.8m，于 1965 年投产。这类机组的尾水流道经常布置成 S 形，所以又称为 S 形贯流式机组。

我国目前已运行单机容量最大的为 1995 年投产的广东省罗定双车水电站，单机容量为 2MW，转轮直径为 2.75m，最大水头 8m。国内外部分轴伸贯流式机组参数列于表 5－5。

表 5－5　　　　　　　　　国内外部分轴伸贯流式机组参数

序号	水电站名称	国别	台数	总装机容量/kW	单机容量/kW	转轮直径/m	水头/m	转速/(r/min)	投产年份
1	劳沃波恩特（Lower Paint）	美国	1	166	166	0.76	6.1	514	1952
2	杰斯特积峰（Gerst hofen）	德国	5	9750	1950	1.1	8.9	200	1958
3	奥扎尔卡（Ozark）	美国	5	126000	25200	8	9.8	60	1965
4	七伯斯法尔斯（Webbers Falls）	美国	3	69150	23050	8	8.1	60	1967
5	柯尼尔（Comill）		3	31110	10370		11.0	100	1972
6	吉波尔-戴韦-沃拍门特（Gibor Devel Opment）				3500		19.0	262	1979
7	艾坝	中国	3	3750	1250	2.0	8.0	187.5/750	1986
8	于桥	中国	3	3750	1250	1.8	9.4	300	1989
9	双车	中国	3	6000	2000	2.75	6.5		1995

任务四　贯流式机组的应用范围

我国对贯流式机组的研究起步较晚，且进展缓慢。除灯泡贯流式机组已有大型机组外，其他各类贯流式机组的单机规模基本上还限于小型机组，同时各类贯流式水轮机的转轮品种很少，因此贯流式水轮机的型谱目前尚未正式编制出来。现参考国外有关资料列出各类贯流式水轮机的适用范围列于表 5－6，供使用中参考。

表 5－6　　　　　　　　　贯流式水轮机适用范围

水轮机形式	适用水头/m	流量/（m³/s）	容量/MW	备　注
全贯流式	<40	8～900	1.5～90	新型结构，轮缘式发电机
灯泡贯流式	<25	4～900	2.5～90	
轴伸贯流式	<25	4～90	0.25～30	
整装齿轮传动灯泡式	<8	3～21	0.1～1	
整装皮带传动灯泡式	<12	7～100	0.4～6	
竖井贯流式	<9	4～500	0.1～30	

表 5－6 仅是根据一般情况分类，实际应用时各类水轮机根据不同的叶片数尚可具体划分水头应用范围。国内一般认为灯泡贯流式机组的应用还受到灯泡直径限制，

即认为当水轮机转轮直径 $D_1 < 2.5m$ 时灯泡空间进人比较困难，应考虑选用其他形式的贯流式机组或改用整装灯泡贯流式机组。

国内部分贯流式水轮机转轮的应用范围列于表 5-7，供参考。

表 5-7　　　　　国内部分贯流式水轮机转轮应用范围

类别	转轮型号	使用水头/m	模型直径/mm	试验水头/m	轮毂比	叶片数	最优工况				一般设计工况			
							n_{110}/(r/min)	Q_{110}/(m³/s)	η_{max}/%	σ_M	n_{110}/(r/min)	Q_{110}/(m³/s)	η_M/%	σ_M
灯泡贯流式	GZ003	≤12	250		0.4	4	130	1.6	90.5	0.8	174.3	2.72	82.2	1.8
	GZF02	≤18	350		0.428	4	153	1.58	91.9	1.06	180	2.9	88.3	2.06
	GZSK111B	≤18	350	0-20	0.428	4	150	1.6	92.3	0.6	180	2.76	88	1.66
	GZTF07	≤18	300	3~6	0.4	4	155	1.75	91.9		184	2.89	88.3	2.04
	GZTF08	≤12	300	3~6	0.4	3	181	1.92	91.2	1.05	210	3.4	85.4	2.7
	GZTF09	≤25	300	4	0.4	5	145	1.65	92.6	0.62	160	2.3	90.8	1.22
	GZA391a	≤18	350			4								
轴伸贯流式	GZ004	≤6	250	1.5	0.35	4	170	1.65	86					
	GZ006	≤12	250			4	160	1.2	90.4	0.8	180	2.5	81	1.29
	GZ008	≤7	250			3	180	1.6	89		200		82.5	
	GZ007	≤18	250			5	135	1.39	91.4		160	2.4	87.5	

任务五　贯流式水轮机结构实例

图 5-7 是当前国内较大的灯泡贯流式机组剖面图，该机型号为 GZ003-WP-550，基本参数为：额定出力 $P_r = 10460kW$，设计水头 $H_r = 6.2m$，设计流量 $Q_r = 199m^3/s$，额定转速 $n_r = 78.9r/min$，飞逸转速 $n_R = 215r/min$，保证效率为 92.5%，水头应用范围 3.0~10.0m，旋转方向向下游看为顺时针。

该机引水室为灯泡式，由钢板焊接而成。引水室中间布置着与水轮机同轴相连的卧轴贯流式水轮发电机。与引水室相连的座环 18，为钢板焊接结构，共有 8 个固定导叶，其中 2 个为特殊的，可以从中进人检修和通过管道。

引水机构为斜向式，呈圆锥形布置，由导叶 3、底环 4、顶盖 17、导叶传动机构 1 和控制环 2 等组成。导叶共 16 个，由 ZG20MnSi 整体铸造而成。导叶上、下轴套均采用聚砜材料制作，用水润滑。传动机构为连杆式，采用球形轴，能进行空间运动，左、右旋连杆分别套在球形轴上，中间用螺母连成一体，在通过剪断销和连杆销将球形轴与导叶臂和控制环 2 连接在一起，从而把控制环的动作传到导叶上去。控制环为钢板焊接结构，支撑在顶盖上。顶盖为钢板焊接结构，底环为铸造结构。控制环通过推拉杆与两个普通式直缸接力器相连，接力器直径为 500mm，竖立放在基础墩上。

转轮 8 为转桨式，共有 4 个叶片，每个叶片单独由 ZG35 铸成，叶片枢轴单独制

121

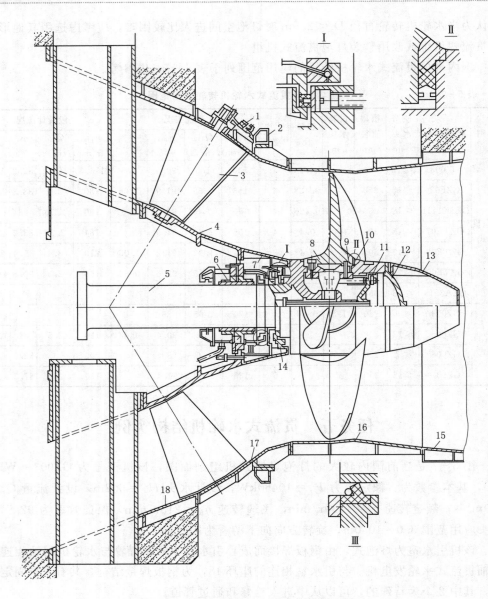

图 5 - 7　GZ003 - WP - 550 水轮机剖面图

1—导叶传动机构；2—控制环；3—导叶；4—底环；5—主轴；6—水导轴承；7—密封座；

8—转轮；9—叶片操作机构；10—叶片密封；11—转轮接力器活塞；12—端盖；

13—泄水锥；14—主轴密封；15—尾水管；16—转轮室；17—顶盖；18—座环

作，采用螺栓与叶片连成一体。叶片的转角范围为 $\varphi = 0° \sim +35°$，$\varphi = 17.5°$ 时，叶片位于中间位置，叶片操作机构 9 为耳柄式，与转轮接力器活塞 11 直接相连。转轮接力器位于转轮体下端空腔内，在转轮体下端壁上固定有转轮体端盖 12，形成接力器油腔，在接力器腔内始终充满油，操作油压为 2.5MPa。操作油由装在发电机顶端的受油器控制。转轮体为球形轮毂，材质为 ZG20MnSi。叶片密封 10 为 X 形和 V 形两道，密封材料为耐油橡皮。

主轴 5 为双法兰空心轴。分别与转轮体和发电机相连，在主轴中间通有操作油管。水导轴承 6 动静压式对开自卫球轴承，它由轴瓦、球面支承、密封和球面座等组成，轴瓦材料为巴氏合金。在轴承上设有液压减载装置，当转速较低时（$n < 62\% n_R$），可采用高压油顶起，形成润滑油膜。轴承采用油润滑，为外冷式油循环系统。轴承右端采用 T 形橡胶密封，左端为油毛毡密封。主轴密封 14 为活塞式水压密封，活塞材料为轴承橡胶，活塞缸材料为 ZL101。在主轴密封右部装有空气围带式检修密封。

转轮室 16 为焊接结构，分两段，上段可以从上面吊起，以便检修转轮。转轮室下段直接与直锥形尾水管 15 相连，尾水管长度为转轮直径的 5 倍，在尾水管侧面装有进人门。

5-5-1

厚积薄发
——中国水
轮机控制
技术的先
驱者魏守平

思 考 与 练 习 题

1. 相较于混流式水轮机，贯流式水轮机的显著特点是什么？
2. 半贯流式水电站有哪些类型？
3. 灯泡贯流式水轮机的适用范围是多少？

项目六

冲 击 式 水 轮 机

【知识目标】
掌握冲击式水轮机的类型和特点，熟悉冲击式水轮机和反击式水轮机工作原理的异同点，掌握切击式水轮机的组成，掌握喷管、外调节机构、副喷嘴、防飞逸反射器、机壳的作用，熟悉切击式水轮机提高比转速的途径。

【技能目标】
能运用所学理论知识识读切击式水轮机剖面图。

【重点难点】
重点：冲击式水轮机的类型，切击式水轮机的组成，喷管、外调节机构、副喷嘴、防飞逸反射器、机壳的作用。

难点：切击式水轮机剖面图的识读。

任务一　冲击式水轮机的主要类型与工作特点

冲击式水轮机是借助于特殊导水机构（喷管）引出具有动能的自由射流，冲向转轮水斗，使转轮旋转做功，从而完成将水能转换成机械能的一种水力原动机。因这种水轮机是靠射流冲击而做功，故称为冲击式水轮机。

由于转轮结构型式不同，水流冲击转轮的方向和部位亦有差异，为此以工作射流与转轮相对位置和做功次数的不同，可分为切击式水轮机（又称水斗式）（图6-1）、斜击式水轮机（图6-2）和双击式水轮机（图6-3）。

一、切击式水轮机

切击式水轮机工作射流中心线与转轮截面相切，故称为切击式水轮机（QJ），因

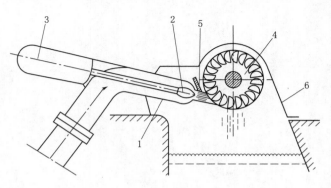

图6-1　切击式水轮机的结构示意图
1—喷嘴；2—针阀；3—喷针移动机构；
4—转轮；5—外调节机构；6—机壳

124

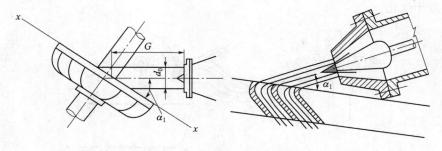

图 6-2 斜击式水轮机的射流、转轮工作示意图

其转轮叶片均由一系列成双碗状的水斗组成，又称水斗式水轮机（CJ），国外称为培尔顿式。切击式水轮机是目前冲击式水轮机中应用最广泛的一种机型，其应用水头一般为 40～2000m，单机容量可大可小，目前最高应用水头已达到 1883m（位于瑞士瓦莱州阿尔卑斯山的毕奥德隆 Bieudron 水电站，采用水斗式机组，单机容量 423MW，额定水头 1869m，额定流量 25m³/s）。

切击式水轮机装置方式有卧轴和立轴两种，立轴适用于大中型机组，卧轴适用于中小型机组，国外大容量切击式机组都为立轴。

立轴切击式水轮机只有一根主轴，装设一个转轮，周围配置 2～6 个喷喷管，如图6-4所示。卧轴切击式水轮机，主轴上可配置 1～3 个转轮，每个转轮周围配置1～2 个喷管，如图 6-5 所示。

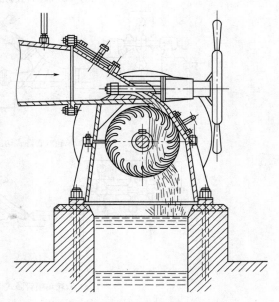

图 6-3 双击式水轮机结构示意图

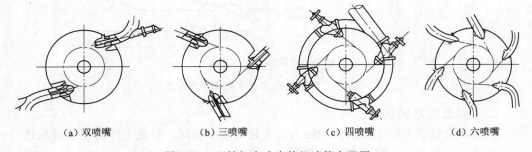

（a）双喷嘴　　　　　（b）三喷嘴　　　　　（c）四喷嘴　　　　　（d）六喷嘴

图 6-4 立轴切击式水轮机喷管布置图

切击式水轮机的比转速有单喷嘴、单轮和整机三种比转速。每轮上作用喷嘴数越多，整机比转速越高。由于切击式水轮机结构较简单，近年来其设计制造技术日趋成

熟，接近于优化。

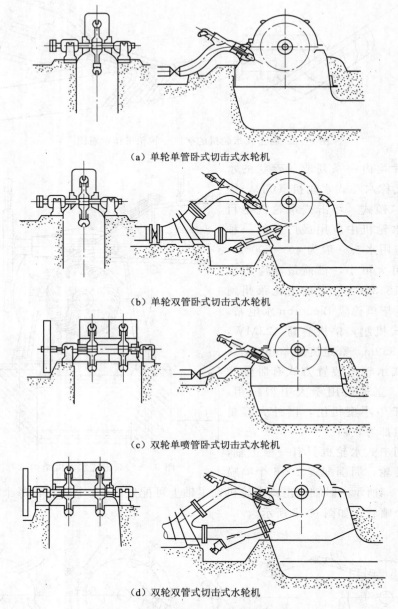

（a）单轮单管卧式切击式水轮机

（b）单轮双管卧式切击式水轮机

（c）双轮单喷管卧式切击式水轮机

（d）双轮双管式切击式水轮机

图 6 - 5　卧轴切击式水轮机喷管布置图

二、斜击式水轮机

斜击式水轮机主要工作部件和切击式水轮机基本相同，只是工作射流与转轮进口平面呈某一个角度 α，射流斜着射向转轮。斜击式水轮机适用于水头在 $40\sim400\mathrm{m}$、轴功率为 $10\sim500\mathrm{kW}$、比转速 $n_s=18\sim45\mathrm{r/min}$ 的中小型水电站。

三、双击式水轮机

双击式水轮机水流先从转轮外周进入部分叶片流道，消耗了大约 $70\%\sim80\%$ 的动能，然后离开叶道，穿过转轮中心部分的空间，又一次进入转轮另一部分叶道消耗余下的大约 20%～30% 的动能。这种水轮机效率低，但结构简单，制造方便，一般只适用于水头<60m，轴功率<150kW 的小型水电站。

综上所述，冲击式水轮机适用于高水头、小流量的水力条件。它是 19 世纪后期，随着水工技术的不断发展，人们已能建造高的水坝和采用高压钢管来集中和输送水能后发展起来的。

任务二　冲击式水轮机和反击式水轮机工作原理的异同点

冲击式水轮机的工作原理与反击式水轮机相同点是：均利用水流与转轮叶片的作用力和反作用力原理将水流能量传给转轮，使转轮旋转释放出机械能。冲击式水轮机与反击式水轮机工作原理显著的不同点如下：

（1）在冲击式水轮机中，喷管（相当于反击式水轮机的导水机构）的作用是：引导水流，调节流量，并将液体机械能转变为射流动能。而反击式水轮机的导水机构，除引导水流，调节流量外，在转轮前形成一定的旋转水流，以满足不同比转速水轮机对转轮前环量的要求。

（2）在冲击式水轮机中，水流自喷嘴出口直至离开转轮的整个过程，始终在空气中进行，位于各部分的水流压力保持不变（均等于大气压力）。它不像反击式水轮机那样，在导水机构、工作轮以及转轮后的流道中，水流压力是变化的。故冲击式水轮机又称为无压水轮机，而反击式水轮机，称之为有压水轮机。

（3）在反击式水轮机中，由于各处水流压力不等，并且不等于大气压。故在导水机构、转轮及转轮后的区域内，均需有密闭的流道。而在冲击式水轮机中，就不需要设置密闭的流道。

（4）反击式水轮机必须设置尾水管，以恢复压力，减小转轮出口动能损失和进一步利用转轮出口至下游水面之间的水流能量。对于冲击式水轮机，水流离开转轮时流速已经很小，又通常处在大气压力下，因此它不需要尾水管。从另一方面讲，由于没有尾水管，使冲击式水轮机比反击式水轮机少利用了转轮出口至下游水面之间的这部分水流能量。

（5）反击式水轮机的工作转轮淹没在水中工作，而冲击式水轮机的工作转轮是暴露在大气中工作，仅部分水斗与射流接触，进行能量交换。并且，为保证水轮机稳定运行和具有较高的效率，工作转轮水斗必须距下游水面有足够的距离（即足够的排水高度和通气高度）。

（6）在冲击式水轮机中，因工作转轮内的水压力不变，故有可能将工作转轮流道适当加宽，使水流紧贴转轮叶片正面，并由空气层把水流与叶片的背面隔开。这样可使水流不沿工作转轮的整个圆周内进入其内，而仅在一个或者几个局部的地方，通过一个或几个喷嘴进入工作转轮。由于工作叶片流道仅对着某个喷嘴时被水冲满，而当它转到下一个喷嘴之前，该叶片流道中的水已倾尽，故水流沿叶片流动不会发生紊乱。

（7）冲击式水轮机的工作转轮仅部分过水，部分水斗工作，故水轮机过流量较小，因为在一定水头和工作转轮直径条件下，冲击式水轮机的出力比较小。另外冲击式水轮机的转速相对比较低（这是由于转轮进口绝对速度大，圆周速度小）、出力小，导致了比较低的比转速，故冲击式水轮机适用于高水头小流量的场合。

任务三　切击式水轮机的结构

6-3-1
冲击式水轮
机主要过
流部件

切击式水轮机是冲击式水轮机中应用水头最高、容量最大的一种机型，切击式水轮机主要由进水管、喷管、转轮、外调节机构、副喷嘴、机壳和排水坑渠组成（图6-6）。

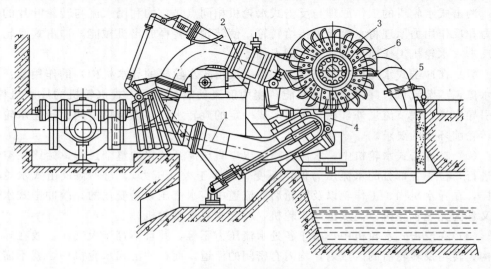

图6-6　卧式双喷嘴水轮机结构示意图
1—进水管；2—喷管；3—转轮；4—外调节机构；5—副喷嘴；6—机壳

一、进水管

图6-7为现代水斗式水轮机进水管的几种主要型式，由图6-7可知，水斗式水轮机的进水管由直线段、肘管、分叉管、环行收缩流道和导流体组成。多喷嘴水斗式水轮机的进水管是一个具有极度弯曲和分叉的变断面输水管，并在装有喷射机构的区域内设有导流体。

进水管的作用是引导水流，并将过机流量均匀分配给各喷管。为此，要求进水管主干部分和叉管处的水流速度相等，并以此来确定进水管的断面尺寸，故进水管的断面尺寸自进口至出口逐渐减小呈收缩状。进水管的断面形状有圆形和椭圆形两种，椭圆形断面的进水管具有较好的水力特性，但加工困难，强度性能不如圆形断面。

二、喷射机构（简称喷管）

喷管（图6-8）主要由喷嘴、喷针（又称针阀）和喷针移动机构组成，其作用主要有两个：一是将水流的压力势能转换为射流动能，则当水从进水管流进喷管时，在其出口便形成一股冲向转轮的圆柱形自由射流；另一个是起着导水机构的作用。当喷

128

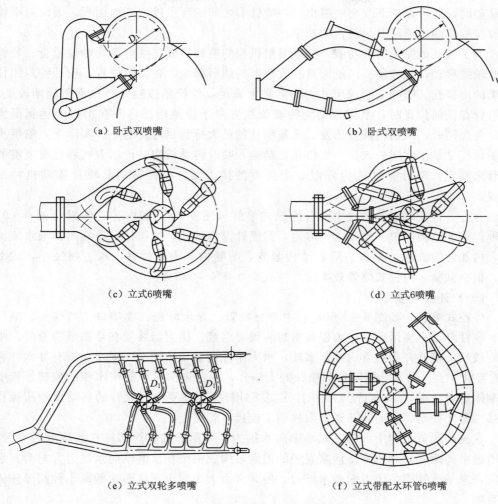

（a）卧式双喷嘴　　　　　　　　　　　　（b）卧式双喷嘴

（c）立式6喷嘴　　　　　　　　　　　　　（d）立式6喷嘴

（e）立式双轮多喷嘴　　　　　　　　　（f）立式带配水环管6喷嘴

图 6-7　切击式水轮机进水管方案

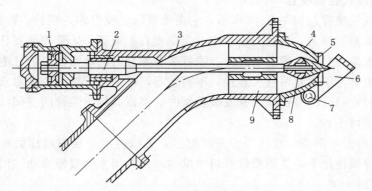

图 6-8　外控式喷射机构

1—接力器；2—平衡活塞；3—弯管；4—喷嘴头；5—喷嘴口；6—折向器；

7—圆柱销；8—喷针头；9—导水叶栅

针移动时，即可以渐渐改变喷嘴出口与喷针头之间的环形过水断面面积，因而可平稳地改变喷管的过流量及水轮机的功率。

为了较好地完成这些功能，要求喷射机构的喷针轴线与喷射机构轴线重合。喷针沿此轴线移动，且喷嘴头内壁应具有收敛形的圆形断面。在关闭位置，喷针能封闭住喷嘴的出口孔。喷嘴头断面尺寸的确定必须满足：使流量按喷针行程而平稳地改变；使喷针在任何位置时，水流速度均沿着流线方向平稳地增加，并在出口处达到最大值。与此同时，从结构观点出发，希望喷针的最大行程尽可能的小。实际上，喷嘴头的断面尺寸是按喷嘴头入口、出口孔径结构、喷针传动机构的传动方式和已有喷嘴的资料来确定。喷针移动机构好似一个简单的接力器，喷针移动靠喷针移动机构来实现。

目前，常见的喷管型式主要有外控式喷管（图6-8）和内控式喷管（图6-9）两种。前者结构简单、检修维护方便，但喷针操作杆长，操作杆在喷管内影响水流流动，增加管内的水力损失；后者结构紧凑，喷管内水力条件好，水力损失小，效率高。根据试验，内控式喷管效率比外控式高0.2%～0.3%。

（一）外控式喷管

外控式喷管，如图6-8所示，主要由喷管、导水叶栅、喷嘴口、喷嘴头、喷针头、喷针杆、平衡活塞、接力器和密封装置等组成。接力器装置在弯曲形喷管外，喷针杆较长，喷针杆在喷管内扰乱水流，水力条件稍差，喷嘴头4固定在带有导水叶栅9的弯管3上。导水叶栅除作为喷针的支座外，还用来消除水管中水流的旋转。管嘴右端固定着喷嘴口5，喷针头8被拧固在喷针杆上以便更换。喷针的移动由液压操作的接力器1控制。折向器6通过圆柱销7铰接在管嘴上。

在这种调节机构中，为了减小轴向水推力，采用加大针阀阀杆在盘根处的直径，即增设平衡活塞，利用平衡活塞直径的差别，构成一个相反的轴向水推力方向为开启方向，来平衡针阀关闭方向的水推力，使其合力大为减小，从而达到减小针阀操作力的目的。

（二）内控式直流喷管

内控式直流喷管，如图6-9所示，它由喷嘴口、喷嘴体、喷针、针杆、喷管体、接力器缸、活塞、弹簧、缸盖、引水锥、定位接头、锥套、摇臂和回复杆等组成。内控式的轴向水推力总是朝着开启方向。喷针装在喷管内的灯泡体中，灯泡体由导水叶栅支撑着，喷管与引水管可直接连接，不需转弯，对水流干扰少，水力效率比外控式喷管提高0.5%～1%。外控式喷管安装检修时，要留有拔出喷针的空间，而内控式无此要求，厂房可小些。

图6-9的上半剖面，喷针处于关闭位置，关机时定位接头通压力油，喷针活塞在压力油和弹簧作用下，克服喷针开启水推力，向关闭方向缓慢移动（因压油管装有节流阀），直到全关。

图6-9的下半剖面，喷针处于开启位置。当需要喷针开启时，定位接头6通排油，喷针在轴向水推力作用下，克服弹簧弹力，向开启方向运动，弹簧同时受压缩。喷针开度大小由锥套9、摇臂8、回复杆7，反馈到调速器。当开度合适时，定位接头

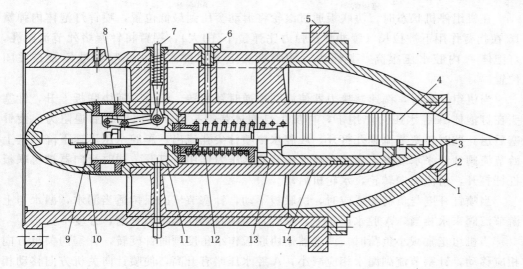

图 6-9 内控式直流喷射机构

1—喷嘴口；2—喷嘴体；3—喷针；4—针杆；5—喷管体；6—定位接头；7—回复杆；8—摇臂；

9—锥套；10—引水锥；11—缸盖；12—弹簧；13—活塞；14—接力器缸

6 既不通压力油，也不通排油，喷针不动。

我国某水轮机厂研制了水压操作的直流喷管，图 6-10 为其示意图。

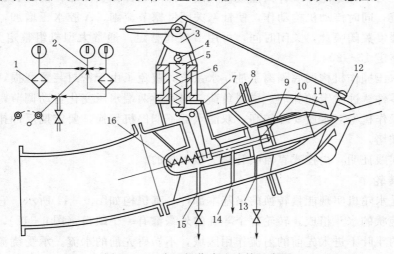

图 6-10 水压操作直流喷管示意图

1—双滤水器；2—节流阀；3—协联板；4—滚轮；5—滑动套；6—缓冲弹簧；

7—拐臂；8—喷管体；9—喷针灯泡体；10—针塞；11—喷针；

12—折向器；13、14、15—排水管；16—弹簧

压力操作水引自上游钢管道，经双滤水器 1 过滤，经节流阀 2 减压后，进入喷针灯泡体 A 腔。针塞 10 和喷针 11 尾端孔相配合成节流副，喷针尖端开有一个小排水孔，节流副漏水可由此孔随射流喷出。操作针塞的传动机构由滚轮 4、滑动套 5、缓冲弹簧 6 和拐臂 7 等组成，协联板由调速器接力器杠杆控制。

在机组停机状态时，协联板通过滚轮将滑动套压到最低位置，喷针灯泡体内弹簧16在拐臂作用下被拉长（缓冲弹簧弹力比弹簧16的大），拐臂将针塞堵死节流副孔，灯泡体A内腔水压很高，其压力克服喷针头上开启静水压力，喷针被压紧在关闭位置。

当机组开启时，调速器接力器使协联板逆时针旋转，滚轮4随协联板上升，针塞头在灯泡体A腔水压力作用下，再加上灯泡体弹簧拉力，克服针塞后退阻力，使针塞后退。此时针塞节流副孔打开，A腔水由喷针尖孔流出，A腔水压迅速下降，其上游节流阀2使来水缓慢，喷针在喷针头开启水压力作用下打开，同时折向器被协联板杠杆打开，射流喷向转轮，水轮机启动。

当喷针开度与负荷相适应时，协联板不动，针塞节流副保持适当漏水，漏水与上游节流阀来水相当，A腔水压不变，喷针首尾两端轴向水推力平衡，开度不变。

当机组正常减小负荷时，调速器使协联板作小角度顺时针旋转，针塞向关机方向相应移动，针塞节流副漏水相应减小，A腔水压略有升高，使喷针向关机方向移动相应距离，喷针的移动，又使节流副漏水量有所恢复，A腔水压又稍降，直至开度与负荷相适应。正常加负荷与上述动作相反。协联板杠杆机构使折向器位置总是贴近射流，而又不影响射流。

当机组快速减负荷或甩负荷时，调速器使协联板快速顺时针转动，由于节流阀限制，A腔压力水源不足，喷针只能缓慢关闭，此时缓冲弹簧压缩，使协联板带动折向器切入射流，同时传动机构动作，使针塞关闭针塞节流副，A腔水压增加，随节流阀来流量，缓慢关闭喷针，关闭时间，可用节流阀整定。通常大型机组整定为50s，中小型机组整定15～30s。

这种水压操作机构彻底隔离了油、水系统，避免了由于密封装置磨损，造成水和油掺混、零件锈蚀发卡的弊端。增减负荷，由喷针两端水压变化自动调节，调节精度高。水压操作机构对水质要求较高，双滤水器不能停机切换，要定期反冲排污，防止双滤水器被堵。

运行实践证明，内控式直流喷管是灵敏可靠的。

三、转轮

转轮是水轮机实现能量转换的最基本部件，其机构如图6-11所示。它由轮辐及若干成双碗状的水斗组成。转轮每个斗叶的外缘都有一个缺口（图6-12），缺口的作用使其后的斗叶不进入先前的射流作用区域，不妨碍先前的水流。承受绕流射流作用的凹面称为斗叶的工作面。斗叶凸起的外侧表面称为斗叶的侧面。位于斗叶背部夹在两水斗之间的表面称为斗叶的背面。两水斗间的工作面的结合处称为斗叶的进水边（又称分水刃）。进水边在斗叶的横剖面上为一锐角。缺口处工作面的结合处称为斗叶的切水刃。水斗工作面与侧面间的端面称为水斗的出水边。

从喷嘴引出的射流沿转轮的切线方向冲向水斗，当射流一接触水斗后即被斗叶进水边分成相等的两股，它们对称地流过斗叶工作面，并迫使水流速度和方向发生较大改变，从而产生作用在水斗上的力，形成对主轴的转动力矩，推动转轮旋转做功。工作后的水流以很小的速度离开水斗而流向下游。射流中心线与转轮相切的圆（通常标

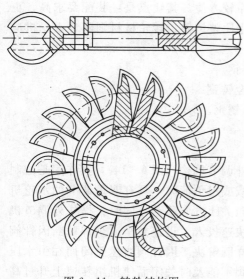

图 6-11 转轮结构图

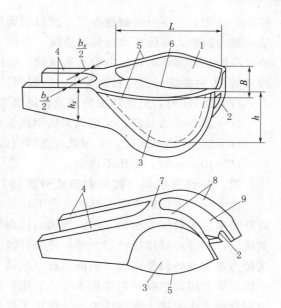

图 6-12 水斗水轮机的转轮斗叶

1—工作面；2—切水刃；3—侧面；4—尾部；5—出水边；
6—进水边；7—横向筋板；8—纵向筋板；9—背面；
B—宽度；L—长度；h—深度

此为节圆）的直径 D_1 定义为转轮的标称直径。根据水斗与轮辐的连接形式，转轮通常有整铸结构、铸焊结构和机械组合结构三种。整体铸造结构转轮的优点是：强度高、运行安全可靠、重量轻、安装方便。缺点是：因水斗排列密，铸造工艺复杂、铸造技术要求高，水斗表面加工困难。铸焊结构的转轮，其水斗单个浇筑制造，然后焊接在轮辐上。这种结构工艺简单，易保证水斗加工质量，强度也不比整铸差，重量轻。缺点是，对焊接技术要求高，金属加工量大。如图 6-13 所示，组合结构转轮是

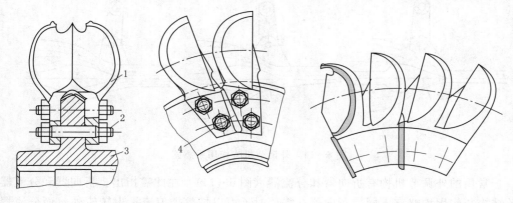

（a）单个铸造水斗　　　　　　　（b）两个一起铸造水斗

图 6-13 组合式转轮

1—水斗；2—螺栓；3—轮辐；4—斜楔

将单个或几个水斗分别制造加工，然后用螺栓或燕尾槽等形式与轮辐固定，这种转轮结构制造简单，易保证水斗加工质量，更换水斗较方便。其缺点是：装配要求高，更换水斗后，需重新对转轮做静平衡试验，强度也比整铸差。转轮材料则随着水轮机应用水头 H 的提高而提高材料等级。一般当：

$H<200$m 时，采用球墨铸铁或普通碳素铸钢。

$H=200\sim500$m 时，采用碳素铸钢或低合金铸钢。

$H=500\sim1000$m 时，采用低合金铸钢或不锈钢。

$H>1000$m 时，采用不锈钢。

四、外调节机构（如折向器或分流器）

在水斗式水轮机喷嘴头部的外壳上均装有外调节机构（图 6-14），其作用是控制离开喷嘴后的射流大小和方向。当机组负荷骤减或甩负荷时，具有双重调节的水轮机调速器，一方面操作喷针接力器，使喷针慢慢向关闭方向移动，同时又操作外调节机构接力器，使外调节机构（折向器或分流器）快速投入，迅速减小或全部截断因针阀不能立即关闭而继续冲向转轮水斗的射流。这样既解决了因针阀快速关闭而在引水压力钢管中产生的较大水锤压力，又解决了因针阀不能及时关闭而使机组转速上升过高的问题。当然，针阀与折向器或分流器的行程要保持协联关系，使针阀在任何开度下，外调节机构的截流板都位于射流水柱边缘，以达到其快速偏流或截流的作用。

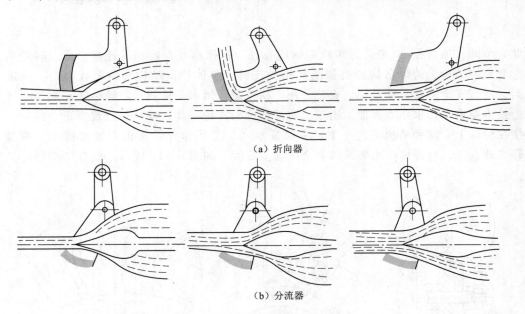

（a）折向器

（b）分流器

图 6-14　外调节机构作用示意图

常用的外调节机构有折向器和分流器（图 6-14）。在此需指出：折向器和分流器的结构与作用均略有不同。折向器在需要时，可以把整个射流折出转轮外。而分流器一般不是将整个射流而是将其大部分或小部分偏离转轮水斗；与分流器相比，折向器在引开整个射流时仅需较小位移，其承受的振动也较小，在高水头时不会很快损坏。

若要求分流器将全部射流从转轮上引开，分流器所需转动的角度较折向器大，故分流器的快速作用能力低于折向器。采用折向器将导致增加自喷嘴口至射流进入转轮斗叶处之间的距离，这会在某种程度上降低水轮机的能量指标，而分流器无此问题。分流器角行程的增加及截流时间的增加，这就允许控制杆件系统及协联关系的精度要求比折向器低些。具体选用时，可根据试验中所测定的力特性和能量特性及电站具体情况综合分析比较确定，也有既采用折向器又采用分流器的情况。

五、副喷嘴（反向制动喷嘴）和防飞逸反射器

副喷嘴（图6-6）的作用有两个：

（1）在机组正常停机过程中，一般不允许机组低速度长时间运转。当机组转速度降低到一定程度时（通常为额定转速的30%～40%），为使机组能很快停下来，即打开副喷嘴，从副喷嘴引出的射流直接冲向转轮水斗背面，形成作用于转轮的一个与转轮旋转方向相反的制动力矩。机组在该力矩作用下迅速停止运转。

（2）当机组突然甩负荷调节系统失灵时，副喷嘴即投入工作。从副喷嘴引出一股射流直接冲向水斗背面，形成制动力矩，这样可避免机组转速急剧上升以至机组发生飞逸。制动喷嘴可自动或手动开启。为防止转轮反转，装设有专门的联锁装置。

此外，有时还采用防飞逸反射器来抑制机组甩负荷时的转速上升。防飞逸反射器一般安装在当水轮机转速提高后，未能进入斗叶的射流将会射入的地方。防飞逸反射器使射流转向与转轮旋转方向相反的方向，并射向斗叶背面，从而阻止机组转速的上升。防飞逸反射器简图如图6-15所示。

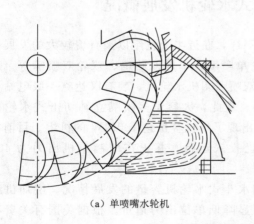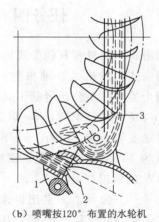

（a）单喷嘴水轮机　　　　　　（b）喷嘴按120°布置的水轮机

图6-15　防飞逸反射器简图

1—外调节机构；2—喷嘴；3—反射器

六、机壳

机壳（图6-6）的形状和尺寸对水斗式水轮机的水力效率有一定影响，其作用是将转轮中排出的不再做功的水排往下游而不溅落在转轮和射流上。机壳必须保证有足够的空间，若机壳宽度过小，从水斗排出的水流撞到机壳壁上，再反射到转轮周围形成雾状水滴，会增加转轮旋转时的阻力损失。若宽度过大，则又增加水轮机的外形尺寸。机壳内的压力要求与大气压相当。为此，往往在转轮中心附近的机壳上开设有补气孔，以消除局部真空。机壳的形状应有利于转轮出水流畅，不与射流相干扰。喷管也常固定在机壳上，卧式机组的轴承支座也和机壳连在一起，因而要求机壳具有足够的强度、刚度和耐振性能，还要有良好的吸音隔音能力。机壳上一般开有进人门孔。机壳下部应装有静水栅，以消除排水能量。静水栅要求有一定的强度，可作为机组停机观察和检修时的工作平台。对立式水轮机，尾水渠可作为下拆转轮通道之一，静水栅可做成活动的，便于拆卸。机壳示意图如图 6-16 所示。

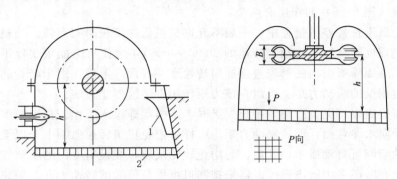

图 6-16 机壳示意图
1—引水板；2—静水栅

任务四 切击式水轮机发展概况

切击式水轮机和其他型式的水轮机一样，在近半个世纪以来有着较大的发展。早期的切击式水轮机是卧轴布置，有单轮单喷嘴、单轮双喷嘴、双轮双喷嘴等。1945年，瑞士爱舍维斯公司研制了立轴单轮双喷嘴切机水轮机，装有汉达克一级电站（$H=540\text{m}$，$P=22.7\text{MW}$，$n=500\text{r/min}$）。从此，大容量多喷嘴立轴切击式水轮机得到了迅速发展。到 20 世纪 50 年代末，出现了单机容量达 100MW 的机组。目前，单机容量为 315MW 的立轴 5 喷嘴机组已投入运行，并正在研制单机出力为 $400\sim5000\text{MW}$ 的机组。

图 6-17 为半个多世纪以来，大型水斗式水轮机容量的发展情况。增加机组容量，除了能提高机组效率外，还可以明显降低单位出力造价。根据美国有关资料记载，单机容量增加 1 倍，可降低单位出力造价 7%～10%。

与此同时，水轮机工作水头高于1000m的机组也大批出现。如挪威朗西马水电站（$P=260\text{MW}$、$H=1065\text{m}$、$n=428\text{r/min}$、$Z_0=5$）；法国弗洛格斯水电站（$P=234\text{MW}$、$H=1330\text{m}$、$n=500\text{r/min}$、$Z_0=6$）；意大利圣-弗朗诺水电站（$P=140\text{MW}$、$H=1401\text{m}$、$n=700\text{r/min}$、$Z_0=3$）；瑞士山多林水电站（$P=37\text{MW}$、$H=1750\text{m}$、$n=500\text{r/min}$）；澳大利亚的列赛克-克罗依采克抽水蓄能电站（$P=22.8\text{MW}$、$H=1771.3\text{m}$、$n=750\text{r/min}$）；瑞士毕奥德隆水电站（$P=423\text{MW}$、$H=1869\text{m}$、$n=428.6\text{r/min}$）。

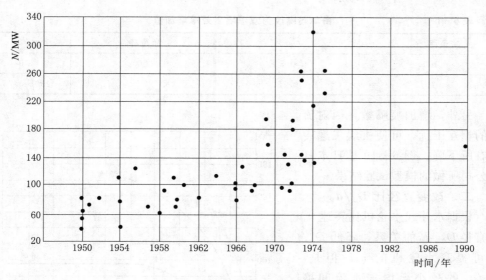

图 6-17 大型水斗式水轮机单机容量的发展

近 20 年来，水斗式水轮机在提高比转速和水力效率方面取得了较大进展，在提高水轮机比转速方面主要采取以下途径：

一、增加喷嘴数目

喷嘴数 Z_0 的开方 $\sqrt{Z_0}$ 与比转速 n_s 存在正比的关系，6 喷嘴比转速 n_s 比单喷嘴大 2.45 倍。故从 20 世纪 50 年代以来，大型水斗式水轮机广泛采用多喷嘴方案，从而大大缩小了机组尺寸，由图 6-18 可看出比转速 n_s 随年代变化逐步提高的情况。增加喷嘴数，可使水斗的风阻相对减小，使直径比 D_1/d_0 缩小及由卧式改为立式，均可达到水斗与下游水位的距离缩小的效果，从而可得到一部分位能，使水力效率有所提高。表 6-1 为 20 世纪 40 年代美国摩根·史密斯公司关于增加喷嘴数后的效率修正值。俄罗斯、挪威等国的模型和真机试验证实，采用 6 喷嘴比单、双喷嘴提高效率 1.0%～1.5%。

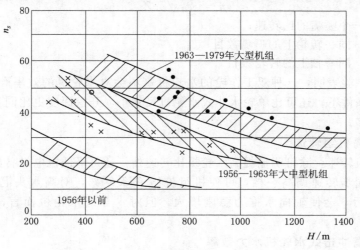

图 6-18 水斗式水轮机 n_s 提高情况

表 6 - 1　　　　　　　　　　　　　　　由单喷嘴改为双喷嘴后效率增加值

负荷/%	$\Delta\eta$/%	负荷/%	$\Delta\eta$/%
100	0.5	50	1.0
75	0.75	25	1.0～0.75

另外，增加喷嘴数，因射流间的相互干扰，可使机组飞逸转速有所下降。图 6 - 19 是日本日立公司所做的模型试验结果。

二、改变直径比 D_1/d_0

根据水斗式水轮机比转速 n_s 与直径 D_1/d_0 的关系，降低 D_1/d_0 可提高水轮机的 n_s。但是，D_1/d_0 的减小会增加水流间撞击，并引起射流作用方向及射流质点沿斗叶绕流轨迹的改变，使机组效率降低，而且直径比 D_1/d_0 减小还会引起斗叶上应力的增加。因此，在不影响机组效率和

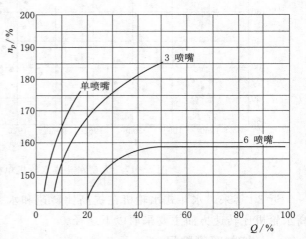

图 6 - 19　喷嘴数 Z_0 对飞逸转速的影响

可靠性的前提下，降低 D_1/d_0 的途径主要是通过斗叶与射流等参数的优化组合和加工工艺水平的提高及采用高强度材料等达到。

三、增加工作轮数量

采用两个或多个工作轮结构也可以提高水斗式水轮机的比转速和单机容量。采用两个转轮，相当于将喷嘴数提高 1 倍，提高水轮机比转速约 40%～50%。对于同轴装有几个工作轮的水轮机比转速，可按下式计算：

$$n_s = n_{sj}\sqrt{Z_0 Z_r} \tag{6-1}$$

式中　n_{sj}——个喷嘴的比转速；

　　　Z_0——同一转轮上的喷嘴数目；

　　　Z_r——同一轴上的转轮数目。

由模型试验表明，这种双工作轮的水轮机室不会对水轮机的效率产生不利影响，且在同容量条件下，还可比单轮水斗式水轮机尺寸小，开挖深度更比同容量的高水头水轮机浅得多。

四、提高机组转速

提高机组转速，除可明显提高水轮机比转速外，还可降低机电设备的造价。据粗略估计，当同步转速调高一档，可使机组价格下降 20%，对高水头混流式水轮机，当转速提高后，会使轴向水推力急剧增大，但对水斗式水轮机而言，不存在这一问题。

五、提高冲击式水轮机水力效率

在提高冲击式水轮机水力效率方面主要有以下几种方法：

（1）改善水斗型线，合理选择水斗数，适当加大水斗尺寸，提高水斗工作面和出水边附近背面加工的粗糙度。适当加大出水角 β_2，使水力摩擦损失和余速损失均有所减小，从而使水力效率有所提高。

（2）采用内控式直流喷管。近代水斗式水轮机普遍采用内控直流喷管，除结构上原因外，水力性能方面也有以下优点：①喷管前水流拐弯处发生在供水管上，离喷嘴较远，改善进入喷嘴前的水流流态；②在进水管至喷管拐弯处的水管内不像外控式喷管那样，要穿过喷针杆，因此可减小水力干扰和喷管内的水力损失；③可在喷管中心外布置较长的的导水叶栅，进一步改善喷管内的水流流态。上述各条，均有利于防止射流扩散，可提高喷管的水力效率 $0.2\%\sim0.3\%$。

（3）改善机壳和进水管的形状，选取适当的机壳尺寸及进水管直径。机壳和进水管的形状合理，可用较小的尺寸获得较高的效率。近代水斗式水轮机遇到的难题是：即使精心设计的机壳形状，仍不足以把尺寸缩小到希望达到的程度，所以出现了将射流喷管布置在机壳内的方案。这样，允许把机壳尺寸适当放大，而不致造成厂房尺寸过分扩大。进水管设计，即要求水流以较低的速度平缓地流入喷管，保证较高的水力效率，又能尽可能缩小平面尺寸。近代大型水斗式水轮机的进水管都是经验模型试验选定，故具有效率较高、尺寸较小的特点。

（4）在尾水位变化幅度较大时，为减小因转轮必须安装在尾水位以上所造成的水头损失，可采用压气运行水斗式水轮机。瑞士爱舍维斯公司，在挪威铁索Ⅱ级水电站的两台立轴6喷嘴水斗式水轮机上，采用了压气运行方式，使这两台水轮机的水力效率达到91%，机组效率明显提高。

（5）精心设计补气管。工作后的水流离开水斗落入尾水坑的过程为大量掺气，因而将空气带走，若尾水渠通气高度不够，则从水中分离出来的空气不能全部返回机壳，使机壳内出现真空。许多机组因此引起效率下降和机组振动加剧，故世界各国都十分重视补气管路的设计。法国的蒙圣尼斯水电站采用两套补气管，一套装在转轮下方1m处的机壳上，共6根，直径219mm；另一套装在转轮上方，也是6根，直径6mm；塔切夫斯克水电站机组装有6根直径为219mm的补气管，补气管与大气相通。

近代水斗式水轮机的效率已达到比较高的数值。表6-2为世界上一些大型水斗式水轮机的最高效率实测数据。表6-3为我国最近已建或在建的一些大型水斗式水轮机的基本参数。

表6-2　　　　　　　世界上大型水斗式水轮机的基本参数

电站	国家（地区）	单机出力/MW	最大水头/m	喷嘴数	最高效率/%
奥尔兰德	挪威	243	840	6	91.3
克涅泊衣	美国	54	339	6	91.8
克马诺	加拿大	110	760	4	91.5
汉瑞鲍顿	巴西	65	684	4	92.2
塔切夫斯克	独联体	54	568	6	91.4
毕奥德隆	瑞士	420	1883	5	92

表 6-3   我国已建大型水斗式水轮机的基本参数

电站	制 造 厂	单机出力/MW	最大水头/m	喷嘴数	水斗数
冶勒	ALSTOM 法国阿尔斯通公司	120	640	6	21
仁宗海	东电和维奥公司	120	610	6	21
金窝	东电和维奥公司	140	619	6	21
大发	哈电和维奥公司	120	513	6	21

任务五　切击式水轮机结构实例

一、$2CJ22-W-\dfrac{146}{2\times14}$ 切击式水轮机结构

$2CJ22-W-\dfrac{146}{2\times14}$ 系双转轮切击式水轮机，转轮型号为 22，卧轴，转轮直径 146cm，每个转轮配 2 个喷嘴，射流直径 14cm。

该机主要参数为：设计水头 $H_r=345$m，设计出力 $P_r=13000$kW，额定转速 $n_r=500$r/min，飞逸转速 $n_R=900$r/min，设计流量 $Q_r=4.54$m³/s，最大效率 $\eta_{max}=86\%$，水头应用范围为 $330\sim356.5$m。旋转方向从励磁机方向看为逆时针。

该机结构，如图 6-20 所示，它由 2 个转轮组成，发电机装在 2 个转轮中间，每个转轮有 22 个水斗，水斗和轮辐分别铸造，加工好后再焊接在一起。轮辐套在实心主轴一端，通过键和卡环固定在一起，转轮成悬臂梁形式支承轴承上，左右各 1 个轴承，将发电机支承在中间。

喷嘴共 4 个，每个转轮配有 2 个由喷嘴口、喷嘴头、喷针头、喷针杆、导水叶栅等组成的喷嘴。为抗气蚀，喷嘴口和喷针头表面焊有不锈钢，当负荷小于 50% 时，只有两个喷嘴投入工作，另外 2 个自动关闭。

折向器共 4 个，每个喷嘴装 1 个，为自上向下动作的结构，它与喷针协联动作，采用双重调节机构。

机壳共分 4 块，由钢板焊接而成，在外壳上装喷嘴、平水栅和制动喷嘴，制动喷嘴可自动或手动操作。

二、$CJ20-L-\dfrac{215}{2\times19}$ 型水轮机结构

$CJ20-L-\dfrac{215}{2\times19}$ 切击式水轮机，转轮型号为 20，立轴，转轮直径为 215cm，布置

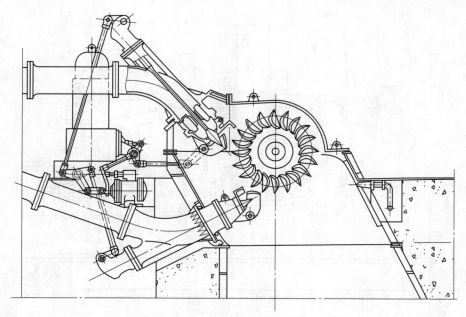

图 6-20   2CJ22-W-$\dfrac{146}{2 \times 14}$水轮机剖面图

2 个喷管，设计射流直径为 19cm。

该机主要参数为：设计水头 $H_r = 390\text{m}$，设计出力 $P_r = 15530\text{kW}$，额定转速 $n_r = 375\text{r/min}$，设计流量 $Q_r = 4.8\text{m}^3/\text{s}$，喷针关闭时间为 20～45s，折向器动作时间为 2～4s，水头应用范围为 389～393.4m。旋转方向从励磁机方向看为顺时针。

转轮采用铸焊结构，水斗采用 ZG0Cr13Ni4Mo 铸造，与轮辐焊接。为提高水斗根部强度，绘制了射流质点运动相对迹线图，已知 20 个水斗可不发生漏损，故水斗数由 22 减为 20，对模型水斗根部适当填充，改善水斗浇铸质量，在前水斗背部与后一个分水刃根部增加撑块，减少冲击力矩。

该机采用 2 个内控式直流喷管，此喷管采用该厂水压操作系统传统结构，用协联板、传动机构、针塞等控制喷针前后水压，通过喷针前后水压变化改变喷针开度。该结构动作灵敏，运行可靠。喷针材料为 ZG0Cr13Ni4Mo，喷嘴采用 2Cr13 钢。检修喷针时，不需拆卸喷管，只要拆开喷嘴，喷针即可滑出。

主轴采用双法兰厚壁空心轴，水导轴承采用圆筒瓦式。该机在 50% 额定负荷以下，允许单喷嘴运行，此时，主轴会发生偏移，轴承受力点变化，润滑油膜变薄，采取增加导轴承刚度和承载能力，强化轴承冷却系统等措施，加以解决。

轴承体装在机壳上，机壳全埋入混凝土，转轮上方主轴与支持盖之间，设三道梳齿，用以衰减噪声，机壳进人门及喷管上部设可拆卸盖板，把噪声封闭在机坑里。机壳上部设 4 根通气管，一方面用以向机坑补气，另一方面将噪声导向厂房外。机壳下面装平水栅，将平水栅拆卸上抬、移除，尾水渠可作为转轮下拆通道。

据制造厂采用模糊多因素综合评判，预期该机最大效率可达 89.4%，高于模型 86.6% 的最高效率。该机结构如图 6-21 所示。

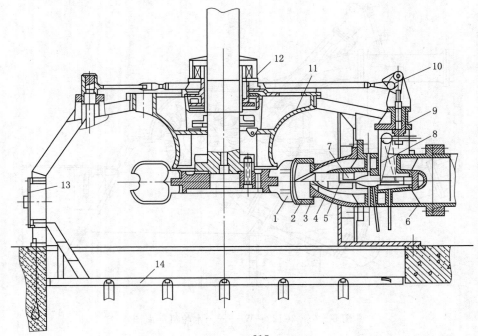

图 6-21　CJ20-L-$\dfrac{215}{2\times19}$ 切击式水轮机

1—转轮；2—折向器；3—喷嘴口；4—喷嘴头；5—喷针；6—喷管体；7—针塞；8—拐臂；
9—滑动套；10—协联板；11—机壳；12—圆筒瓦式导轴承；13—进人门；14—平水栅

思 考 与 练 习 题

1. 冲击型水轮机在结构上有何共同特点？

2. 切击式（水斗式）水轮机主要有哪些部件？

3. 副喷嘴的作用是什么？

4. 为提高比转速和水力效率，增加喷嘴数目能够达到什么效果？

项目七

水轮机的工作原理

【知识目标】

了解水轮机的基本方程式，掌握水轮机的能量损失和效率转换，理解水轮机能量转换的最优工况。

【技能目标】

会绘制水轮机的进口、出口速度三角形，会计算水轮机的绝对速度。

【重点难点】

重点：水轮机的能量损失和效率转换。

难点：水轮机绝对速度的计算。

任务一 水流在反击式水轮机转轮中的运动

水流在反击式水轮机转轮中的运动是比较复杂，这不仅是因为流道的几何形状复杂，而且由于转轮本身在作旋转运动。因此，水流在流道中，一方面随转轮旋转，作圆周运动，另一方面，沿叶片之间所构成的流道作相对运动，其流动是一种复杂的三维流动。对不同类型的水轮机，由于转轮的形状不同，水流在转轮中的运动形态也有所不同，因而就必须分别研究不同几何形状转轮中的水流运动规律。

假定水轮机的工作水头、流量和转速保持不变，只研究水流在稳定工况下的运动。假定水流在蜗壳、导水机构、转轮、尾水管中的流动相对于转动叶片的运动属于恒定流，即水流运动参数不随时间的变化而变化。

为了分析水轮机中的水流运动，采用圆柱坐标系，如图 7-1 所示，其中 z 轴和水轮机轴线一致，r 轴为垂直于轴线的径向，φ 角为所研究的质点所在的径向平面与起始径向平面的夹角。

一、轴面和流面

轴面是通过主轴轴心线的径向面，即 r 轴和 z 轴组成的平面，如图 7-1 所示。

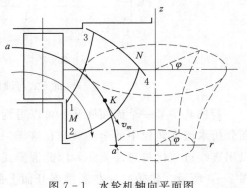

图 7-1 水轮机轴向平面图

在转轮内可以有无数个轴线平面，其位置以角度 φ 表示。而转轮内空间任一点的位置，则以坐标 z、r、φ 确定。如图 7-2 所示，将转轮投影到轴向平面上，即转轮的轴面投影。它是转轮叶片进、出水边各点以其相应的半径旋转到某一轴平面上再正投影到垂直平面上。注意，这与一般制图正投影是不同的。因为轴平面和转轮上冠、下环是正交的位置关系，因此通过轴面投影图能够反映出叶片外形轮廓的真实尺寸（如上冠和下环的轮廓形状及叶片进、出水边的径向尺寸）。图 7-1 中的实线表示混流式转轮的轴面投影，其间形成的通道称为轴面流道。水流质点在轴面流道内运动所形成的流线，如图 7-1 中的 $a—a$ 线所示，称为轴面流线。

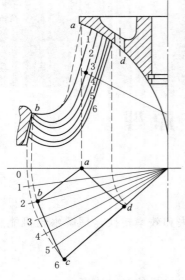

图 7-2 转轮的轴面投影图

流面是以轴面流线为母线的旋转面，水流经过混流式水轮机时，如图 7-1 中的虚线所示，流面形状呈喇叭形，主要是由于水流在转轮中由径向改变为轴向的结果。水流经过轴流式水轮机时，流面形状呈圆柱形，因水流在转轮内流向是轴向。转轮流道中，从上冠到下环的范围内有无限多的流面，水流质点在流面上运动。混流式水轮机与轴流式水轮机的水流流动比较如图 7-3 所示。

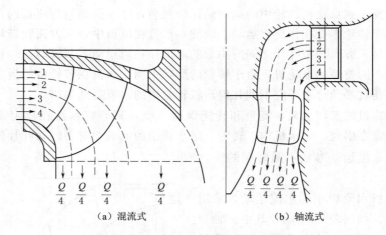

（a）混流式　　　　　　　　　　（b）轴流式

图 7-3 混流式与轴流式转轮中水流流动比较

若把其中某一个流面展开，可以得到由一系列叶片组成的流道，如图 7-4 所示。而分析水流在转轮中的运动就是在这样一些展开面上进行的。为了研究上的方便，可以用直线近似代替弯曲流线，因此混流式的喇叭形展开流面即转变为圆锥展开面，如图 7-5 所示。转轮叶片在圆锥展开面上的投影称为翼型，围线为翼型边线，中线一般称为翼型骨线。骨线与圆周方向之间的夹角，在进口方向上称为叶片进口角 β_{e1}，在出口方向上称为叶片出口角 β_{e2}。

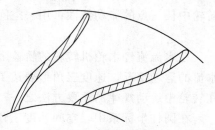

图 7-4　流面展开图

二、水流运动的合成与分解

水流质点进入转轮后的流动是一种复合运动。一方面，水流质点沿叶片做相对运动，相应的速度称为相对速度，用符号 $\vec{W}$ 表示；再一方面，水流质点随转轮的旋转运动，称为牵连运动或圆周运动，相应的速度称为牵连速度（也称为圆周速度），用符号 $\vec{U}$ 表示；另一方面，水流质点对水轮机固定部件的运动称为绝对运动，相应的速度称为绝对速度，用符号 $\vec{V}$ 表示。绝对速度，其数值大小和方向决定于工作水头和导水机构开度的大小；牵连速度，其数值大小和方向与水流质点所在点的转轮圆周速度相同。

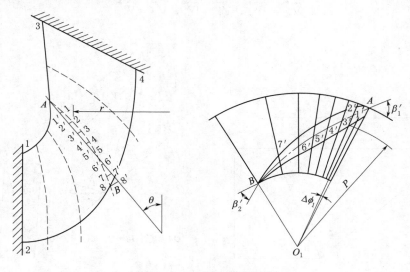

图 7-5　圆锥展开面投影

实际上相对速度 $\vec{W}$ 沿圆周的分布是不均匀的，叶片背面（凸面）的相对速度大于叶片正面（凹面，即工作面）的相对速度，并且转轮中任一点的水流速度都随其空间坐标的位置不同而变化。因为混流式水轮机转轮叶片的数目较多，而叶片的厚度与流道的宽度相比又很小，所以近似假定转轮是由无限多、无限薄的叶片组成，即理想转轮叶片。这样就可以认为转轮中的水流运动是均匀、轴对称的，其相对运动的轨迹与叶片骨线重合，流经叶片的相对速度 $\vec{W}$ 的方向就是叶片骨线的切线方向。牵连运动是一种圆周运动，圆周速度 $\vec{U}$ 的方向与圆周相切。相对速度 $\vec{W}$ 与圆周速度 $\vec{U}$ 合成了绝对速度 $\vec{V}$，绝对速度的方向可通过作平行四边形或三角形的方法求得，如图 7-6 所示。上述三种速度所构成的封闭三角形称为水轮机的速度三角形，它可以表示出水流在转轮中的运动状态。相对速度 $\vec{W}$ 与圆周速度 $\vec{U}$ 之间的夹角用 β 表示，称为相对速度方向角；绝对速度 $\vec{V}$ 与圆周速度 $\vec{U}$ 之间的夹角用 α 表示，称为绝对速度方向角。

转轮中任一点的流动特性可用一空间速度三角形表示，满足下列矢量关系式

$$\vec{V} = \vec{U} + \vec{W} \qquad\qquad (7-1)$$

在水流流经水轮机转轮的轨迹上，可以做出无数个不同的速度三角形来表示各点水流的运动情况。速度三角形表达了水流质点在整个转轮中的运动状态，是研究水流在转轮中运动规律的重要方法之一。

在圆柱坐标系中，空间速度三角形绝对速度的正交分量为 $\vec{V_u}$，$\vec{V_z}$ 和 $\vec{V_r}$，如图 7-7 所示，径向分量 $\vec{V_r}$ 和轴向分量 $\vec{V_z}$ 的矢量和为 $\vec{V_m}$，称为轴面分速度。

$$\vec{V} = \vec{V_u} + \vec{V_m}, \quad \vec{V_m} = \vec{V_z} + \vec{V_r} \qquad (7-2)$$

相对速度 $\vec{W}$ 和绝对速度 $\vec{V}$ 在同一个平面上，因此相对速度 $\vec{W}$ 也可分解为

$$\vec{W} = \vec{W_u} + \vec{W_m}, \quad \vec{W_m} = \vec{W_z} + \vec{W_r} \qquad (7-3)$$

$\vec{V_u} = \vec{W_u} + \vec{U}$，另由图 7-6、图 7-7 得出：

$$\vec{V_m} = \vec{W_m}, \quad \vec{V_r} = \vec{W_r}, \quad \vec{V_z} = \vec{W_z} \qquad (7-4)$$

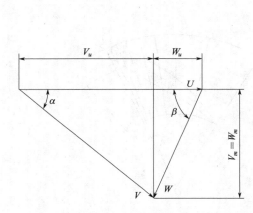

图 7-6　水轮机速度三角形

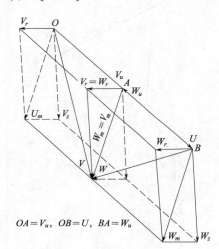

$OA = V_u, \quad OB = U, \quad BA = W_u$

图 7-7　速度三角形正交分解

任务二　水轮机的基本方程式

一、根据动量矩定理推导水轮机基本方程式

反击式水轮机的原理：因为空间扭曲叶片所形成的流道对水流产生约束，当压力水流以一定的速度流入转轮时，水流运动速度的大小和方向被不断地改变，所以水流给叶片以反作用力，促使转轮旋转做功。为了进一步分析水流在水轮机转轮中如何将能量转变为旋转机械能，可运用动量矩定理来分析。动量矩定理即单位时间内水流质量对水轮机主轴的动量矩变化应等于作用在该质量上全部外力对同一轴的力矩总和。

由于水流进入转轮中是轴对称的，因此取整个转轮来进行分析。水流质量的动量矩与水流的速度成正比，由公式（7-2）可知，转轮中水流的绝对速度 $\vec{V}$ 可分解为两

个分量，即 $\vec{V_u}$、$\vec{V_m}$，而轴面分速度又分为两个分量，即 $\vec{V_z}$ 和 $\vec{V_r}$。其中 $\vec{V_z}$ 通过轴心，$\vec{V_r}$ 与主轴平行，所以两者都对主轴不产生速度矩，由此，根据动量矩定律得出

$$\frac{\mathrm{d}(mV_u r)}{\mathrm{d}t} = \sum M_\omega \qquad (7-5)$$

式中　m——$\mathrm{d}t$ 时间内通过水轮机转轮的水体质量，kg；

　　　r——半径，m；

　$\sum M_\omega$——作用在水体质量 m 上所有外力对主轴力矩的总和。

当进入转轮的有效流量为 Q_e 时，则

$$m = \rho Q_e \mathrm{d}t = \frac{\gamma Q_e}{g} \mathrm{d}t \qquad (7-6)$$

当水轮机在稳定工况下工作时，转轮中的水流运动可认为是恒定流动，根据水流连续定理，流进转轮和流出转轮的流量不变，均为有效流量 Q_e。因此，单位时间内流进转轮外缘的动量矩为 $\frac{\gamma Q_e}{g} V_{u1} r_1$，流出转轮内缘的动量矩为 $\frac{\gamma Q_e}{g} V_{u2} r_2$，下标为"1"的是进口速度，下标为"2"的是出口速度。所以在单位时间内水流质量 m 动量矩的增量，应等于此质量在转轮出口处与进口处的动量矩之差，即

$$\frac{\mathrm{d}(mV_u r)}{\mathrm{d}t} = \frac{\gamma Q_e}{g}(V_{u2} r_2 - V_{u1} r_1) \qquad (7-7)$$

式（7-5）右端的外力矩 $\sum M_\omega$ 主要是转轮叶片对水流的作用力所产生的力矩 M_0。转轮叶片对水流的作用力迫使水流改变其运动的方向和速度的大小，该作用力对水流质量产生相对主轴的旋转力矩，其反作用力矩就是水轮机转轮能够转动的动力源。而转轮外的水流在转轮进、出口处的水压力，由于转轮内水流是轴对称的，压力通过轴心，故对主轴不产生作用力矩；上冠、下环内表面对水流的压力，由于这些内表面均为旋转面，是轴对称的，也不产生作用力矩；重力，由于水流质量重力的合力方向与轴线重合或平行，也不产生作用力矩。另外还有控制面的摩擦力，将作用反映在水轮机的效率中，先暂不考虑。

根据作用力与反作用力定律，水流对转轮的作用力矩（M）与转轮对水流的作用力矩 M_0 在数值上相等而方向相反，即 $M = -M_0$，则有

$$M = \frac{\gamma Q_e}{g}(V_{u1} r_1 - V_{u2} r_2) \qquad (7-8)$$

式（7-8）初步说明了水轮机中水流能量转换为旋转机械能的基本平衡关系。机械力矩 M 乘以转轮的旋转角速度 ω，即为水流作用在转轮上的功率

$$N = M\omega = \frac{\gamma Q_e}{g}(V_{u1} r_1 - V_{u2} r_2)\omega \qquad (7-9)$$

而 $\omega r = U$，即

$$N = \frac{\gamma Q_e}{g}(V_{u1} U_1 - V_{u2} U_2)$$

而通过水轮机水流的有效功率为 $N = \gamma Q_e H \eta_s$，由此得出

$$H\eta_s = \frac{\omega}{g}(V_{u1}r_1 - V_{u2}r_2) \qquad (7-10)$$

$$H\eta_s = \frac{1}{g}(V_{u1}U_1 - V_{u2}U_2) \qquad (7-11)$$

其中：$V_u = V\cos\alpha$。

式（7-10）、式（7-11）均为水轮机的基本方程式，只是所表现的形式不同，它既适合反击式水轮机，又适合冲击式水轮机。当水轮机的角速度保持一定时，则上列方程式说明了单位重量水流的有效出力，是和转轮进、出口速度矩的改变相平衡的，所以速度矩的变化是转轮做功的主要依据。

水轮机的基本方程式还可以用环量来表示。转轮的速度环量 $\Gamma = 2\pi V_u r$，可以看作是速度 V_u 沿圆周所做的功。式（7-10）还可以表示为

$$H\eta_s = \frac{\omega}{2\pi g}(2\pi V_{u1}r_1 - 2\pi V_{u2}r_2) = \frac{\omega}{2\pi g}(\Gamma_1 - \Gamma_2) \qquad (7-12)$$

水轮机基本方程式都给出了水轮机有效水头与转轮进出口水流运动参数之间的关系，它们实质上都表明了水轮机中水能转换为转轮旋转机械能的基本平衡关系，是自然界能量守恒定律的另一种表现形式。反击式水轮机转轮就是依靠流道的约束，不断改变水流的速度大小和方向，将水流能量以作用力的形式源源不断地传递给转轮，使转轮不断旋转作功。

二、基本方程式的物理意义

（1）水轮机基本方程式实质上是水能转变成机械能的能量平衡方程式。方程式的左边表示水轮机工作条件，右边表示水流能量转换为机械功的过程。

（2）基本方程式从理论上揭示了水轮机输出功率产生的根源，它是由于水流和转轮叶片相互作用的结果。由于转轮叶片逼使水流动量矩发生变化，水流在其动量矩改变的同时，它以一定的压力作业在叶片上，从而使转轮旋转形成水轮机轴的旋转力矩。

（3）基本方程式指出了充分转换水流能量的条件。从方程式中可知水流对转轮作用的有效能量，是靠转轮进、出口速度矩或环量差来保证的。当转轮进、出口速度矩或环量差为 0 时，就不能有效利用水流能量做功。因此转轮进、出口速度矩或环量的改变是水流对转轮做功的必要条件。而且，转轮进、出口速度矩或环量改变得越充分，水流传给转轮的有效能量也越多。

任务三　水轮机的效率及最优工况

7-3-1

水轮机的
能量损失
及效率

水轮机将水流输入功率 P_n 转变为输出功率 P，但 $P < P_n$，主要因为水轮机在能量转变过程中有能量损失存在。能量损失主要包括水力损失、漏水容积损失、摩擦机械损失三部分，分别用水力效率、容积效率、机械效率表示。

一、水轮机能量损失及效率

（一）水力损失和水力效率

水流经过蜗壳、导水机构、转轮及尾水管等过流部件时产生水力摩擦、撞击、涡

流、脱壁等引起能量损失，这些损失称为水力损失，水力损失与水流流速、过流部件的形状、粗糙率有关。

若以 $\sum h$ 表示水力损失，水轮机的工作水头为 H，则水轮机有效水头为 $H - \sum h$。水轮机的水力效率为

$$\eta_s = \frac{H - \sum h}{H} \qquad (7-13)$$

（二）容积损失与容积效率

水轮机固定部分与转动部分之间存在一定的间隙（如混流式的上下止漏间隙；轴流式和斜流式叶片与转轮室之间的间隙等），进入水轮机的水流，有一部分 q 会从这些间隙中漏掉，不对转轮做功，这样就会造成一部分能量损失，此损失称为容积损失。

设 Q 为进入水轮机的流量，而被水轮机有效利用的流量为 $Q - q$，有效利用流量与进入总流量的比值就表示了容积损失的大小，用 η_v 表示，故

$$\eta_v = \frac{Q - q}{Q} \qquad (7-14)$$

（三）机械损失和机械效率

转轮在完成能量转换过程中，水轮机的一些部件之间还存在一定的摩擦（如密封与轴承之间、转轮外表面与周围水之间），这些摩擦消耗一定的能量，这部分能量损失为机械损失，用 ΔP 表示。

若以 P_e 表示水流中扣掉水力损失、容积损失后作用在转轮上的有效功率，则 P_e 为

$$P_e = 9.81(Q - q)(H - \sum h)$$

而水轮机的轴功率为 P，则 $P = P_e - \Delta P$。若以 η_j 表示机械效率，则

$$\eta_j = \frac{P_e - \Delta P}{P_e} = \frac{P}{P_e} \qquad (7-15)$$

对于 $\eta = \dfrac{P}{P_s}$ 作恒等变形

$$\eta = \frac{P}{9.81QH} = \frac{P}{9.81(Q - q)(H - \sum h)} \frac{Q - q}{Q} \frac{H - \sum h}{H} = \eta_j \eta_v \eta_s$$

$$故 \ \eta = \eta_j \eta_v \eta_s \qquad (7-16)$$

即水轮机的总效率 η 为水力效率 η_s、容积效率 η_v、机械效率 η_j 三者的乘积。

由图 7-8 中可以看出，在反击式水轮机的各种损失中，水力损失为主要损失，其中局部撞击和涡流损失所占比重较大，容积损失、机械损失比重较小，因而提高水轮机的效率主要应提高其水力效率。从以上的分析可知，水轮机的效率与水轮机的型式、尺寸及运行工况等有关，其影响因素较多，要从理论上准确确定各种效率的具体数值很难。目前所采用的方法是首先进行模型试验，测出水轮机的总效率，然后将模型试验所得出的效率值经过理论换算，最后得出原型水轮机的效率。现代大中型水轮机的最高效率可达 $90\% \sim 96\%$。

图 7-8 给出了反击式水轮机在一定转轮直径 D_1、转速 n 和工作水头 H 下，当

改变其流量时，效率和出力的关系曲线。该图也标出了各种损失随出力变化的情况。

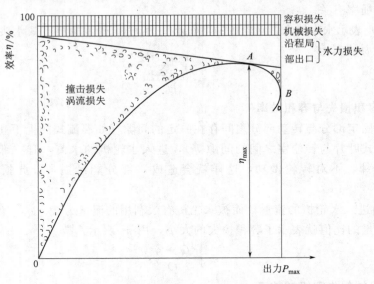

图 7-8　水轮机效率与出力的关系及各项损失

二、水轮机的最优工况出力 P_{max}

由水轮机基本方程式可知，水轮机能量转换的各种工况，主要取决于转轮叶片的进、出口情况。因此，正确地设计转轮叶片进、出口角，保证转轮叶片进、出口环量（或速度矩）差值，对水流能量转换很有意义。水轮机运行时效率最高、水力损失最小的工况是水轮机能量转换的最优工况，通常指转轮叶片进口是无撞击进口，出口是法向出口（设计工况）。

（一）无撞击进口

无撞击进口指当转轮进口水流相对速度方向角与叶片进口角相等时的工况（$\beta_1 = \beta'_1$），如图 7-9 所示，此时水流和叶片不发生撞击和脱流，其绕流平顺，水力损失最小。

如果 $\beta_1 \neq \beta'_1$，如图 7-10 所示，将会形成冲角产生撞击损失。通常撞击损失随冲角 $\Delta\alpha$ 的增大而增大。

水轮机叶片一般都采用翼型，叶片前缘是圆头，实验证明，翼型当进口水流对叶片正面撞击不大时，水力损失很小，但当叶片背面有撞击时，会导致水流在叶片正面出现脱流，水力损失增大。因此，实际设计时，采用较小的冲角 $\Delta\alpha$，使叶片进口略小于水流相对速度方向角，即叶片进口角 $\beta'_1 = \beta_1 - \Delta\alpha$，$\Delta\alpha$ 通常取 $3°\sim10°$，如图 7-11 所示，不仅可以改善水轮机在偏离设计工况大流量区运行时的水力性能，还可以减小叶片的弯曲程度，改善水流沿叶片表面的流动条件，提高水力效率。

（二）法向出口

法向出口指从转轮叶片流出的水流绝对速度 v_2 的方向是法向的，即垂直于圆周速度 u_2 的方向，即 $\alpha_2 = 90°$，$v_{u_2} = 0$。转轮叶片出口速度三角形如图 7-12 所示。法向出口对水轮机工作是有利的，水流离开转轮后没有旋转直接沿尾水管流出，不产生涡流损失，减小了出口动能损失，提高了水轮机的水力效率。在选择水轮机时，应尽可能地使水轮机经常在最优工况下工作，以获取较多的电能。

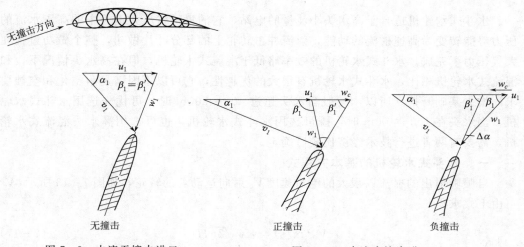

图 7-9 水流无撞击进口   图 7-10 水流有撞击进口

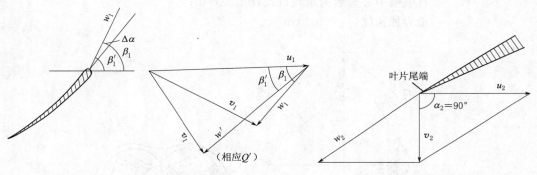

图 7-11 叶片进口冲角图   图 7-12 转轮水流法向出口

实践证明，当水流从转轮叶片流出时，出口绝对速度若设计成略带有正向（即与转轮旋转方向相同）圆周分量（取 α_2 稍小于 $90°$），可使水流紧贴尾水管管壁而避免产生脱流现象，使水轮机效率略有提高。另外，由于出口绝对速度带有圆周分量，可使转轮流道中水流的相对速度略为减小，水力损失减小，空化和空蚀性能提高。

轴流转桨式和斜流式水轮机，在不同工况下工作时，由于自动调速器在调节导叶开度的同时也调节转轮叶片的转角，使水轮机能达到或接近于无撞击进口和法向出口的最优工况，因此轴流转桨式和斜流式水轮机有较宽广的高效率工作区。

水轮机实际运行时，工况时变化的，最优工况运行时，不仅效率较高，而且运行稳定，空化和空蚀性能好；偏离最优工况时，效率下降，空化和空蚀性能差，因此必须对水轮机的运行工况加以限制。

任务四　水斗式水轮机的工作原理

水斗式水轮机适合于高水头小流量的电站，它的喷嘴将压力钢管中的高压水流的压力势能转变为高速射流的动能，射流冲击转轮上的部分叶片做功，整个做功过程在大气压力下完成。水斗式水轮机的效率略低于混流式水轮机，但在高水头情况下，和混流式水轮机相比，水斗式水轮机有很大的优越性，它可以不因满足耐空化和空蚀要求而增大基础开挖。所以，一般当水头超过 $400\sim500$m 时，可优先选用水斗式水轮机；当水头在 $100\sim400$m 时，既可选用水斗式水轮机，也可选用高水头混流式水轮机，需要对两者进行技术经济比较后确定。

一、水斗式水轮机的基本方程式

自喷嘴射出的射流以很大的绝对速度 V_0 射向运动着的转轮，如图 7-13 所示，V_0 可由下式求得

$$V_0(\text{m/s}) = K_V \sqrt{2gH} \tag{7-17}$$

式中　　K_V——射流速度系数，一般为 $0.97\sim0.98$；

　　　　H——自喷嘴中心算起的水轮机设计水头，m；

　　　　g——重力加速度，$g=9.81\text{m/s}^2$。

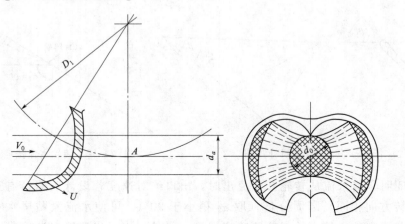

图 7-13　射流在水斗上的扩散

在选定喷嘴数目 Z_0 以后，则通过 Z_0 个喷嘴的流量为

$$Q(\text{m}^3/\text{s}) = \frac{\pi}{4} d_0^2 K_V \sqrt{2gH} Z_0 \tag{7-18}$$

由于流速系数 K_V 的变化很小，假定在一定的针阀开度下，射流速度 V_0 的大小和方向保持不变。选取 $K_V=0.97$，则由已知的水轮机引用流量，得出射流直径 d_0 为

$$d_0 = 0.545 \sqrt{\frac{Q}{Z_0 \sqrt{H}}} \tag{7-19}$$

　　以速度 V_0、直径为 d_0 的射流冲击斗叶时，如图 7-13 所示，在 A 点与斗叶的分水刃相垂直，水流在叶片处的进口速度 V_1 实际上等于射流速度 V_0。将斗叶的运动近似看作平行于射流的直线运动，运动的速度即为圆周速度 U_1，则水流在斗叶进口处的相对速度 $W_1 = V_0 - U_1 = W_0$，W_1 的方向与射流方向一致。因此叶片进口处的速度三角形为一条直线，如图 7-17 所示。射流进入斗叶后的绕流运动可近似看为平面运动，沿着斗叶的工作面向相反的方向分流，在出口以相对速度 W_2 流出，W_2 与 U_2 反方向之间的夹角即为斗叶的出水角，因此水流出口处的速度三角形如图 7-14 所示，由于斗叶进口和出口距转轮中心的半径基本相同，因此 $U_1 = U_2 = U$。

　　水斗式水轮机的转轮同时改变着水流对主轴的动量矩，因此水斗式水轮机基本方程式，可根据水轮机基本方程式的普遍形式，代入水斗式水轮机参数，导出其特殊形式。

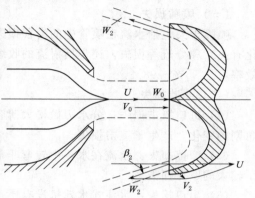

图 7-14　水斗式水轮机的速度三角形

　　将式中的 V_1 换成射流速度 V_0，可得

$$H\eta_s = \frac{1}{g}(U_1 V_0 \cos\alpha_1 - U_2 V_2 \cos\alpha_2) \tag{7-20}$$

式中，$U_1 = U_2 = U$，进口角 $\alpha_1 = 0$，忽略水流在水斗表面的摩擦损失之后，可认为水斗表面各点处的相对速度大小不变，则

$$W_2 = W_1 = V_0 - U \tag{7-21}$$

$$V_0 \cos\alpha_1 = V_0 \cos 0° = V_0 \tag{7-22}$$

$$V_2 \cos\alpha_2 = U - W_2 \cos\beta_2 = U - (V_0 - U)\cos\beta_2 \tag{7-23}$$

代入上式得

$$H\eta_s = \frac{1}{g}\{UV_0 - [U - (V_0 - U)\cos\beta_2]\} \tag{7-24}$$

$$H\eta_s = \frac{1}{g}[U(V_0 - U)(1 + \cos\beta_2)] \tag{7-25}$$

　　式（7-25）为水斗式水轮机的基本方程式，它给出了水斗式水轮机将水流能量转换为旋转机械能的基本平衡关系。当水头为常数时，水力效率最大（水轮机出力最大）的条件为

　　(1) $(1 + \cos\beta_2)$ 最大，即水斗叶面的转角 β_2 为 $180°$。

　　(2) 若 β_2 为某一固定角，$U(V_0 - U)$ 最大，则

$$\frac{\mathrm{d}}{\mathrm{d}U}U(V_0 - U) = 0 \tag{7-26}$$

即

$$V_0 - 2U = 0，U = 0.5V_0 \tag{7-27}$$

　　水斗叶片的出水角 $\beta_2 = 0$，射流在斗叶上进出口的转向为 $180°$，转轮的圆周速度

U 等于射流速度 V_0 的一半时，水斗式水轮机的水力效率或出力最大。但实际上，为了使水斗排出的水流不冲击下一个水斗的背面，叶片的出水角并不等于 0，一般采用 $\beta_2 = 7° \sim 13°$，同时射流在斗叶曲面上的运动是扩散的，各点的圆周速度 U 并不是均匀的，由于摩擦损失的影响，进出口的相对速度并不相等。所以最大出力并不发生在 $U = 0.5V_0$ 时，水斗式水轮机 U/V_0 最有利的比值为 $0.42 \sim 0.49$。

二、水斗式水轮机中的能量损失

水斗式水轮机的喷嘴射流将水流的压能转变为动能时，以及在转轮中射流的动能转变为主轴旋转机械能时，均存在能量损失，另外，水流在转轮出口也有能量损失。

（一）喷嘴损失

喷嘴损失包括水流在喷管中的沿程损失和局部转弯、断面变化（与喷针的行程变化有关）和分流等损失，还包括射流的收缩和在空气中的阻力损失。设计合理的喷嘴效率可达 95%～98%。

（二）斗叶损失

（1）进口撞击损失：分水刃做得太薄容易损坏，因此水流的方向在进口处发生了急剧的变化，产生了撞击损失。

（2）摩擦损失：水流在水斗中转弯非常急剧而且扩散在很大的表面上，因此形成了较大的摩擦损失。

（3）出口损失：水斗式水轮机没有尾水管且转轮装在下游水面以上，这样转轮出口的动能和从射流中心到下游水面之间的水头都不能被有效利用，因此出现了较大的水头损失。

（三）容积损失

由于水斗在转轮上的不连续性，因此有一小部分水流未能进入水斗作功形成了容积损失。

（四）机械损失

机械损失包括主轴在轴承中的机械摩擦损失和转轮在转动时的风阻损失。

总之，水斗式水轮机的总效率亦可表达为 $\eta = \eta_s \eta_e \eta_j$，在正常条件下总效率 η 一般为 85%～90%，略低于混流式水轮机。但低负荷和满负荷运行时水斗式水轮机的效率却比混流式水轮机略高些，这是因为水斗式水轮机在其工作范围内效率变化相对平缓。

思 考 与 练 习 题

1. 反击式水轮机在将水能转换为旋转机械能时，包括哪些能量损失？
2. 水轮机的最优工况指的是什么？
3. 水斗式水轮机的能量损失包括哪些损失？
4. 请写出反击式水轮机总效率的表达式。

水轮机相似理论与模型试验

【知识目标】

熟悉水轮机的相似理论，掌握单位参数和比转速的物理意义，掌握水轮机模型试验的意义。

【技能目标】

会进行模型效率换算到原型效率的计算，会进行水轮机比转速的计算。

【重点难点】

重点：水轮机的相似条件、单位参数、比转速。

难点：水轮机效率的换算和单位参数的修正。

任务一　水轮机的相似理论与单位参数

人们对水流在水轮机内的运动规律作了很多研究，获得了不少的成就，但水流在水轮机内的运动情况十分复杂，到目前为止，尚没有完全掌握这种规律。因此，在进行理论设计时，不得不引入一些假设条件，这样，理论计算不能十分正确地反映水流在水轮机的运动规律。况且，水轮机的某些过流部件，至今还没有足够精确的计算方法。因此，必须通过试验，对理论计算加以校核。

对直径大于 1m 的水轮机来说，如进行水轮机原型的实验来修正理论计算，既不经济而又非常困难，甚至有时不可能实现。这样，就需将水轮机原型按比例缩小为模型，然后在实验室的条件下，进行水轮机的模型试验，通过模型试验再修正理论计算。这样便可保证制造速度快、费用低、试验测量方便正确，并且同时可以进行几个方案的试验，取其最好的方案。但模型试验结果如何换算到原型去？模型与原型如何保持相似？这就需研究它们之间的相互关系。

水轮机原型可以按比例缩小为模型，如果取不同的比例，则可得若干个尺寸不同的水轮机模型。所有这些模型尺寸大小不同，但过流部件几何形状相似，即水轮机的相应尺寸大小不等，但成同一比例。这样所得到的一系列水轮机，一般称为水轮机系列。由此可知，同系列水轮机的特性参数在一定的条件下，也存在着一定的相似关系。研究同系列水轮机的几何尺寸及特性参数间相似关系的理论，或者说，研究模型与原型相似关系的理论，称为水轮机的相似理论。

一、相似条件

水轮机的相似条件是指模型与原型水轮机满足这些条件后，模型与原型中的水流流态相似，即模型水轮机中的水流运动就是原型水轮机水流运动的缩影，此时模型与原型水轮机水力性能相似，因而也有相似的工况。

要想模型与原型水轮机相似，就要满足力学相似条件。两个水轮机的液流如果是力学相似时，必须具备以下三个条件：几何相似、运动相似和动力相似。

（一）几何相似

所谓几何相似，主要是指两个水轮机过流部分几何形状与表面糙度相同，并且一切相应的线性尺寸成比例。

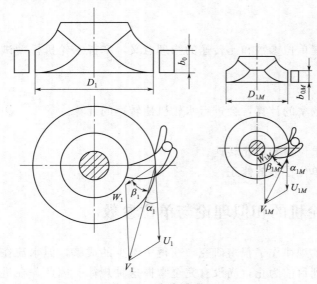

要保证几何相似，原型与模型水轮机主要过流部件形状应相同，只是大小不等，其中转轮形状必须相同，如图 8-1 所示。表面糙度和其他部件不同，以后可以适当修正。

由于形状相同，则叶片相应的角度相等，即

$$\beta_1 = \beta_{1M} \quad \beta_2 = \beta_{2M}$$

$$(8-1)$$

相应的线性尺寸成比例，即

$$\frac{D_1}{D_{1M}} = \frac{b_0}{b_{0M}} = \frac{a_0}{a_{0M}} = \cdots$$

$$(8-2)$$

图 8-1 相似水轮机

式中　D_1——转轮直径，m；

　　　b_0——导叶高度，m；

　　　a_0——导叶开度，mm。

记有下标 M 者，代表模型参数，以下同此。

（二）运动相似

所谓运动相似，是指两个水轮机所形成的液流，相应点处的速度同名者方向相同，大小成比例，相应的夹角相等。或者说，相应点处的速度三角形相似（图 8-1），一般也称其为等角工况，即

$$\frac{V_1}{V_{1M}} = \frac{u_1}{u_{1M}} = \frac{W_1}{W_{1M}} = \cdots$$

$$(8-3)$$

$$\alpha_1 = \alpha_{1M} \quad \beta_1 = \beta_{1M}$$

$$(8-4)$$

式中　V_1——进口绝对速度；

　　　u_1——进口圆周速度；

W_1——进口相对速度；

α_1——进口绝对速度与圆周速度的夹角；

β_1——进口相对速度与圆周速度的夹角。

从几何相似和运动相似的关系来说，运动相似时必须是几何相似，但几何相似的水轮机不一定是运动相似，因为有各种不同工况。

（三）动力相似

动力相似是指两个水轮机所形成的液流中各相应点所受的力，数量相同、名称相同，且同名力方向一致，大小成比例。作用在液流上的力主要有压力、惯性力、黏性力和重力等。此外还包括相同的边界条件。例如，一个水流有自由表面，另一个水流也必须有自由表面。

在进行模型试验时，完全满足上述力学相似的三个条件是困难的，有时是不可能的，必须把这些矛盾主次分清，抓住主要矛盾，忽略某些次要条件，得出近似的关系式，待由模型换算到原型时，再进行适当的修正。

二、相似定律

同一系列水轮机保持运动相似的工况简称为水轮机的相似工况。水轮机在相似工况下运行时，其各工作参数（如水头 H、流量 Q、转速 n 等）之间的固定关系称为水轮机的相似定律，或称相似律、相似公式。在介绍这些相似定律以前，首先给出水轮机流量内任意点的流速与水轮机有效水头 $H\eta_s$ 之间的关系，这可从水轮机基本方程式导出。

由上述三个相似条件可知，在相似工况下，同一系列水轮机流道内各点的速度三角形存在一定的比例关系，即

$$V_{u1} \propto u_1; \quad V_{u2} \propto u_2; \quad u_1 \propto u_2; \quad \cdots \qquad (8-5)$$

将式（8-5）代入水轮机基本方程式，合并各项的比例系数，并将流速写成有压流动中常用的形式，可得任意点流速与有效水头 $H\eta_s$ 的关系为

$$V_x = K_{vx}\sqrt{2gH\eta_s} \qquad (8-6)$$

式中 V_x——表示水轮机流道内任意点的速度或分速度，m/s；

K_{vx}——对应 V_x 的流速系数；

H——水头；

η_s——水力效率。

（一）转速相似定律

根据式（8-6），水流在转轮进口的圆周速度 u_1 可写成

$$u_1 = \frac{\pi D_1 n}{60} = K_{u1}\sqrt{2gH\eta_s} \qquad (8-7)$$

即：

$$\frac{nD_1}{\sqrt{H\eta_s}} = \frac{60K_{u1}\sqrt{2g}}{\pi} = 84.6K_{u1} \qquad (8-8)$$

同样，对于模型水轮机可写出

$$\frac{n_M D_{1M}}{\sqrt{H_M \eta_{sM}}} = 84.6 K_{u1M} \qquad (8-9)$$

当忽略粗糙度和黏性等不相似的影响时，相似水轮机在相似工况下有 $K_{u1} = K_{u1M}$，故可得

$$\frac{n D_1}{\sqrt{H \eta_s}} = \frac{n_M D_{1M}}{\sqrt{H_M \eta_{sM}}} = 常数 \qquad (8-10)$$

式（8-10）称为水轮机的转速相似定律，它表示相似水轮机在相似工况下其转速与转轮直径成反比，而与有效水头的平方根成正比。

（二）流量相似定律

通过水轮机转轮的有效流量可按下式计算：

$$Q \eta_v = V_{m1} F_1 \qquad (8-11)$$

式中 V_{m1}——转轮进口处的水流轴面流速；

F_1——转轮进口处的过水断面面积。

根据式（8-6），V_{m1} 可写成

$$V_{m1} = K_{vm1} \sqrt{2 g H \eta_s} \qquad (8-12)$$

而 F_1 可写成

$$F_1 = \pi D_1 b_0 f = \pi f \bar{b}_0 D_1^2 = \alpha D_1^2 \qquad (8-13)$$

式中 $\bar{b}_0$——导叶相对高度，$\bar{b}_0 = \dfrac{b_0}{D_1}$；

f——转轮进口的叶片排挤系数；

α——综合系数，$\alpha = \pi f \bar{b}_0$。

将 V_{m1} 和 F_1 的表达式代入式（8-11），可得

$$\frac{Q \eta_0}{D_1^2 \sqrt{H \eta_s}} = \alpha K_{vm1} \sqrt{2g} \qquad (8-14)$$

同样，对模型水轮机也可写出

$$\frac{Q_M \eta_{vM}}{D_{1M}^2 \sqrt{H_M \eta_{sM}}} = \alpha_M K_{vm1M} \sqrt{2g} \qquad (8-15)$$

对于相似水轮机有 $\alpha = \alpha_M$，又当忽略粗糙度及黏性等不相似的影响时，有 $K_{vm1} = K_{vm1M}$，故可得

$$\frac{Q \eta_v}{D_1^2 \sqrt{H \eta_s}} = \frac{Q_M \eta_{vM}}{D_{1M}^2 \sqrt{H_M \eta_{sM}}} = 常数 \qquad (8-16)$$

式（8-16）称为水轮机的流量相似定律，它表示相似水轮机在相似工况下其有效流量与转轮直径平方成正比，与其有效水头的平方根成正比。

（三）出力相似定律

水轮机出力为

$$P = 9.81 Q H \eta \qquad (8-17)$$

假设式（8-16）右端的常数为 C，则可得 $Q = C D_1^2 \sqrt{H \eta_s} / \eta_v$，代入上式，并考

虑到 $\eta = \eta_s \eta_v \eta_j$，得

$$\frac{P}{D_1^2 (H\eta_s)^{3/2} \eta_j} = 9.81C \tag{8-18}$$

同理，对模型水轮机有

$$\frac{P_M}{D_{1M}^2 (H_M \eta_{sM})^{3/2} \eta_{jM}} = 9.81C \tag{8-19}$$

因此，可得

$$\frac{P}{D_1^2 (H\eta_s)^{3/2} \eta_j} = \frac{P_M}{D_{1M}^2 (H_M \eta_{sM})^{3/2} \eta_{jM}} = 常数 \tag{8-20}$$

式（8-20）称为水轮机的出力相似定律，它表示相似水轮机在相似工况下其有效出力（P/η_j）与转轮直径平方成正比，与有效水头的 3/2 次方成正比。

三、单位参数

在进行水轮机模型试验时，由于试验装置情况和要求不同，水轮机的模型直径和试验水头也不相同，因此模型试验得到的参数 n、Q、P 也就不可能相同，这样就不便于进行水轮机的性能比较。为了比较时有一个统一的标准，通常规定把模型试验成果都统一换算到转轮直径为 $D_1 = 1\text{m}$、有效水头 $H\eta_s = 1\text{m}$ 时的水轮机参数，这种参数就称为单位参数。单位参数有单位转速 n_{11}、单位流量 Q_{11} 和单位出力 P_{11}。

将上述规定的条件代入式（8-10）、式（8-16）、式（8-20），取得单位参数 n_{11}、Q_{11}、P_{11} 的计算公式。

（一）单位转速

$$n_{11} = \frac{nD_1}{\sqrt{H\eta_s}} \tag{8-21}$$

单位转速 n_{11} 表示当 $D_1 = 1\text{m}$、$H\eta_s = 1\text{m}$ 时该水轮机的实际转速。在相同的转轮直径 D_1 和水头 H 条件下，单位转速 n_{11} 越大，则该系列水轮机的实际转速就越高，故它可反映不同系列水轮机的转速特性。因此，在选择水轮机时，要尽可能选择 n_{11} 较高的水轮机，以缩小发电机的直径，降低机组造价。

（二）单位流量

$$Q_{11} = \frac{Q}{D_1^2 \sqrt{H\eta_s}} \tag{8-22}$$

单位流量 Q_{11} 表示当 $D_1 = 1\text{m}$、$H\eta_s = 1\text{m}$ 时，该系列水轮机的实际有效流量。在相同的直径和水头条件下，单位流量 Q_{11} 大，则水轮机的过水能力越大，故它反映了不同系列水轮机的过水能力。因此，在一定出力条件下，故选择 Q_{11} 大的机型可缩小水轮机直径，或在一定直径 D_1 下，选择 Q_{11} 大的机型就能获得较大的水轮机出力。

（三）单位出力

$$P_{11} = \frac{P}{D_1^2 (H\eta_s)^{3/2}} \tag{8-23}$$

单位出力 P_{11} 表示同系列水轮机 $D_1 = 1\text{m}$、有效水头 $H\eta_s = 1\text{m}$ 时的水轮机出力。假定同系列水轮机的效率都是相同的，将单位参数 n_{11}、Q_{11}、P_{11} 的计算公式（8-

21)、式（8-22）、式（8-23）简化为

$$n_{11} = \frac{nD_1}{\sqrt{H}} \qquad (8-24)$$

$$Q_{11} = \frac{Q}{D_1^2 \sqrt{H}} \qquad (8-25)$$

$$P_{11} = \frac{P}{D_1^2 H^{3/2}} \qquad (8-26)$$

　　目前在模型中整理试验成果时，或在初步设计时，都采用上述公式，它应用简便，但比较粗糙，常作近似计算。特别是在水轮机选型计算中，可利用单位参数确定原型水轮机的主要参数（水轮机的直径 D_1、转速 n 和流量 Q 等）。

　　同系列水轮机在相似工况下，单位参数值是相等的，而当工况改变时，其值也要随之改变为另一个新的常数。因此，水轮机单位参数可以表示出相似水轮机的特性，是几何相似水轮机保持相似工况的一种判别准则。同时对几何形状不同的各种系列水轮机，利用单位参数可以比较方便地进行过流能力、转速高低、出力大小的性能比较，选择性能较好的转轮。

　　在水轮机型谱中，常用水轮机模型试验时效率最高的最优工况点的单位参数值，代表该系列（或型号）水轮机的工作性能，并称为最优单位参数，分别以 n_{110}、Q_{110}、P_{110} 表示。另外，为了保证水轮机在运行时具有较好的水力性能，确保安全运行，型谱中还规定了在限制工况下的单位流量，以 Q_{11} 表示，作为选型设计时推荐使用的最大单位流量。

　　总之，水轮机的单位参数 n_{11} 和 Q_{11} 是水轮机的重要参数。第一，它们分别表示惯性力相似和压力相似的准则，是判别几何相似的两个同型号水轮机运行工况相似的依据。即两个同系列水轮机，如单位转速 n_{11} 和单位流量 Q_{11} 分别相等，则表示两个水轮机在相似工况下运行。因此，就可用 n_{11} 和 Q_{11} 的组合表示一个运行工况。第二，利用单位转速 n_{11} 和单位流量 Q_{11} 可作为衡量水轮机的技术性能指标。例如在水头 H 和转轮直径 D_1 相同的条件下，具有较大的 n_{11} 和 Q_{11} 值的水轮机型号技术性能较优越。所以，它们也是水轮机选型的主要依据。

任务二　水轮机的效率换算与单位参数修正

一、水轮机的效率换算

　　在推导水轮机相似公式时，曾假定几何相似的水轮机在相似工况下工作，它们的效率是相等的。实际上这一假设并不完全准确，效率是有一定的偏差的。其主要原因是在实验室进行水轮机模型试验时，模型与原型不可能保持完全的力学相似，雷诺数并不相等。因此由黏性力引起的水力摩擦相对损失在原模型中就不相等。为了较准确地推算出原型水轮机的效率，应考虑由于水力损失不同而对模型试验所得数据进行修正。

（一）最优工况下的效率修正

采用下列假定推导水轮机效率换算公式：

（1）水力损失 ΔH 仅有黏性摩擦损失（此情况比较符合最优工况）。

（2）水轮机中的黏性摩擦损失类似于圆管中的沿程摩擦损失，此损失用 $\Delta H = \lambda \dfrac{l}{d} \dfrac{V^2}{2g}$ 公式计算，式中 λ 为水力摩阻系数，l 为管道长，d 为管道直径，V 为管道中的平均流速。

（3）水轮机中的流态处于"水力光滑区"，水头损失系数 λ 仅与雷诺数 R_e 有关，而与管壁粗糙度无关，可用公式 $\lambda = 3.164/\sqrt[4]{R_e}$ 求得。但必须指出，当 $R_e > 10^5$，用此公式会有一定的偏差。

根据上述假设，可以得到原模型水轮机效率之间的关系。其计算公式为

混流式水轮机，当 $H \leqslant 150\text{m}$ 时

$$\eta_{\max} = 1 - (1 - \eta_{M\max})\sqrt[5]{\dfrac{D_{1M}}{D_1}} \tag{8-27}$$

混流式水轮机，当 $H > 150\text{m}$ 时

$$\eta_{\max} = 1 - (1 - \eta_{M\max})\sqrt[5]{\dfrac{D_{1M}}{D_1}}\sqrt[10]{\dfrac{H_M}{H}} \tag{8-28}$$

轴流式水轮机

$$\eta_{\max} = 1 - (1 - \eta_{M\max})(0.3 + 0.7\sqrt[5]{\dfrac{D_{1M}}{D_1}}\sqrt[10]{\dfrac{H_M}{H}}) \tag{8-29}$$

式中　　$\eta_{\max}$、$\eta_{M\max}$——原型和模型水轮机的最高效率；

　　　　D_1、D_{1M}——原型和模型水轮机的转轮直径；

　　　　H、H_M——原型和模型水轮机的水头。

考虑制造工艺的影响，计入工艺修正值，则最优工况的效率修正值 $\Delta\eta$ 为

$$\Delta\eta = \eta_{\max} - \eta_{M\max} - \Delta\eta_{\text{工}} \tag{8-30}$$

大型水轮机 $\Delta\eta_{\text{工}} = 1\% \sim 2\%$，中小型水轮机 $\Delta\eta_{\text{工}} = 3\% \sim 4\%$。

（二）非最优工况下的效率修正

当水轮机偏离最优工况时，水流的流态比较复杂，涡流损失比摩阻损失大得多，此时，两水轮机的水力效率之间关系难以确定。目前对于一般工况时效率修正采用简化的方法。简化方法的原则是认为非最优工况的原模型效率差值 $\Delta\eta$ 均与最优工况时的 $\Delta\eta$ 相同，其计算过程如下：

（1）按式（8-27）～式（8-29），计算最优工况时原型水轮机的最高效率 $\eta_{\max}$。

（2）计算出原模型水轮机最高效率差 $\Delta\eta$。

（3）令此差值 $\Delta\eta$ 为非最优工况时原模型的效率差值，故原型效率值为 $\eta = \eta_M + \Delta\eta$。

计算结果表明，当 $\eta < 75\%$ 时，则误差较大，但对大中型水轮机，运行在 $\eta < 75\%$ 的情况是不多的。

对转桨式水轮机，转轮桨叶转角 φ 不同时相应的最高效率值也不同，故效率修正值应随 φ 角而变，每个 φ 对应一个 $\Delta\eta_\varphi$ 值，原型水轮机效率应采用对应于用一 φ 角的效率修正值。

二、单位参数的修正

在整理模型试验数据时，一般用式（8-10）、式（8-16）确定单位参数的一次近似值。假定在最优工况时，原型与模型容积效率相等，水力效率是水轮机效率的主要组成部分，因此可以足够精确地用水轮机总效率代替水力效率。由式（8-21）、式（8-22）可得出二次近似式。

$$\left(\frac{nD_1}{\sqrt{H\eta}}\right)_T = \left(\frac{nD_1}{\sqrt{H\eta}}\right)_M \tag{8-31}$$

$$\left(\frac{Q}{D_1^2\sqrt{H\eta}}\right)_T = \left(\frac{Q}{D_1^2\sqrt{H\eta}}\right)_M \tag{8-32}$$

按此二次近似式可求得

$$n_{11} = n_{11M}\sqrt{\frac{\eta}{\eta_M}} \tag{8-33}$$

$$Q_{11} = Q_{11M}\sqrt{\frac{\eta}{\eta_M}} \tag{8-34}$$

于是，原型与模型单位转速差为

$$\Delta n_{11} = n_{11} - n_{11M} = n_{11M}\sqrt{\frac{\eta}{\eta_M}} - n_{11M} = n_{11M}\left(\sqrt{\frac{\eta}{\eta_M}} - 1\right) \tag{8-35}$$

原型与模型单位流量差为

$$\Delta Q_{11} = Q_{11} - Q_{11M} = Q_{11M}\sqrt{\frac{\eta}{\eta_M}} - Q_{11M} = Q_{11M}\left(\sqrt{\frac{\eta}{\eta_M}} - 1\right) \tag{8-36}$$

原型水轮机单位转速与流量分别为

$$n_{11} = n_{11M} + \Delta n_{11} \tag{8-37}$$

$$Q_{11} = Q_{11M} + \Delta Q_{11} \tag{8-38}$$

在设计中一般规定，当 $\Delta n_{11} < 3\%n_{11M}$ 时可不作修正，即忽略 Δn_{11}。在使用式（8-35）、式（8-36）时，一般取原型、模型最优工况时的效率值进行计算。

在一般情况下，单位流量修正值 ΔQ_{11} 较小，可不作修正。

【例 8-1】 已知混流式水轮机模型直径 $D_{1M} = 0.46$m，试验水头 $H_M = 4$m，在最高效率时，转速为 $n_M = 282$r/min，流量 $Q_M = 0.38$m³/s，出力 $P_M = 13.1$kW。若原型水轮机的直径 $D_1 = 2$m，工作水头 $H = 30$m，试求最优工况下原型水轮机的 n、P、Q、η。

解： 模型水轮机单位参数为

$$n_{11M} = \frac{n_M D_{1M}}{\sqrt{H_M}} = \frac{282 \times 0.46}{\sqrt{4}} = 64.8(\text{r/min})$$

$$Q_{11M} = \frac{Q_M}{D_{1M}^2\sqrt{H_M}} = \frac{0.38}{0.46^2\sqrt{4}} = 0.9(\text{m}^3/\text{s})$$

模型水轮机的最高效率

$$\eta_{M\max} = \frac{P_M}{9.81 Q_M H_M} = \frac{13.1}{9.81 Q_M H_M} = \frac{13.1}{9.81 \times 0.38 \times 4} = 0.88$$

则原型水轮机的最高效率

$$\eta_{\max} = 1 - (1 - \eta_{M\max}) \sqrt[5]{\frac{D_{1M}}{D_1}} = 1 - (1 - 0.88) \sqrt[5]{\frac{0.46}{2}} = 0.911$$

单位参数修正

$$\Delta n_{11} = n_{11M} \left(\sqrt{\frac{\eta_{\max}}{\eta_{M\max}}} - 1 \right) = n_{11M} \left(\sqrt{\frac{0.911}{0.88}} - 1 \right) = 0.02 n_{11M} < 3\% n_{11M}$$

Δn_{11} 和 ΔQ_{11} 可不考虑，即

$$n_{11} = n_{11M} = 64.86 (\text{r/min})$$
$$Q_{11} = Q_{11M} = 0.9 (\text{m}^3/\text{s})$$

则

$$n = n_{11} \frac{\sqrt{H}}{D_1} = 64.86 \frac{\sqrt{30}}{2} = 178 (\text{r/min})$$

$$Q = Q_{11} D_1^2 \sqrt{H} = 0.9 \times 2^2 \sqrt{30} = 19.7 (\text{kW})$$

$$P = 9.81 Q H \eta_{\max} = 9.81 \times 19.7 \times 30 \times 0.911 = 5281.7 (\text{kW})$$

【例 8-2】 已知轴流转桨式水轮机模型试验数据：$D_{1M} = 0.46\text{m}$，$H = 3.5\text{m}$；在最优工况时（轮叶转角 $\varphi = 0°$），$\eta_{M\max} = 0.89$，当 $\varphi = +10°$ 时，最高效率 $(\eta_{M\max})_\varphi = 0.872$，相应于 $(\eta_{110})_M$ 的协联工况的 $\eta_{M\varphi} = 0.865$。若同系列原型水轮机的 $D_1 = 4.5\text{m}$，试求 $H = 2.8\text{m}$ 时在同一最优工况和协联工况运行的效率 $\eta_{\max}$ 和 η。

解： 由式（8-29）

$$\eta_{\max} = 1 - (1 - \eta_{M\max}) \left(0.3 + 0.7 \sqrt[5]{\frac{D_{1M}}{D_1}} \sqrt[10]{\frac{3.5}{28}} \right) = 0.927$$

当 $\varphi = +10°$ 原型与模型最高效率的差值

$$(\eta_{\max})_\varphi = 1 - [1 - (\eta_{M\max})_\varphi] \left(0.3 + 0.7 \sqrt[5]{\frac{D_{1M}}{D_{1T}}} \sqrt[10]{\frac{3.5}{28}} \right) = 0.916$$

当 $\varphi = +10°$ 时，原型与模型最高效率的差值为

$$(\Delta \eta_{\max})_\varphi = 0.916 - 0.872 = 0.044$$
$$\eta = \eta_{M\varphi} + (\Delta \eta_{\max})_\varphi = 0.865 + 0.044 = 0.909$$

任务三 水轮机的比转速

一、水轮机比转速的概念

水轮机的单位参数 n_{11}、Q_{11}、P_{11} 只能分别从不同的方面反映水轮机的性能。为了找到一个能综合反映水轮机性能的单位参数，提出了比转速的概念。

由式（8-24）、式（8-26）消去 Q_1 可得 $n_{11} \sqrt{P_{11}} = n \sqrt{P}/H^{5/4}$。对于同一系列

8-3-1 ▶

水轮机的
单位参数
和比转速

水轮机，在相似工况下，其 n_{11}、P_{11} 均为常数，因此，$n_{11}\sqrt{P_{11}}=$ 常数，这个常数就称为水轮机的比转速，常用 n_s 表示，即

$$n_s = \frac{n\sqrt{P}}{H^{\frac{5}{4}}} \tag{8-39}$$

式（8-39）中，n 以 r/min 计；H 以 m 计；P 以 kW 计。从上式可见，比转速 n_s 是一个与 D_1 无关的综合单位参数，它表示同一系列水轮机在 $H=1$m、$P=1$kW 时的转速。

如果将 $P=9.81HQ\eta$，$n=\dfrac{n_{11}\sqrt{H}}{D_1}$ 和 $Q=Q_{11}D_1^2\sqrt{H}$ 代入式（8-39），可导出 n_s 的另外两个公式。

$$n_s = 3.13\frac{n\sqrt{Q\eta}}{H^{\frac{3}{4}}} \tag{8-40}$$

$$n_s = 3.13n_{11}\sqrt{Q_{11}\eta} \tag{8-41}$$

另外，如果在式（8-39）中 P 定义为马力，对应比转速 n_s（用 hp 计算）与上述 n_s（用 kW 计算）的换算关系为

$$n_s（用\ hp\ 计算）= \frac{n\sqrt{P(\mathrm{hp})}}{H^{\frac{5}{4}}} = \frac{7}{6}\frac{n\sqrt{P(\mathrm{kW})}}{H^{\frac{5}{4}}} = \frac{7}{6}n_s（用\ kW\ 计算） \tag{8-42}$$

将比转速表达式做适当变换，可写成以下公式：

$$n_s = \frac{7}{6}\frac{n\sqrt{9.81HQ\eta}}{H^{\frac{5}{4}}} = \frac{3.65n\sqrt{Q\eta}}{H^{\frac{3}{4}}} \tag{8-43}$$

用单位参数表示为

$$n_s = 3.65n_{11}\sqrt{Q_{11}\eta} \tag{8-44}$$

由式（8-39）～式（8-41）可见，n_s 综合反映了水轮机工作参数 n、H、Q 或 P 之间的关系，也反映了单位参数 n_{11}、Q_{11}、P_{11} 之间的关系，因此，n_s 是一个重要的综合参数，它代表同一系列水轮机在相似工况下运行的综合性能。目前国内大多采用比转速 n_s 作为水轮机系列分类的依据。但由于 n_s 随工况变化而变化，所以通常规定采用设计工况或最优工况下的比转速作为水轮机分类的特征参数。现代各型水轮机的比转速范围约为：水斗式 $n_s=10\sim70$；混流式 $n_s=60\sim350$；斜流式 $n_s=200\sim450$；轴流式 $n_s=400\sim900$；$n_s=600\sim1100$。随着新技术、新工艺、新材料的不断发展和应用，各型水轮机的比转速值也正在不断地提高。出现这种趋势的原因如下：

（1）由式（8-39）可见，当 n、H 一定时，提高 n_s，对于相同尺寸的水轮机，可提高其出力，或者可采用较小尺寸的水轮机发出相同的出力。

（2）同上分析，当 H、P 一定时，提高 n_s 可增大 n，从而可使发电机外形尺寸减小。同时可使机组零部件的受力减小，即可减小零部件的尺寸。

总之，提高比转速 n_s 对提高机组动能效益及降低机组造价和厂房土建投资都具有重要的意义。

二、比转速与水轮机的关系

（一）比转速与水轮机性能

水轮机性能一般是指水轮机能量、空化等水力性能。根据统计资料，取水轮机额定工况的空化系数 σ 和该工况的比转速之间的关系如图 8-2 所示。图中绘出了不同形式的水轮机可能偏差的范围。对于这样额定工况（即满负荷）时空化系数 σ 的平均值可按经验公式计算：

$$\sigma = \frac{(n_s + 30)^{1.8}}{20000}$$

$$(8-45)$$

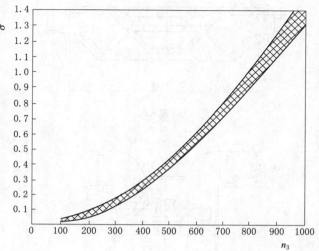

图 8-2　满负荷时空化系数与比转速的关系

式（8-45）指出，随着比转速增加，空化系数增加。在高水头的电站中，如采用比转速高的水轮机，即使保证了机器的强度条件，还要有较大的淹没深度，这显然增加了厂房的开挖和土建投资。因此，从材料强度和抗空化性能（影响厂房投资）条件着眼，在一定的水头段只能采用对应合适比转速的水轮机。

（二）比转速与水轮机几何参数

比转速与水轮机的几何参数，可从水轮机转轮几何形状和使用条件来说明。

不同型号的水轮机，具有不同的比转速。由上述分析可知，水轮机的 n_s 越高，则 Q_{11} 越大。在一定的流速下，其所需过流断面的面积越大，要求导叶的相对高度 b_0/D_1 大（图 8-3），转轮叶片数少，因此比转速将直接影响转轮的几何形状。

水轮机比转速与转轮几何形状之间大致有如下的变化规律。

水轮机导叶相对高度与比转速的近似关系如下：

混流式水轮机

$$\frac{b_0}{D_1} \approx 0.1 + 0.00065 n_s \qquad (8-46)$$

轴流式水轮机

$$\frac{b_0}{D_1} \approx 0.44 - 21.47 n_s \qquad (8-47)$$

转轮进、出口直径比 D_1/D_2 随比转速 n_s 的增加而减小。D_1/D_2 对不同比转速具有一个水力性能最优的比值，其近似关系

$$\frac{D_1}{D_2} = \frac{1}{0.96 + 0.00038 n_s} \qquad (8-48)$$

近代在水利水电工程中，不断提高同一类型水轮机的应用水头。或者说，对于已

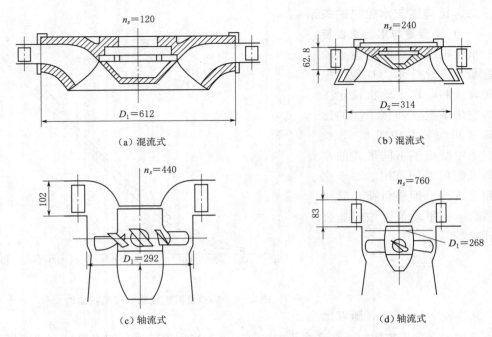

图 8-3 不同比转速的反击式水轮机转轮

确定的水头，倾向于选用更高比转速的水轮机。例如，在世界范围内从 20 世纪 60—80 年代，混流式水轮机应用比转速提高了 17%，轴流转桨式水轮机提高了 15%，冲击式水轮机提高了 9%，这种倾向的原因是使用高比转速水轮机能带来经济效益。因为从水轮机本身看来，随着比转速的提高，在相同出力与水头条件下，能够缩减水轮机的尺寸，这样，能降低水轮机的成本及节约动力厂房的投资。或者，对既定的水轮机尺寸，在相等水头条件下，提高比转速能够增加水轮机的出力。对于发电机，由于水轮机比转速提高，则提高了发电机转速，从而可以用较小的磁极数，也缩小发电机的尺寸，从而导致电机成本的降低。因此无论从动能或经济的观点，提高水轮机的比转速都是有利的。

任务四 水轮机的模型试验

一、水轮机模型试验的意义

前面讨论了水轮机相似的条件，从理论上解决了用较小尺寸的模型水轮机在较低水头下工作，去模拟大尺寸和高水头的原型水轮机的问题。按相似理论，模型水轮机的工作完全能反映任何尺寸的原型水轮机。模型水轮机的运转规模比真机运转规模小的多，费用小，试验方便，可以根据需要随意变动工况。能在较短的时间内测出模型水轮机的全面特性。将模型试验所得到的工况参数组成单位转速 n_{11} 和单位流量 Q_{11} 后，并分别以它们作为纵坐标及横坐标，按效率相等工况点连线所得到的曲线图称为综合特性曲线。此综合特性曲线不仅表示了模型水轮机的工作性能，同样地反映了与该模型水轮机几何相似的所有不同尺寸，与工作在不同水头下的同类型真实水轮机的工作特性。

水轮机制造厂可从通过模型试验来检验原型水力设计计算的结果，优选出性能良好的水轮机，为制造原型水轮机提供依据，向用户提供水轮机的保证参数。水电设计部门可根据模型试验资料，针对所设计的电厂的原始参数，合理地进行选型设计，并运用相似定律，利用模型试验所得出的综合特性曲线，绘出水电站的运转特性曲线。为运行部门提供发电依据，水电厂运行部门可根据模型水轮机试验资料，分析水轮机设备的运行特性，合理地拟定水电厂机组的运行方式，提高水电厂运行的经济性和可靠性。当运行中水轮机发生事故时，也可以根据模型的特性分析可能产生事故的原因。

二、水轮机模型试验的方法

水轮机的模型试验主要有能量试验、气蚀试验、飞逸特性试验和轴向水推力特性试验等。本节主要介绍反击式水轮机的能量试验。反击式水轮机的气蚀试验可参阅有关参考文献。

能量试验台分为开敞式试验台和封闭式试验台，封闭式试验台无需设置测流槽，故平面尺寸要比开敞式试验小，而且水头调节更加方便，但封闭式试验台投资较高。

（一）开敞式能量试验台

水轮机效率是水轮机能量转换性能的主要综合指标，因此，模型水轮机的能量试验主要是确立模型水轮机在各种工况下的运行效率。水轮机的能量试验台如图 8 - 4所示。它主要由下列装置组成：

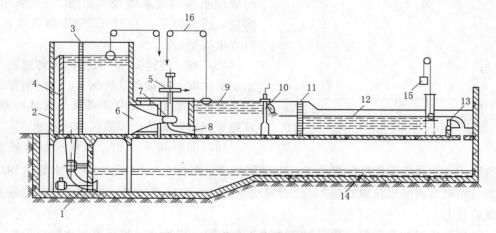

图 8 - 4 反击式水轮机能量试验台

1—水泵；2—压力水箱；3—静水栅；4—溢流板；5—测功装置；6—引水室；7—模型水轮机；

8—尾水管；9—尾水槽；10—调节闸门；11—静水栅；12—测流堰槽；13—堰板；

14—集水池；15—水位测量装置；16—水头测量装置

（1）压力水箱。压力水箱 2 是一个具有自由水面的大容积储水箱，试验时保持稳定的上游水位。水箱由水泵 1 供水，通过高度可调节的溢流板 4 控制一定的水位，多余的水可从溢流板顶部排至集水池 14。水流通过静水栅 3 均匀而稳定地进入模型水轮机 7。

（2）机组段。机组段包括引水室 6、模型水轮机 7、尾水管 8、测功器 5 及水头测量装置 16。

（3）测流堰槽。它的作用是测量模型水轮机的流量，在槽内首端装有静水栅 11，以稳定堰槽内的水流，末端装有堰板 13，用浮筒 15 测定堰上水位。

（4）集水池。水流经测流堰槽 12 流入集水池 14，然后再用水泵 1 抽送至压力水箱 2，形成试验过程中水的循环。

（二）参数测量

模型水轮机效率为

$$\eta_M = \frac{P_M}{\gamma Q_M H_M} = \frac{\pi}{30\gamma} \frac{M n_M}{Q_M H_M} \tag{8-49}$$

因此，确定水轮机效率，首先必须准确地测量出模型水轮机 4 个试验参数 H_M、Q_M、n_M 和 P_M。

（1）测量水头 H_M。模型试验水头 H_M 是上游压力水箱水位与下游尾水槽水位之差。图 8-4 中采用上、下游浮子标尺测得。

（2）测量流量 Q_M。能量试验台通常采用堰板测量流量，堰板的形状有三角形或矩形。

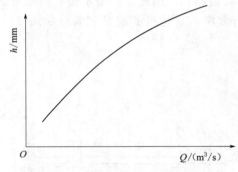

图 8-5 堰顶水深与流量关系曲线

为了保证测量精度，应采用容积法对堰板的流量系数进行校正，从而得到流量与堰顶水深的关系曲线，如图 8-5 所示。测量时可从浮子水位计 15 测出堰顶水位，再查出流量 Q_M。

（3）测量转速 n_M，采用机械转速表在水轮机轴端可直接测量转速 n_M，但精度较低。目前在模型试验中常采用电磁脉冲器，或电子频率计数器，可直接测得转速。

（4）测量功率 P_M。测量模型水轮机轴功率 P_M，通常采用机械测功器或电磁测功器，如图 8-6 所示。测量水轮机轴的力矩与同时测出的水轮机转速 n_M、计算功率 P_M。机械测功器一般使用在容量较小的试验台上。

机械测功器和电磁测功器，测量方法基本相同，都是通过测量模型水轮机的制动力矩 M，然后再计算出功率 P_M。制动力矩为

$$M(\text{N} \cdot \text{m}) = PL \tag{8-50}$$

机械测功器工作原理是在主轴上装一制动轮，在制动轮周围设置闸块，在闸块外围加闸带，闸带可由端部的调节螺丝，控制以改变制动轮和闸块之间的摩擦力，闸带装置在测功架上，在主轴转动时可改变负荷（拉力 P）使测功架保持不动，则此时的

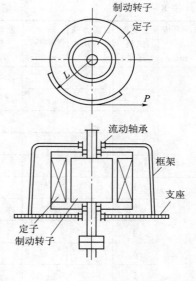

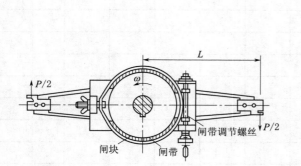

图 8-6　测功装置

制动力矩即为 $M = PL$，L 为制动力臂。

电磁测功器是用磁场形成制动力矩，基本原理与机械测功器相同。

（三）综合参数计算与试验成果整理

综合参数计算就是针对模型水轮机的每一个工况，测出 H_M、Q_M、n_M、P_M 等参数后，计算出模型水轮机的 η_M、n_{11} 和 Q_{11} 值。

效率

$$\eta_M = \frac{P_M}{9.81 Q_M H_M} \qquad (8-51)$$

单位转速

$$n_{11} = \frac{n_M D_{1M}}{\sqrt{H_M}} \qquad (8-52)$$

单位流量

$$Q_{11} = \frac{Q_M}{D_{1M}^2 \sqrt{H_M}} \qquad (8-53)$$

混流式水轮机能量试验一般选用 8～10 个导叶开度，分别在各个开度下进行若个（5～10个）不同工况点的测试。试验可按如下步骤进步：

（1）调整上、下游水位，得到稳定的模型试验水头。

（2）调整导叶在某一开度 a_0。

（3）用测功器改变转轮的转速，一般速度间隔为 100r/min 作一个试验工况点。

（4）待转速稳定后，记录各参数（a_0、H、Q、n 和 P）于表 8-1 中。

表8-1　　　　　　　　　　　　　　　能量试验数据记录计算表

导叶开度 a_0 /mm	工况点 试验 序号	试验水头 H_M /m	转速 n_M /(r/min)	制动力 P /N	轴功率 P_M /kW	堰顶水深 h /m	流量 Q_M /(m³/s)	单位流量 Q_{11} /(L/s)	单位转速 n_{11} /(r/min)	效率 η_M /%	备注
a_{01}	1										
	2										
	3										
	4										
	⋮										
a_{02}	1										
	2										
	3										
	4										
	⋮										

三、水轮机的飞逸特性

水轮发电机组在正常情况下，一般以额定转速运行。此时，水轮机的转动力矩和发电机的电磁力矩是平衡的。如果由于某种原因突然甩掉外界负荷，调速机构失灵，导水机构又不能及时关闭时，由于输出的电磁力矩为零，因而输入的水流转动力矩除了少部分消耗于机械损失外，其余大部分使机组转速急剧增高，并达到某一最大转速，这时的运行工况称为飞逸工况，这时的最大转速称为飞逸转速，用 n_R 表示。

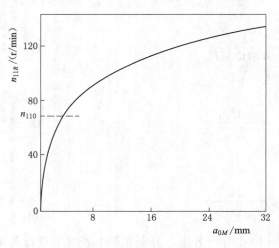

图 8-7　混流式水轮机的飞逸特性曲线

（模型直径 $D_{1M} = 460\text{mm}$）

水轮机飞逸转速的大小与水轮机的飞逸特性有关，而飞逸特性一般用单位飞逸转速 n_{11R} 表示。按转速相似公式换算出相应的单位飞逸转速：

$$n_{11R}(\text{r/min}) = \frac{n_R D_1}{\sqrt{H}} \quad (8-54)$$

根据各 n_{11R} 值可绘出该系列水轮机的飞逸特性曲线（图8-7、图8-8）。

混流式与定桨式水轮机的飞逸转速只与导叶开度和水头有关。但对转桨式水轮机，除了前两个因素外，还与转轮桨叶的转角有关。因此，转桨式水轮机的飞逸转速存在以下两种情况：

（1）当导水机构、转轮叶片操作机构同时失灵，且两者的协联机构也遭破坏。桨叶安放角 φ_0 与导叶开度 a_0 可能发生任意组合。此时可对每一 φ 角在不同导叶开度下进行飞逸转速实验，绘出非协联工况下不同桨叶转角的飞逸特性曲线，如图 8-8 中的 φ 组曲线。这组曲线中的每一根曲线可看作是其 φ 角的定桨式水轮机的飞逸特性。

（2）当导水机构和转轮叶片操作机构同时失灵，但两者之间的协联关系仍保持。此时，可利用其模型综合特性曲线，选择若干个单位转速 n_{11} 值，对每个 n_{11} 值找出若干个协联工况点，亦即 φ 角与 a_0 的关系。将 φ 角和 a_0 的对应点绘于上述的 φ 组线上，然后将相同的 n_{11} 值的点连成曲线，即得 n_{11} 为常数的协联工况飞逸特性曲线（图 8-8 中 n_{11} 组曲线）。

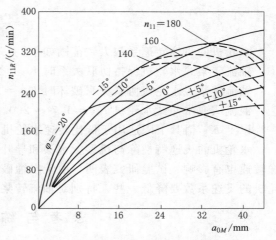

图 8-8 转桨式水轮机的飞逸特性曲线
($D_{1M} = 460\text{mm}$)

—— 为协联关系破坏；--- 为协联关系保持

一般说来，在同一水头下，导叶全开时飞逸转速最高。对转桨式水轮机，当导叶开度 a_0 及桨叶角转角 φ 的协联关系破坏，并且在导叶全开时桨叶转角越小，飞逸转速越大。这一规律可在图 8-8 中看出。

已知模型水轮机飞逸特性后，即可按相似公式换算出原型水轮机的飞逸转速 n_R。

$$n_R = (\text{r/min}) n_{11R} \frac{\sqrt{H_{\max}}}{D_1} \tag{8-55}$$

式中　　$H_{\max}$——考虑到最大的飞逸转速；

　　　　n_{11R}——单位飞逸转速，与导叶开度 a_0 有关，对转桨式还与桨叶转角 φ 有关。

对混流式水轮机，求原型水轮机飞逸转速时，若原模型几何相似，可按公式 $a_{0M} = \dfrac{a_{0T} Z_0 D_{1M}}{Z_{0M} D_1}$ 把原型水轮机导叶开度 a_0 换算为模型导叶开度 a_{0M}。

对于转桨式水轮机，可根据计算要求在飞逸特性曲线图上选定 n_{11R} 值。例如要计算协联工况的飞逸特性，可以在图 8-8 中 n_{11} 组曲线上找出飞逸前的 n_{11} 值的曲线，在该曲线上根据所求的协联工况点的导叶开度 a_0 值确定 n_{11R} 值。

对未给出飞逸特性曲线的转轮可按最大水头 $H_{\max}$ 和建议的最大单位飞逸转速 $n_{11R\max}$ 计算。一些转轮的 $n_{11R\max}$ 值列于表 8-2 中，表中的 ZZ600 和 ZZ460 分别为协联破坏和协联保持时的数值。

表 8-2　　　　　　　　　　转轮的单位飞逸转速值

转轮型号	HL310-1	HL310-2	HL240	HL230	HL220	HL200	HL110	ZZ600	ZZ460
$n_{11R\max}$	163	174	155	128	133	131	93	352/280	324/240

水轮机飞逸转速与额定转速之比称飞逸系数，即

$$K_R = \frac{n_R}{n} \tag{8-56}$$

水轮机的飞逸转速系数大致范围如下：

轴流转桨式水轮机保持协联关系时 $K_R = 2.0 \sim 2.2$；

轴流转桨式水轮机协联关系破坏时 $K_R = 2.4 \sim 2.6$；

混流式或水斗式水轮机 $K_R = 1.7 \sim 2.0$。

以上 K_R 值其下限适用于低比转速水轮机，上限适用于高比转速水轮机。

水轮机的飞逸特性除与机型、水头和导叶开度等有关外，水轮机的空蚀特性对飞逸转速也有影响。试验研究表明，由于空蚀破坏了正常流态，水力损失增加，因此水轮机的飞逸系数要降低一些，特别对轴流转桨式水轮机影响较显著。

思 考 与 练 习 题

1. 水轮机的相似条件是什么？

2. 水轮机单位参数的物理意义是什么？

3. 水轮机比转速的物理意义是什么？

4. 水轮机的开敞式能量试验台主要有哪些装置组成？

5. 什么是飞逸转速？

水轮机的空化与空蚀

【知识目标】

了解空化现象和空化系数的概念，掌握空化和空蚀的类型，掌握吸出高度和不同水轮机的安装高程，熟悉水轮机抗空化的措施。

【技能目标】

理解并会进行水轮机吸出高度的计算，会进行不同水轮机安装高程的计算。

【重点难点】

重点：空化和空蚀的类型。

难点：水轮机安装高程的计算和抗空化的措施。

任务一 水 流 的 空 化

一、水流的空化现象

水轮机的空化现象是水流在能量转换过程中产生的一种特殊现象。大约在 20 世纪初，发现轮船的高速金属螺旋桨在很短时间内就被破坏，后来在水轮机中也发生了转轮叶片遭受破坏的情况，即空化现象。

水轮机的工作介质是液体。液体的质点并不像固体那样围绕固定位置振动，而是质点的位置迁移较容易发生。在常温下，液体就显示了这种特性。液体质点从液体中离析的情况取决于该种液体的汽化特性。例如，水在一个标准大气压作用下，温度达到 100℃ 时，发生沸腾汽化，而当水温为 20℃，且周围环境压力降低到 0.24mH₂O 时，空化现象即可发生。图 9-1 表示了水的汽化压力与温度关系曲线。

由于液体具有汽化特性，则当液体在恒压下加热，或在恒温下用静力或动力方法降低其周围环境压力，都能使液体达到汽化状态。但在研究空

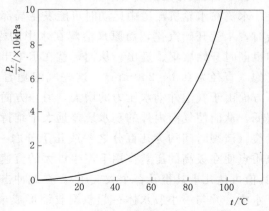

图 9-1 水温与饱和气泡压力关系曲线

化和空蚀时，对于由这两个不同条件形成的液体汽化现象在概念上是不同的。任何一种液体在恒定压力下加热，当液体温度高于某一温度时，液体开始汽化，形成汽泡，这称为沸腾。当液体温度一定时，降低压力到某一临界压力时，液体也会汽化或溶解于液体中的空气发育形成空穴，这种现象称为空化。

以前通常讲的气蚀现象，实际上包括了空化和空蚀两个过程。空化是在液体中形成空穴使液相流体的连续性遭到破坏，它发生在压力下降到某一临界值的流动区域中。在空穴中主要充满着液体的蒸汽以及从溶液中析出的气体。当这些空穴进入压力较低的区域时，就开始发育成长为较大的气泡，然后，气泡被流体带到压力高于临界值的区域，气泡就将溃灭，这个过程称为空化。空化过程可以发生在液体内部，也可以发生固定边界上。空蚀是指由于空泡的溃灭，引起过流表面的材料损坏。在空泡溃灭过程中伴随着机械、电化、热力、化学等过程的作用。空蚀是空化的直接后果，空蚀只发生在固体边界上。

二、空蚀机理

空蚀的形成与水的汽化现象有密切的联系。在给定温度下，水开始汽化的临界压力称为水的汽化压力。水在各种温度下的汽化压力值见表9-1。为应用方便，汽化压力用其导出单位 mH_2O（$1mH_2O=9806.65Pa$）表示。

表 9－1　　　　　　　　　　　　　水 的 汽 化 压 力 值

水的温度/℃	0	5	10	20	30	40	50	60	70	80	90	100
汽化压力/mH₂O	0.06	0.09	0.12	0.24	0.43	0.72	1.26	2.03	3.18	4.83	7.15	10.33

由上述可见，对于某一温度的水，当压力下降到某一汽化压力时，水就开始产生汽化现象。通过水轮机的水流，如果在某些地方流速增高了，根据水力学的能量方程可知，必然引起该处的局部压力降低，如果该处水流速度增加很大，以致使压力降低到在该水温下的汽化压力时，则此低压区的水开始汽化，产生气蚀。

目前认为，空蚀对金属材料表面的侵蚀破坏有机械作用、化学作用和电化作用三种，以机械作用为主。

（一）机械作用

水流在水轮机流道中运动时可能发生局部的压力降低，当局部压力降低到汽化压力时，水就开始汽化，而原来溶解在水中的极微小的（直径约为 $10^{-5}\sim10^{-4}$ mm）气泡也同时开始聚集、逸出。从而，就在水中出现了大量的由空气及水蒸气混合形成的气泡（直径为 0.1～2.0mm）。这些气泡随着水流进入压力高于汽化压力的区域时，一方面由于气泡外动水压力的增大，另一方面由于汽泡内水蒸气迅速凝结使压力变得很低，从而使气泡内外的动水压差远大于维持气泡成球状的表面张力，导致气泡瞬时溃裂（溃裂时间约为几百分之一或几千分之一秒）。在气泡溃裂的瞬间，其周围的水流质点便在极高的压差作用下产生极大的流速向气泡中心冲击，形或巨大的冲击压力（其值可达几十甚至几百个大气压）。在此冲击压力作用下，原来气泡内的气体全部溶于水中，并与一小股水体一起急剧收缩形成聚能高压"水核"。而后水核迅速膨胀冲击周围水体，并一直传递到过流部件表面，致使过流部件表面受到一小股高速射流的

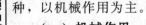

9－1－1

水轮机汽蚀现象及类型

撞击。这种撞击现象是伴随着运动水流中气泡的不断生成与溃裂而产生的，它具有高频脉冲的特点，从而对过流部件表面造成材料的破坏，这种破坏作用称为空蚀的"机械作用"。

（二）化学作用

发生空化和空蚀时，气泡使金属材料表面局部出现高温是发生化学作用的主要原因。这种局部出现的高温可能是气泡在高压区被压缩时放出的热量，或者是由于高速射流撞击过流部件表面而释放出的热量。据试验测定，在气泡凝结时，局部瞬时高温可超过 300℃，在这种高温和高压作用下，促进汽泡对金属材料表面的氧化腐蚀作用。

（三）电化作用

在发生空化和空蚀时，局部受热的材料与四周低温的材料之间，会产生局部温差，形成热电偶，材料中有电流流过，引起热电效应，产生电化腐蚀，破坏金属材料的表面层，使它发暗变毛糙，加快了机械侵蚀作用。

根据对气蚀现象的多年观测，认为空化和空蚀破坏主要是机械破坏，化学和电化作用是次要的。在机械作用的同时，化学和电化腐蚀加速了机械破坏过程。

三、空化和空蚀特点及危害

空化和空蚀在破坏开始时，一般是金属表面失去光泽而变暗，接着是变毛糙而发展成麻点，通常呈针孔状，深度在 1～2mm 以内；再进一步使金属表面十分疏松，成海绵状，也称为蜂窝状，深度为 3mm 到几十毫米。气蚀严重时，可能造成水轮机叶片的穿孔破坏。空化和空蚀的存在对水轮机运行极为不利，其影响主要表现在以下几方面：

（1）破坏水轮机的过流部件，如导叶、转轮、转轮室、上下止漏环及尾水管等。

（2）降低水轮机的出力和效率，因为空化和空蚀会破坏水流的正常运行规律和能量转换规律，并会增加水流的漏损和水力损失。

（3）空化和空蚀严重时，可能使机组产生强烈的振动、噪声及负荷波动，导致机组不能安全稳定运行。

（4）缩短了机组的检修周期，增加了机组检修的复杂性。空化和空蚀检修不仅耗用大量钢材，而且延长工期，影响电力生产。

任务二　水轮机空化与空蚀类型

由于水力机械中的水流是比较复杂的，空化现象可以出现在不同部位及在不同条件下形成空蚀。对于各种类型的水力机械空化区的观察和室内试验成果可知，空化经常在绕流体表面的低压区或流向急变部位出现，而最大空蚀区位于平均空穴长度的下游端，但整个空蚀区是由最大空蚀点在上下游延伸相对宽的一个范围内。所以，导流面的空蚀部分并非是引起空化观察现象的低压点，而低压点在空蚀区的上游，即在空穴的上游端。

一、空化和空蚀的类型

根据空化和空蚀发生的条件和部位的不同，一般可分为以下四种。

（一）翼型空化和空蚀

翼型空化和空蚀是由于水流绕流叶片引起压力降低而产生的。叶片背面的压力往往为负压，其压力分布如图 9 - 2 所示。当背面低压区的压力降低到环境汽化压力以下时，便发生空化和空蚀。这种空化和空蚀与叶片翼型断面的几何形状密切相关，所以称为翼型空化和空蚀。翼型空化和空蚀是反击式水轮机主要的空化和空蚀形态。翼型空化和空蚀与运行工况有关，当水轮机处在非最优工况时，则会诱发或加剧翼型空化和空蚀。

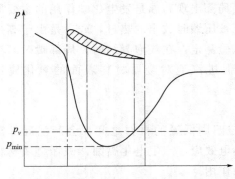

图 9 - 2　沿叶片背面压力分布

根据国内许多水电站水轮机调查，发现轴流式轮机的翼型空化和空蚀主要发生在叶背面的出水边和叶片与轮毂的连接处附近，如图 9 - 3（a）所示。混流式水轮机的翼型空化和空蚀主要可能发生在图 9 - 3（b）所示的 A～D 四个区域。A 区为叶片背面下半部出水边；B 区为叶片背面与下环靠近处；C 区为下环立面内侧；D 区为转轮叶片背面与上冠交界处。

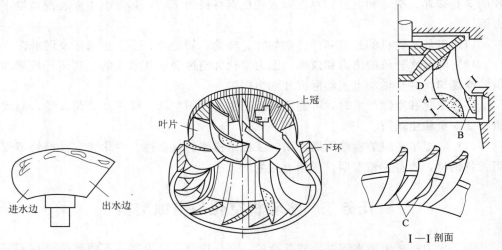

（a）轴流式转轮翼型空蚀主要部位　　　　　　　　　（b）混流式转轮翼型空蚀主要部位

图 9 - 3　水轮机翼型空蚀的主要部位

（二）间隙空化和空蚀

间隙空化和空蚀是当水流通过狭小通道或间隙时引起局部流速升高，压力降低到一定程度时所发生的一种空化和空蚀形态，如图 9 - 4 所示。间隙空化和空蚀主要发生混流式水轮机转轮上、下迷宫环间隙处，轴流转桨式水轮机叶片外缘与转轮室的间隙处，叶片根部与轮毂间隙处，以及导水叶端面间隙处。

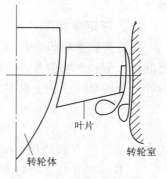

图 9-4　间隙空化和空蚀

（三）局部空化和空蚀

局部空化和空蚀主要是由于铸造和加工缺陷形成表面不平整、砂眼、气孔等所引起的局部流态突然变化而造成的。例如，转桨式水轮机的局部空化和空蚀一般发生在转轮室连接的不光滑台阶处或局部凹坑处的后方；其局部空化和空蚀还可能发生在叶片固定螺钉及密封螺钉处，这是因螺钉的凹入或突出造成的。混流式水轮机转轮上冠泄水孔后的空化和空蚀破坏，也是一种局部空化和空蚀。

（四）空腔空化和空蚀

空腔空化和空蚀是反击式水轮机所特有一种漩涡空化，尤其以反击式水轮机最为突出。当反击式水轮机在一般工况运行时，转轮出口总具有一定的圆周分速度，使水流在尾水管产生旋转，形成真空涡带。当涡带中心出现的负压小于汽化压力时，水流会产生空化现象，而旋转的涡带一般周期性地与尾水管壁相碰，引起尾水管壁产生空化和空蚀，称为空腔空化和空蚀。

空腔空化和空蚀的发生一般与运行工况有关。在较大负荷时，尾水管中涡带形状呈柱状形，如图 9-5（a）所示，几乎与尾水管中心线同轴，直径较小也较为稳定，尤其在最优工况时，涡带甚至可消失。但在低负荷时，空腔涡带较粗，呈螺旋形，而且自身也在旋转，这种偏心的螺旋形涡带，在空间极不稳定，将发生强烈的空腔空化和空蚀，如图 9-5（b）、（c）所示。

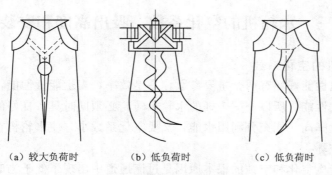

（a）较大负荷时　　　（b）低负荷时　　　（c）低负荷时

图 9-5　空腔气蚀涡带的形状

综上所述，混流式水轮机的空化和空蚀主要是翼型空化和空蚀，而间隙空化和空蚀和局部空化和空蚀仅仅是次要的；而转桨式水轮机是以间隙空化和空蚀为主；对于冲击式水轮机的空化和空蚀主要发生在喷嘴和喷针处，而在水头的分水刃处由于承受高速水流而常常有空蚀发生。在上述四种空化和空蚀中，间隙空化和空蚀、局部空化和空蚀一般只产生在局部较小的范围内，翼型空化和空蚀则是最为普遍和严重的空化和空蚀现象，而空腔空化和空蚀对某些水电站可能比较严重，以致影响水轮机的稳定运行。

二、评定标准

关于评定水轮机空化和空蚀的标准，除了常用测量空蚀部位的空蚀面积和空蚀深度的最大值和平均值外，我国目前采用空蚀指数反映空蚀破坏程度，它是指单位时间内叶片背面单位面积上的平均空蚀深度，用符号 K_h 表示：

$$K_h = \frac{V}{FT} \tag{9-1}$$

式中　V —— 空蚀体积，$m^2 \cdot mm$；

　　　T —— 有效运行时间，不包括调相时间，h；

　　　F —— 叶片背面总面积，m^2；

　　　K_h —— 水轮机的空蚀指数，$10^{-4} mm/h$。

为了区别各种水轮机的空化和空蚀破坏程度，表 9-2 中按 K_h 值大小分为五级。

表 9-2　　　　　　　　　　　**空　蚀　等　级　表**

空蚀等级	空蚀指数 K_h		空蚀程度
	$10^{-4} mm/h$	mm/年	
Ⅰ	<0.0577	<0.05	轻微
Ⅱ	0.0577～0.115	0.05～0.1	中等
Ⅲ	0.115～0.577	0.1～0.5	较严重
Ⅳ	0.577～1.15	0.5～1.0	严重
Ⅴ	≥1.15	≥1.0	极严重

任务三　水轮机的空化系数、吸出高度和安装高程

一、水轮机的空化系数

衡量水轮机性能好坏有两个重要参数，一是效率，表示能量性能，另一个是空化系数，表示空化性能。所以，一个好的水轮机转轮必须同时具备良好的能量性能和空化性能，既要效率高，能充分利用水能，又要空化系数小，使水轮机在运行中不易发生空化和空蚀破坏。

水轮机中产生空化和空蚀的根本原因是过流通道中出现了低于当时水温的汽化压力的压力值。要避免空化和空蚀产生，只需使最低压力不低于当时水温下的汽化压力。水轮机中最易产生的空化和空蚀为翼型空化和空蚀，即在叶片背面的 k 点最易产生空化和空蚀，如图 9-6 所示，在此部位产生的空化和空蚀对水轮机效率和水轮机性能影响最大，故衡量水轮机空化性能好坏，一般是对 k 点而言，只要使 k 点的压力值高于汽化压力就可避免空化和空蚀产生。

σ 为空化系数，是动力真空的相对值，因动力真空不能确切表达水轮机空化特性，也不便与水轮机间空化性能比较，故常采用 σ 表示。

$$\sigma = \frac{\dfrac{\alpha_k v_k^2 - \alpha_5 v_5^2}{2g} - \Delta h_{k-5}}{H} \quad (9-2)$$

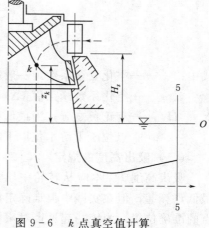

式中
v_k、v_5——k 点，5 断面的流速，m/s；

Δh_{k-5}——k 到 5 断面的水头损失，m；

$\left(\dfrac{\alpha_k v_k^2 - \alpha_5 v_5^2}{2g} - \Delta h_{k-5}\right)$——动力真空，与水轮机工况有关。

σ 是无因次量；σ 随水轮机工况变化而变化，工况一定时，σ 为一定值；σ 与尾水管性能有关，尾水管动能恢复系数越高，σ

图 9-6　k 点真空值计算

越大；σ 随水轮机比转速的增加而增加，因 n_s 越大，v 越大，则 σ 越大。

9-3-1
水轮机的吸出高度和安装高程

二、水轮机的吸出高度

（一）吸出高度的计算公式

水轮机的吸出高度是指转轮中压力最低点（k）到下游水面的垂直距离，常用 H_s 表示。其计算式为

$$H_s \leqslant \frac{p_a}{\gamma} - \frac{p_{汽}}{\gamma} - \sigma H \quad (9-3)$$

式中　$\dfrac{P_a}{r}$——水轮机安装地点的大气压力，海平面标准大气压力为 10.33m 水柱高，水轮机安装处的大气压随海拔高程升高而降低，在 0～3000m 范围内，平均海拔高程每升高 900m，大气压力就降低 1m 水柱高，若水轮机处海拔高程为∇m 时，则大气压为

$$\frac{P_a}{r}(\mathrm{mH_2O}) = 10.33 - \frac{\nabla}{900} \quad (9-4)$$

式中　$\dfrac{P_{汽}}{r}$——当时水温下的汽化压力，水温在 5～20℃时，汽化压力 $\dfrac{P_{汽}}{r} = 0.09 \sim$ 0.24（$\mathrm{mH_2O}$）。为安全和计算的简便，通常取 $\dfrac{P_{汽}}{r} = 0.33$（$\mathrm{mH_2O}$）。

所以，满足不产生空化和空蚀的吸出高度为

$$H_s \leqslant 10.0 - \frac{\nabla}{900} - \sigma H \quad (9-5)$$

σ 由模型气蚀试验得出，因客观因素和主观因素的影响，试验得出的 σ 与实际的 σ 存在着一定的差别，所以在计算水轮机的实际吸出高度 H_s 时，通常引进一安全裕量或安全系数，对 σ 进行修正。为了减少电站厂房基础开挖量，在保证空化和空蚀不严重的条件下，尽可能将水轮机安装在较高地点。因此，实际计算吸出高度 H_s 时，

采用计算公式如下：

$$H_s = 10.0 - \frac{\nabla}{900} - k\sigma H \tag{9-6}$$

$$\text{或} \quad H_s = 10.0 - \frac{\nabla}{900} - (\sigma + \Delta\sigma)H \tag{9-7}$$

式中　k ——空化安全系数，一般取 $k = 1.1 \sim 1.2$；

　　　$\Delta\sigma$ ——空化系数修正值，$\Delta\sigma$ 与设计水头有关，可由图 9-7 查得；

　　　H_s ——有正负之分，当最低压力点位于下游水位以上时，H_s 为正，最低压力点位于下游水位以下时，H_s 为负。

（二）吸出高度的规定

吸出高度 H_s 本应从转轮中压力最低点算起，但在实践中很难确定此点的准确位置，为统一起见，对不同形式水轮机作如下规定，如图 9-8 所示。

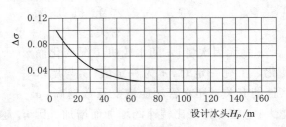

图 9-7　空化系数修正值

（1）轴流式水轮机，H_s 为下游水面至叶片转动中心的距离，如图 9-8（a）所示。

（2）立轴混流式水轮机，H_s 为下游水面至导叶下环平面的垂直高度，如图 9-8（b）所示。

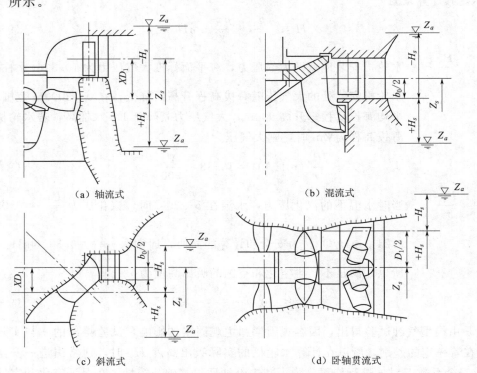

（a）轴流式　　　　　　　　　　　　（b）混流式

（c）斜流式　　　　　　　　　　　　（d）卧轴贯流式

图 9-8　各类型水轮机的吸出高度

（3）立轴斜流式水轮机，H_s 为下游水面至叶片旋转轴线与转轮室内表面相交点的垂直距离，如图 9-8（c）所示。

（4）卧轴混流式、贯流式水轮机，H_s 为下游水面至叶片最高点的垂直高度，如图 9-8（d）所示。

三、水轮机的安装高程

水轮机安装高程是水电站布置设计中的高程控制数据，它直接影响水轮机运行性能和电站的动态经济指标，需经动能经济分析确定。水轮机安装高程指基准面的安装高程，对于不同类型不同安装方式的水轮机，工程上规定的基准面不同，如图 9-9 所示，立轴轴流式和混轴式水轮机基准面指导叶高度中心面高程，卧轴混流式和贯流式水轮机指主轴中心线所在水平面高程。

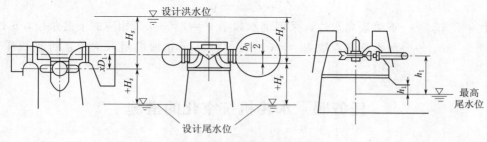

（a）立轴反击式机组安装高程

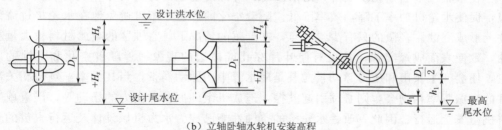

（b）立轴卧轴水轮机安装高程

图 9-9　吸出高度与安装高程

（一）反击式水轮机安装高程确定

（1）立轴混流式水轮机。

$$Z_s = Z_a + H_s + \frac{b_0}{2} \qquad (9-8)$$

式中　Z_s——安装高程，m；

　　　Z_a——下游尾水位，m；

　　　H_s——吸出高度，m；

　　　b_0——导叶高度，m。

（2）立轴轴流式和斜流式水轮机。

$$Z_s = Z_a + H_s + XD_1 \qquad (9-9)$$

式中　Z_s、Z_a、H_s——意义同上；

X ——结构系数，转轮中心与导叶中心距离与 D_1 的比值，一般取

$X = 0.38 \sim 0.46$；

D_1 ——转轮标称直径，m。

（3）卧轴混流式和贯流式水轮机。

$$Z_s = Z_a + H_s - \frac{D_1}{2} \qquad (9-10)$$

（二）冲击式水轮机

冲击式水轮机无尾水管，除喷嘴、针阀和斗叶处可能产生间隙空化和空蚀外，不产生翼型空化和空蚀、空腔空化和空蚀，故其安装高程确定应在充分利用水头又保证通风和落水回溅不妨碍转轮运转的前提下，尽量减小水轮机的泄水高度 h_1。

$$Z_s = Z_{a\max} + h_1 \qquad (9-11)$$

式中　　$Z_{a\max}$ ——下游最高水位，采用洪水频率 $p = 2\% \sim 5\%$ 相应的下游水位，m；

h_1 ——泄水高度，取 $h_1 \approx (1 \sim 1.5) D_1$，立轴机组取大值，卧轴机组取小值。

任务四　水轮机抗空化的措施

在水轮机中当空化发展到一定阶段时，叶片的绕流情况将变坏，从而减少了水力矩，促使水轮机功率下降，效率降低。随着空化的产生，不可避免地在水轮机过流部件上形成空蚀。轻微的只有少量蚀点，在严重的情况下，空蚀区的金属材料被大量剥蚀，致使表面成蜂窝状，甚至有使叶片穿孔或掉边的现象。伴随着空化和空蚀的发生，还会产生噪声和压力脉动，尤其是尾水管中的脉动涡带，当其频率一旦与相关部件的自振频率相吻合，则必须引起共振，造成机组的振动、出力的摆动等，严重威胁着机组安全运行。因此，改善水轮机的空蚀性能已成为水力机械设计及运行人员的重要任务。如何防止和避免空化和空蚀的发生，我国经过 40 多年的水轮机运行实践，对此进行了大量的观测和试验，探讨了水轮机遭受空化和空蚀的一些规律，目前已取得了较成熟的预防和减轻空化和空蚀的经验及措施。但是，还没有从根本上解决问题。因此，从水轮机的水力、结构、材料等各方面进行全面研究，仍是目前水轮机的重要课题之一。

一、改善水轮机的水力设计

翼型的空化和空蚀是水轮机空化和空蚀的主要类型之一，而翼型的空化和空蚀与很多因素有关，诸如翼型本身的参数、组成转轮翼栅的参数以及水轮机的运行工况等。

就翼型设计而言，要设计和试验空化性能良好的转轮。一般考虑两个途径：一种是使叶片背面压力的最低值分布在叶片出口边，从而使汽泡的溃灭发生在叶片以外的区域，可避免叶片发生空化和空蚀破坏。当转轮叶片背面产生空化和空蚀时，最低负压区将形成大量的汽泡，如图 9-10（a）所示，汽泡区的长度为 l_c 小于叶片长度 l，汽泡的瞬时溃灭对叶片表面的空化和空蚀破坏和水流连续性的恢复发生在汽泡区尾部

A 点附近，故叶型空化和空蚀大多产生在叶片背面的中后部。若改变转轮的叶型设计，如图 9-10（b）所示，就可使汽泡溃灭和水流连续性的恢复发生在叶片尾部之后（即 $l_c > 1$），这样就可避免对叶片的严重破坏。实践证明，叶型设计得比较合理时，可避免或减轻空化和空蚀。

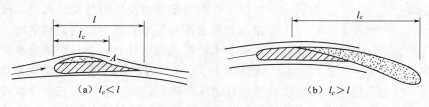

图 9-10　翼型气蚀的绕流

（a）$l_c < l$　　　　　　　　　　　　（b）$l_c > l$

众所周知，沿绕流翼型表面的压力分布对空化特性有决定性的影响。理论计算表明，空化系数明显地受翼型厚度及最大厚度位置的影响，翼型越厚，空化系数越大，所以，在满足强度和刚度要求的条件下，叶片要尽量薄。另外，翼型挠度的增大在其他条件相同的情况下，会引起翼型上速度的上升，所以翼型最大挠度点移向进口边并减小出口边附近的挠度，可降低由于转轮翼栅收缩性引起的最大真空度，因而导致空化系数的下降。其次，叶片进水边的绕流条件对翼型空化性能也有很大影响。进水边修圆，使得在宽阔的工作范围内负压尖峰的数值和变化幅度减小，能延迟空化的发生，所以，进水边应具有半径为 $(0.2 \sim 0.3)\delta_{max}$（最大厚度）的圆弧，与叶片正背面型线的连接要光滑，以获得良好的绕流条件。

翼型稠密的增加，可改善其空化和空蚀性能，降低空化系数。除此之外，有人研究了一种能较大幅度降低水轮机空化系数的襟翼结构，如图 9-11 所示，这种翼型结构表面的压力及速度分布和普通翼型有很大区别，其临界冲角增加且具有相当高的升力系数（$c_g = 2.0$）。襟翼在航空及水翼船上已被采用，但在水力机械上尚未被推广。

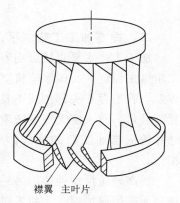

襟翼　主叶片

图 9-11　带襟翼的转轮

为了减小间隙空化和空蚀的有害影响，尽可能采用小而均匀的间隙。我国采用的间隙标准为千分之一转轮直径。而多瑙河—铁门水电站水轮机叶片与转轮室的间隙减小到 $5 \sim 6mm$，即相当于 $0.0005D_1$，取得了良好效果。为了改善轴流式水轮机叶片端部间隙的流动条件，可采用在叶片端部背面装设防蚀片。如图 9-12 所示，它使缝隙长度增加，减小缝隙区域的压力梯度，这样可减小叶片外围的漏水量，并将缝隙出口漩涡送到远离叶片的下游，从而有利于减轻叶片背面的空蚀。但防蚀片也局部改变了原来的翼型，将使水轮机效率有所下降。

近年来的试验研究表明，改进尾水管及转轮上冠的设计能有效减轻空腔空化和空蚀，提高运行稳定性。主要改进方面为加长尾水管的直锥管部分和加大扩散角，因为

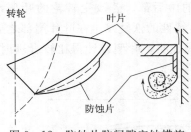

图 9 - 12　防蚀片防间隙空蚀措施

这样有利于提高转轮下部锥管上方的压力，以削弱涡带的形成，此外，加长转轮的泄水锥，如图 9 - 13 所示，试验表明，它对于控制转轮下部尾水管进口的流速也起到重要作用，并显著地影响涡带在尾水管内的形成以及压力脉动。所以，改进泄水锥能有效地控制尾水管的空腔空化和空蚀。

在水轮机选型设计时，要合理确定水轮机的吸出高度 H_s、水轮机的比转速 n_s、空化系数 σ。比转速越高，空化系数越大，要求转轮埋置越深，选型经验表明，这三个参数应最优配合选择。对于在多泥砂水流中工作的水轮机，选择较低比转速的转轮、较大的水轮机直径和降低 H_s 值将有利于减轻空蚀和磨损的联合作用。

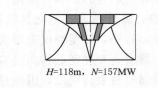
$H=118m$，$N=157MW$

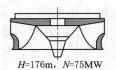
$H=176m$，$N=75MW$

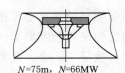
$N=75m$，$N=66MW$

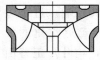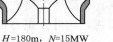
$H=180m$，$N=15MW$

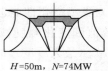
$H=50m$，$N=74MW$

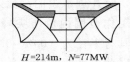
$H=214m$，$N=77MW$

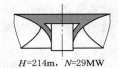
$H=214m$，$N=29MW$

图 9 - 13　加长泄水锥改善空腔空化

二、提高加工工艺水平，采用抗蚀材料

加工工艺水平直接影响着水轮机的空化和空蚀性能，性能优良的转轮必须依靠加工质量来保证，我国水轮机空化和空蚀破坏严重的重要原因之一，就是加工制造质量较差，普遍存在头部型线不良（常为方头）、叶片开口相差较大、出口边厚度不匀、局部鼓包、波浪度大等制造质量问题，因此局部空化和空蚀破坏较严重。另外，转轮叶片铸造与加工后的型线，应尽量能与设计模型图一致，保证原型与模型水轮机相似。

提高转轮抗蚀性能的另一有效措施是采用优良抗蚀材料或增加材料的抗蚀性和过流表面采用保护层。一般不锈钢比碳钢抗空化性能优越。对于重要的中小型机组，可采用抗空化性能较好的材料，如铬钼不锈钢（Cr_8CuMo）、低镍不锈钢（$OGr_{13}Ni$）、13 铬（Cr_{13}）等，但造价较高。因为目前尚未完全了解材料空蚀过程的复杂性，许多材料性质对空蚀会有影响。例如，一方面十分坚硬的材料具有良好的抗蚀性能，如钨铬钴合钨碳化物、工具钢等。而另一方面一些非常软和有弹性的材料，如橡胶和其他高弹性体，也具有良好的抗蚀性能，此外，还观测到给定硬度的延性材料与硬度相同的脆性材料相比，一般延性材料的抗蚀性能较好。综合已有的研究果有以下总的趋势：

（1）材料硬度的影响：材料硬度是抗空蚀的重要因素，一般硬度高的材料抗蚀能力强。然而，只有相当薄的表层硬度才事关重要。因而表面处理工艺使材料表面硬化对抗空蚀是有效的。对于易受应变硬化影响的材料在空泡溃灭压力冲击下都能增强表面硬度，如 18-8Cr-Ni 奥氏体不锈钢，虽然硬度只有 145，比含 17% Cr 钢的硬度 210HV 低得多，但其空蚀失重量却少得多，这是由于它在空蚀过程中材料在反复冲击力的作用下增加了表面硬度，从而提高了抗蚀性能，所以奥氏体不锈钢对于抗空蚀特别成功。

（2）极限拉伸强度：材料的拉伸强度、屈服强度及延性越大，其抗蚀能力越强。

（3）材料的弹性：包括橡胶和其他高弹性体的一类材料，具有很高的延性，但弹性模量很低，在相当低强度的空化作用下，这些材料根本没有空蚀，而在较高强度的空化场中会产生较突然的彻底破坏。

（4）材料的晶粒性质：材料的晶粒越细密，抗蚀能力越强，一般说来，合金能改善金属的晶格结构，因而能提高抗蚀性能。

（5）材料内部的非溶解物：金属材料中含有不纯物质，则会大大降低其抗空蚀能力。如铸铁中含有游离的石墨，所以，铸铁的抗蚀性能很差。

综上所述，抗蚀材料应具有韧性强、硬度高、抗拉力强、疲劳极限高、应变硬化好、晶格细、好的可焊性等综合性能。目前从冶金和金属材料情况看，只有不锈钢和铝铁青铜近似地兼有这些特性。所以，目前倾向于采用以镍铬为基础的各类高强度合金不锈钢，并采用不锈钢整铸或铸焊结构，或以普通碳钢或低合金钢为母材，堆焊或喷焊镍铬不锈钢作表面保护层，后者方案比较经济。

中小型水轮机普遍使用 ZG25~35 碳钢，其价格低，工艺性能较好，但抗空化性能差，因此在过流表面采用保护层，是近年来国内广泛使用的空化空蚀防护方法。一种是采用不锈钢焊条铺焊一层或数层不锈钢防护层，增强空化空蚀部位的抗蚀性。另一种是采用弹性好的非金属涂层。金属涂层材料包括塑料、橡胶和树脂制品。涂层的抗空化性能不但与涂层材料性质有关，而且还与涂层厚度有关，一般厚度越大，抗空化性能越好。非金属材料涂层可节省贵重金属材料，是一种很有前途的防护措施。这种方法在一定程度上是有效的，但由于叶片背面经常是负压，对覆盖层吸力较大，故容易脱落而失效。

三、改善运行条件并采用适当的运行措施

水轮机的空化和空蚀与水轮机的运行条件有着密切的关系，而人们在翼型设计时，只能保证在设计工况附近不发生严重空化，在这种情况下，一般而言，不会发生严重的空蚀现象。但在偏离设计工况较多时，翼型的绕流条件、转轮的出流条件等将发生较大的改变，并在不同程度上加剧翼型空化和空腔空化。因此，合理拟定水电厂的运行方式，要尽量保持机组在最优工况区运行，以避免发生空化和空蚀。对于空化严重的运行工况区域应尽量避开，以保证水轮机的稳定运行。

在非设计工况下运行时，可采用在转轮下部补气的方法，对破坏空腔空化和空蚀，减轻空化和空蚀振动有一定作用。目前中小型机组常采用自然补气和强制补气两种方法。

自然补气装置的形式和位置有以下几种：

（一）主轴中心孔补气

主轴中心孔补气结构简单，如图 9-14 所示。当尾水管内真空度达到一定值时，补气阀自动开启，空气从主轴中心孔通过补气阀进入转轮下部，改善该处的真空度，从而减小空腔空化，但由于这种补气方式难于将空气补到翼型和下环的空化部位，故对改善翼型空蚀效果不好，补气量又较小，往往不足以消除尾水管涡带引起的压力脉动，且补气噪声很大。

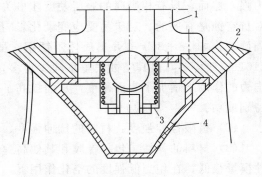

图 9-14　主轴中心孔补气
1—主轴；2—转轮；3—补气阀；4—泄水锥补气孔

（二）尾水管补气

反击式水轮机在某些工况下，在尾水管直锥段中心低压区水流汽化形成涡带，这种不稳定涡带将引起尾水管的压力脉动，这种压力脉动可通过尾水管补气等措施来加以控制。而补气的效果决定于补气量、补气位置及补气装置的结构形状三个要素。

补气量的大小是直接影响着补气效果，一些试验表明，如图 9-15 所示，当有足够的补气量时，才能有效地减轻尾水管内的压力脉动，但是过多的补气量也是无益于进一步减轻尾水管的压力脉动，反而使尾水管内压力上升，造成机组效率下降。通常把最有消除尾水管压力脉动的补气量称为最优补气量，该补气量随水轮机工况的变化而变化，根据许多试验资料表明，最优补气量（自由空气量）约为水轮机设计流量的 2%。

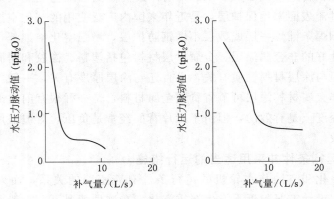

图 9-15　补气量对尾水管压力脉动的影响

尾水管补气常见的两种装置形式有十字架补气和短管补气。图 9-16（a）是尾水管十字架补气装置。当转轮叶片背面产生负压时，空气从进气管 5 进入均气槽 4，通过横管 1 进入中心体 2，破坏转轮下部的真空。对中小型机组，在制造时就在尾水管上部装置了补气管。一般十字架离转轮下环的距离 $f_b=(1/3\sim1/4)D_1$，横管与水平面夹角 $\alpha=8°\sim11°$，横管直径 $d_1=100\sim150$mm，采用 3~4 根。横管上的小补气孔应开在背水侧，以防止水进入横管内。

图 9-16（b）是短管补气装置。短管切口与开孔应在背水侧，其最优半径 $r_0=$

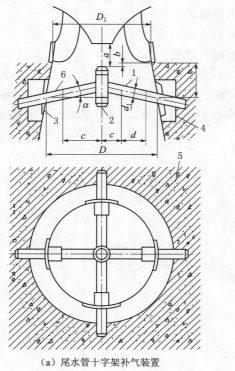

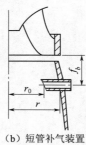

（a）尾水管十字架补气装置　　（b）短管补气装置

图 9-16　尾水管补气装置

1—横管；2—中心体；3—衬板；4—均气槽；5—进气管；6—不锈钢衬套

$0.85r$，r 为尾水管半径。短管应可能靠近转轮下部，可取 $f_b = (1/3 \sim 1/4)D_1$。强制补气装置是在吸出高度 H_s 值较小，自然补气困难时采用，有尾水管射流泵补气和顶盖压缩空气补气。

图 9-17 是尾水管射流泵补气。其工作原理是上游的压力水流，从通气管进口处装设的射流喷嘴中高速射入通气管，在进气口造成负压，可把空气吸入尾水管。射流泵补气节省压缩空气设备，一般适用于 $H_s = -4 \sim -1$m 的水电站。

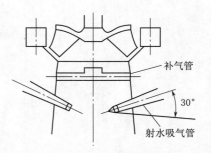

补气时机组效率的影响问题目前研究得尚不充分。因补气削弱了尾水管涡带的压力脉动及稳定了机组运行，故能提高机组效率，但补气降低了尾水管的真空度，补气结构增加了水流的阻力

图 9-17　尾水管射流泵补气

会降低机组效率。其综合的结果在最优补气量及合理的补气结构下，机组效率有提高的趋势，这为许多水电站的运行经验所证实。

思 考 与 练 习 题

1. 水轮机空化和空蚀有哪几种类型？

2. 水轮机空化和空蚀的危害有哪些?

3. 水轮机的吸出高度的定义是什么?

4. 水轮机抗空化和空蚀的措施有哪些?

5. 自然补气装置有哪些形式?

6. 某水电站采用混流式水轮机，所在地海拔高程为 450.00m，设计水头为 100m 时的空化系数为 0.22，空化系数修正值为 0.03，试计算设计水头下水轮机的最大吸出高度 H_s。

水轮机的特性曲线

【知识目标】

熟悉水轮机特性曲线的类型，掌握不同形式水轮机工作特性曲线的意义，掌握不同形式水轮机模型综合特性曲线的构成和意义，熟悉水泵水轮机模型综合特性曲线的构成和意义，掌握水轮机运转综合特性曲线的构成和意义。

【技能目标】

会分析比较不同型式水轮机的特性曲线。

【重点难点】

重点：不同形式水轮机模型综合特性曲线的构成，水轮机运转综合特性曲线的构成。

难点：不同形式水轮机模型综合特性曲线的意义，水轮机运转综合特性曲线的意义。

任务一　水轮机特性曲线的类型

水轮机的特性曲线用于表达水轮机不同工况下对水流能量的转换、空化等方面的水力性能、力特性及其他性能，可以用它来分析水轮机的特性，在水电站设计中选择水轮机的基本参数，确定其合理的运行方式都要用到水轮机特性曲线。

表达水轮机性能的相关参数有水轮机的一些几何参数和工作参数。表示几何特性的参数有转轮直径 D_1、导叶开度（喷嘴开度）a_0，对于转桨式水轮机还有叶片转角 φ；水轮机的基本工作参数包括水头 H、流量 Q、转速 n、效率 η、出力 P、吸出高度等 H_s。水轮机的工作参数常用单位参数来表示，如表示水轮机不同运行工况的参数有单位转速 n_{11}、单位流量 Q_{11}、单位出力 P_{11}、单位水推力 T_{11} 等。

水轮机各参数间的相互关系比较复杂，为了明确某些参数之间的关系，有时需要把一些参数固定，而单独考虑某两个参数之间的关系，这种表示某两个参数之间关系的特性，是一元函数的关系，这种曲线称为水轮机的线性特性曲线。当需要综合考虑水轮机各参数之间的相互关系时，人们把表示水轮机各种性能的曲线绘于同一图上，这种曲线称为水轮机的综合特性曲线。以单位参数 n_{11}、Q_{11} 为纵、横坐标轴的特性曲线称为模型综合特性曲线，用 P、H 为纵、横坐标轴的特性曲线称为运转综合特性曲线。

任务二　水轮机的线性特性曲线

水轮机的线性特性曲线可用转速特性曲线、工作特性曲线及水头特性曲线三种不同形式表示。线性特性曲线具有简单、直观等特点，所以常用来比较不同型式水轮机的特性。

一、转速特性曲线

转速特性曲线是指某转轮直径为 D_1 的水轮机，在水头 H 和导叶开度 a_0 不变的情况下，流量 Q、出力 P 和效率 η 随转速 n 变化的曲线，即 $Q=f(n)$、$P=f(n)$ 和 $\eta=f(n)$。如图 10-1 所示。由水轮机转速特性曲线可以看出水轮机在不同转速时的流量、出力与效率，还可以看出水轮机在某开度时的最高效率、最大出力及水轮机的飞逸转速。转速特性曲线不反映原型水轮机的实际运行情况，因为原型水轮机运行时转速是不允许变化的，必须保持同步转速。该曲线常用于模型试验资料的整理和特性曲线的转换，故不多作介绍。

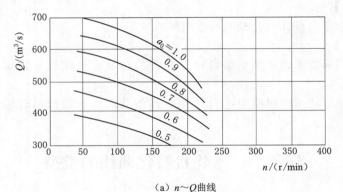

（a）$n\sim Q$ 曲线

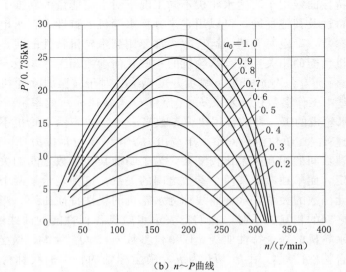

（b）$n\sim P$ 曲线

图 10-1（一）　水轮机转速特性曲线

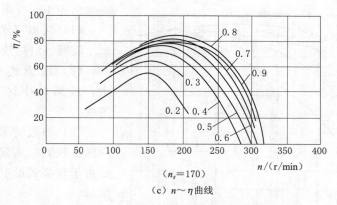

（c）n～η曲线

图 10-1（二）　水轮机转速特性曲线

二、工作特性曲线

一般说来，水电站的水轮机通常在固定的转速下运转，水头的变化也较缓慢，但机组负荷则是经常变化的。工作特性曲线是指某转轮直径为 D_1 的水轮机，在水头 H 和转速 n 不变的情况下，表示导叶开度 a_0、出力 P、流量 Q 和效率 η 之间关系的曲线。如图 10-2 所示。

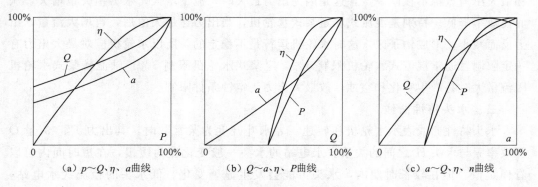

（a）p～Q、η、a 曲线　（b）Q～a、η、P 曲线　（c）a～Q、η、n 曲线

图 10-2　水轮机工作特性曲线

在水轮机的工作特性曲线上，有 3 个重要的特征点：

（1）当功率为 0 时，流量不为 0，此处的流量称为空载流量，对应的导叶开度称为空载开度。此时流量很小，水流作用于转轮的力矩仅用来克服阻力维持转轮以额定转速旋转，输出功率为 0。

（2）效率最高点对应的流量为最优流量。

（3）功率曲线最高点处的功率，称为极限功率，对应的流量称为极限流量。

三种工作特性曲线可以相互转换，将一种形式变换成任何其他一种形式。从任何一种工作特性曲线上都可以看出水轮机的空载开度及所对应的流量，也可以看出水轮机的最优工况下所对应的水轮机导叶开度、流量、出力。

在出力特性曲线中，最常用者是出力与效率的关系曲线。为便于比较水轮机的特性，将各型式水轮机的出力与效率（按百分比）的关系曲线绘在一张图上，如图 10-3 所示。

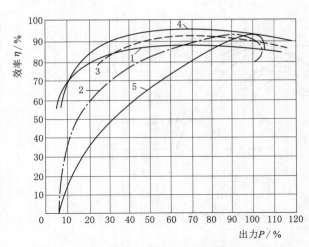

图 10 - 3　各型式水轮机工作特性曲线

1—切击式，$n_s = 20$；2—混流式，$n_s = 300$；3—转桨式，
$n_s = 625$；4—斜流式，$n_s = 200$；5—定桨式，$n_s = 570$

由图 10 - 3 可以看出：

（1）切击（水斗）式水轮机 η_{max} 最低，但高效率区较宽。

（2）混流式水轮机 η_{max} 较大，虽高效率区不甚宽，但尚平缓。

（3）轴流转桨式水轮机高效率区也较宽，而定桨式最差。这是由于转桨式的叶片可以转动的缘故。

（4）斜流式水轮机的叶片也可以转动，所以不仅效率高，而且高效率区也最宽，对水头和流量变化的适应性更强。

（5）所有曲线，最高效率点和最大出力点都不在同一点，这是因为出力最大时，流量增大，水力损失也增大，从而使效率降低。特别是混流式和定桨式水轮机，当出力达最大值后，再增大流量，出力反而减小，形成钩子区，这时水轮机运行是不稳定的，所以水轮机应对最大出力有一定限制。通常混流式水轮机限制 5%，定桨式水轮机限制 3%，轴流转桨式水轮机因流量大时易产生空化和空蚀，故最大出力受空蚀条件限制。

三、水头特性曲线

水头特性曲线表示水轮机在转速、导水叶开度为某常数时，其出力 P、流量 Q 及效率 η 与水头 H 之间的关系。水电站的水头一般变化较为缓慢，在短时间内可以看作定值。但在较长时期内，水头可能会发生显著变化。低水头的径流式水电站，可能由于洪水期或电站在大负荷工况下运行时流量的增多而使下游水位升高，或因为防洪需要降低上游水位；高水头电站，上游库水位可能发生较大变化；具有长引水道的电站，流量变化时引水损失变化，这些都可能引起水轮机作用水头的较大变化。

图 10 - 4 为某水轮机的水头特性曲线。H_x 为对应导叶开度下的空载水头。从图中看出，水轮机的流量与水头关系曲线在小开度时接近直线，大开度时呈现非直线性。各导叶开度下的流量水头曲线从相应的空载水头开始引出，导叶开度不同时，相应的空载水头不同。水轮机的效率与水头关系曲线表示，当水头低于最高效率点所对应的水头 H_0 时，水轮机的效率变化比较急剧，水头高于 H_0 时，效率变化比较缓慢。水轮机的出力与水头关系曲线接近直线，各导叶开度下的出力水头曲线从相应的空载水头开始引出。低于空载水头时，水轮机即使在空载时也不能达到额定转速。

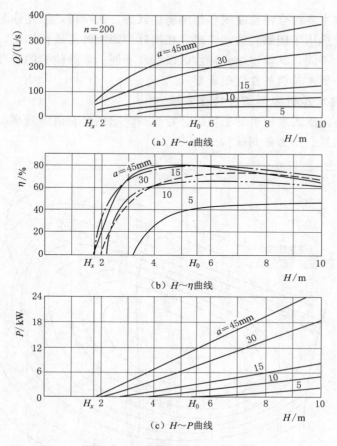

（a）$H \sim a$曲线

（b）$H \sim \eta$曲线

（c）$H \sim P$曲线

图 10 - 4　水轮机水头特性曲线

任务三　水轮机模型综合特性曲线

由前述已知，同系列水轮机在相似工况下各单位参数为常数，而且一定的（n_{11}，Q_{11}）值就决定了一个相似工况，同时由 $n_{11} = \dfrac{nD_1}{\sqrt{H}}$ 和 $Q_{11} = \dfrac{Q}{D_1^2\sqrt{H}}$ 可以看出：n_{11} 和 Q_{11} 与 Q、H、D_1、n 等水轮机主要参数有着直接的关系，当其中某一参数变化时，n_{11} 和 Q_{11} 就会发生相应的变化。若以单位参数 n_{11}，Q_{11} 为纵、横坐标绘制的若干组等值曲线，这些等值线就可以表示出同系列水轮机的全面特性。坐标系中的任意一点就表示了该轮系水轮机的一个工况（工作状态）。

水轮机主要综合特性曲线主要有：等效率线 $\eta = f(n_{11}, Q_{11})$；等开度线 $a_0 = f(n_{11}, Q_{11})$；等空化系数线 $\sigma = f(n_{11}, Q_{11})$；混流式水轮机的出力限制线；转桨式水轮机转轮叶片等转角线。对某一固定水轮机（D_1、n 为定值）来说，主要综合特性曲线的纵坐标 n_{11}，实质上是表示水头 H 的变化，H 大则 n_{11} 小，H 小则 n_{11} 大；当 H 为定值（对应于某一纵坐标 n_{11}）时，横坐标 Q_{11} 表示流量 Q 的变化，也就是表示出力的变化。这些主要综合特性曲线都是由模型试验方法获得，因此称为水轮机模型综合特性曲线，它适用于同系列的水轮机，在换算为原型时需进行修正。

水轮机类型不同，其模型综合特性曲线特点不同。掌握他们的特性，对于能正确选择水轮机及分析水轮机的性能很重要。

一、混流式水轮机模型综合特性曲线

图 10-5 为混流式水轮机的主要综合特性曲线示例。它由等效率线、导叶等开度线、等空化系数线、出力限制线构成。

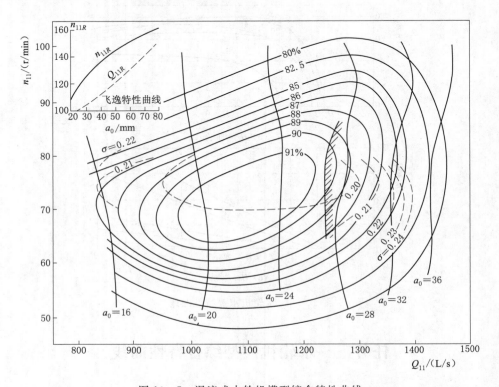

图 10-5　混流式水轮机模型综合特性曲线

同一条等效率线上各点的效率均等于某常数。等效率线上的各点工况不同，但水轮机中的诸损失之和为 0，所以水轮机具有相等的效率。

等开度线表示模型水轮机导叶开度 a_0 为某常数时，水轮机的单位流量随单位转速的改变而发生变化的特性。

等空化系数线表示水轮机各工况下空化系数的等值线，等空化系数线上各点工况不同，其空化系数相同。

5% 出力限制线是某单位转速下水轮机的出力达到该单位转速下最大出力的 95% 时各工况点的连线。水轮机在最大出力运行时，不可能按照正常规律调节功率，当超过 95% 最大功率运行时，效率随流量的增加而降低，而且效率的降低幅度超过流量增加的幅度，出力出现减小的趋势，致使调速器对水轮机的调节性能较差。为了避开这些情况，并使水轮机具有一定的出力储备，因此，将水轮机限制在最大出力的

95％范围内运行。

二、转桨式水轮机模型综合特性曲线

轴流定桨式水轮机及其他固定叶片的反击式水轮机，其模型综合特性曲线和混流式水轮机具有相同的形式。

某轴流转桨式水轮机模型综合特性曲线如图 10-6 所示。轴流转桨或斜流转桨式水轮机的叶片可以改变角度，当水轮机的工作水头或负荷发生变化时，通过协联机构使叶片角度作相应的改变，使水轮机保持良好的工作效率，这种运行方式称为协联方式。在转桨式水轮机主要综合特性曲线上，除有等导叶开度线、等效率线、等空化系数线外，还有等叶片转角 φ 线，但无出力限制线，这是因为转桨式水轮机具有宽广的高效率区，其最大允许出力通常受空化条件限制。

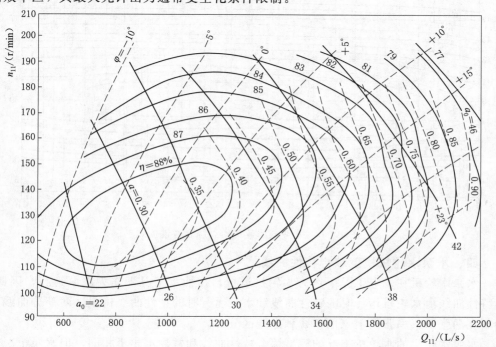

图 10-6 转桨式水轮机模型综合特性曲线

转桨式水轮机的等效率线是协联方式下工作的效率等值线，是水轮机在不同叶片角下各同类水轮机等效率线的包络线。

等开度线是协联方式下，导叶开度为某常数、叶片角度不同时，水轮机单位流量和单位转速之间的关系，它表示水轮机在协联方式工作下的过流特性。

等叶片转角线是同一叶片转角下各单位转速对应的最高效率点的连线。

通过等导叶开度线和等叶片转角线可以找出导叶开度和叶片转角的最佳协联关系。

等空化系数线是各叶片转角下的同类水轮机的等空化系数线和等叶片转角线的一系列交点中，空化系数等值的连线。

三、冲击式水轮机模型综合特性曲线

冲击式水轮机包括切击式、斜击式、双击式三种类型，它们的模型综合特性曲线具有相同的特点。某冲击式水轮机模型综合特性曲线如图 10－7 所示，它由等效率线和喷针的等行程线（相当于反击式水轮机的等开度线）构成，由于喷嘴的流量取决于喷针的位置，所以不管单位转速如何变化，单位流量是不变的，故喷针的等行程线均为与横轴（单位流量）垂直的直线。冲击式水轮机没有出力限制线，由于它对负荷变化适应性较好，等效率线扁而宽，开度在较大时也不会出现单位流量增加而出力减小的情况。冲击式水轮机也没有等空化系数线，转轮在大气压下工作，它的空化机理和反击式水轮机不同，很难用空化系数表示冲击式水轮机的空化性能。

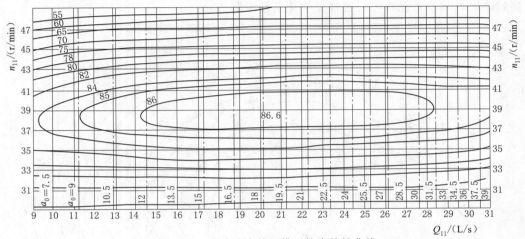

图 10－7　水斗式水轮机模型综合特性曲线

四、水泵水轮机模型综合特性曲线

水泵水轮机在发电工况下作为水轮机运行，在抽水工况下作为水泵运行，因此，其特性曲线由水轮机运行时的特性曲线和水泵运行时的特性曲线构成。两部分曲线可绘制在两张图或一张图上（用实线和虚线区分）。

水泵水轮机的水轮机工况的模型综合特性曲线和常规水轮机相同，但水泵工况的特性曲线常采用模型试验转轮的试验扬程和水泵出水量为纵横坐标来表示。如图 10－8（b）所示。

图 10－8（a）是斜流式水泵水轮机的水轮机工况的模型综合特性曲线，曲线中标有等效率线、等叶片转角线和协联工况的等开度线。图 10－8（b）是斜流式水泵水轮机的水泵工况的模型综合特性曲线，曲线有等效率线、等叶片转角线、等空化系数线和协联工况的等开度线。从图中可知，同一转轮在水轮机工况和水泵工况运行时，其性能有较大差别，水泵工况的最优单位流量比水轮机工况大一些。

五、不同型式水轮机特性曲线的比较

1. 不同类型不同比转速水轮机单位参数与等效率线的比较

图 10－9 是各类型水轮机等效率线的简化形式。从图中可知，各类型水轮机的特点和适用范围。

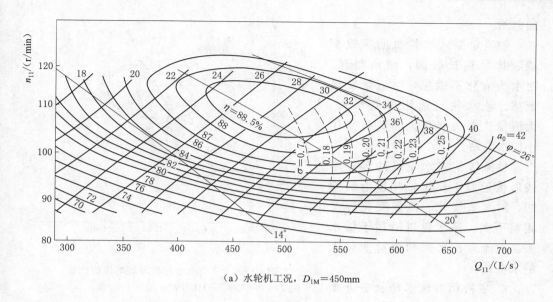

（a）水轮机工况，$D_{1M}=450\text{mm}$

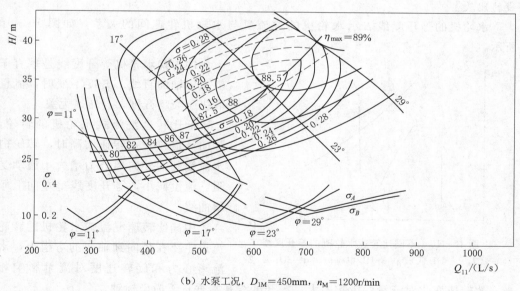

（b）水泵工况，$D_{1M}=450\text{mm}$，$n_M=1200\text{r/min}$

图 10-8　斜流式水泵水轮机模型综合特性曲线

　　水斗式水轮机的等效率线形状扁平，单位流量、单位转速数值很小，表示水轮机对水头变化敏感，对功率变化迟缓。水斗式水轮机适用于高水头（水头变幅小）、小流量（负荷变化大）的水电站。

　　低比转速混流式水轮机等效率线形状扁平椭圆，单位流量、单位参数数值偏低，对水头变化敏感，对功率变化迟缓。该水轮机适用于高水头、低流量、水头变化小、负荷变化大的电站。

　　中高比转速混流式水轮机等效率线形状接近椭圆，单位流量、单位参数数值居中，对水头变化、功率变化程度相差不大。该水轮机适用于水头、流量中等范围开发

197

的电站。

　　轴流定桨式水轮机的等效率线形状呈狭长椭圆，倾角明显，对水头变化不敏感，对流量变化敏感。该水轮机适用于低水头、大流量、水头变化大、负荷变化小的水电站。

　　轴流转桨式水轮机的等效率线形状近似于长短轴相接近的椭圆，对水头变化、流量变化程度相差不大。该水轮机适用于低水头、大流量、水头和负荷变化大的水电站。

　　2. 不同比转速水轮机等开度线的比较

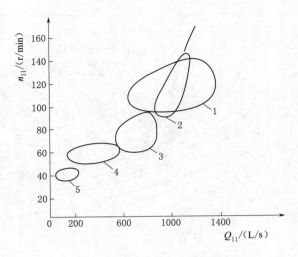

图 10 - 9　各类型水轮机等效率线的比较
1—ZZ；2—ZD；3—HL 中高 n_s；4—HL 低 n_s；5—CJ

　　水轮机的等开度线表示水轮机的过流量与水轮机转速间的关系，如图 10 - 10 所示。

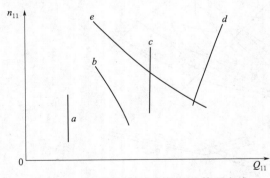

图 10 - 10　不同比转速水轮机的等开度线
a—CJ；b—HL 低 n_s；c—HL 中高 n_s；d—ZD；e—ZZ

　　冲击式水轮机等开度线是垂直于横坐标轴的直线。开度不变时，流量取决于喷嘴开度，与转速无关。

　　低比转速混流式水轮机的转轮，径向流道较长，转速增高时，转轮内水流受到的外向离心力增大，流动受阻，流量减小，等开度线呈左向上倾斜曲线。

　　中高比转速混流式水轮机的转轮流道主要在径向到轴向的弯道上，水流离心力和旋转速度对流量影响相当，故转速变化对流量的影响不大，等开度线基本垂直于横坐标轴。

　　轴流定桨式水轮机的转轮流道位于轴向流道上，水流流量随转速增高而增大，等开度线呈右向倾斜曲线。

　　轴流转桨式水轮机的转轮通道与定桨式相同，但在同一开度线上，其水流流量还要受到协联关系决定的叶片转角变化的影响。当导叶开度不变，转速增高时，叶片转角变小，等开度线呈向左上倾斜曲线。

任务四　水轮机运转综合特性曲线

　　运转综合特性曲线是在转轮直径 D_1 和转速 n 为常数时，以水头 H 和出力 P 为纵、横坐标而绘制的几组等值线，它包括等效率线 $\eta = f(P,H)$、等吸出高度线 $H_S = f(P,H)$ 以及出力限制线。此外，有时图中还绘有导叶等开度 a_0 线、转桨式水轮机的叶片等转角线 φ 等。

图 10-11 为某混流式水轮机的运转综合特性曲线。运转综合特性曲线一般由水轮机厂家提供，也可由主要综合特性曲线根据相似律换算绘出。图中出力限制线受两方面的影响：水头较高时，水轮机出力较大，此时出力受发电机容量限制，其限制线为一条竖直线；水头较低时，水轮机出力较小，达不到发电机额定容量，此时出力受水轮机最大过流能力和效率的限制，限制线接近于一条斜直线。所以在运转综合特性曲线上，出力限制线为一折线，折点处对应的水头即为水轮机达到额定出力的最小水头，也就是水轮机的设计水头。混流式水轮机的出力限制线由 5％出力限制线换算而来，而转桨式水轮机则是受设计水头时导叶最大开度的限制。运转综合特性曲线对水轮机的选择，特别是水轮机的运行管理都有重要用途。

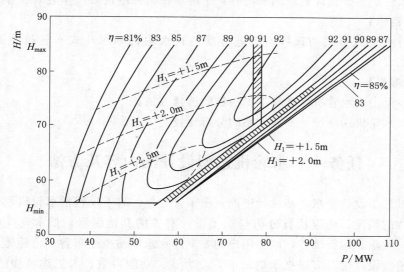

图 10-11　水轮机的运转综合特性曲线

特别需要说明的是：运转综合特性曲线是原型水轮机的特性曲线，曲线上的数据均为原型水轮机数据。

水轮机选型设计是水电站设计中的一项重要工作。它不仅包括水轮机型号的选择和有关参数的确定，还应认真分析与选型设计有关的各种因素，如水轮发电机的制造、安装、运输、运行维护，电力用户的要求以及水电站枢纽布置、土建施工、工期安排等。因此，在选型设计过程中应广泛征集水工、机电和施工等多方面的意见，列出可能的待选方案，进行各方案之间的动能经济比较和综合分析，以力求选出技术上先进可靠、经济上合理的水轮机。

思 考 与 练 习 题

1. 混流式水轮机的模型综合特性曲线由哪些曲线构成？
2. 什么是 5％出力限制线？

水 轮 机 的 选 型 设 计

【知识目标】

熟悉水轮机选型设计的原则和内容，了解水轮机机组台数选择的因素有哪些。

【技能目标】

会进行水轮机型式的选择，会进行反击式水轮机和水斗式水轮机主要参数的选择。

【重点难点】

重点：反击式水轮机型式和主要参数的选择方法。

难点：水轮机选型设计不同方案的分析比较。

任务一　水轮机选型设计的内容及方法

水轮机选型设计是水电站设计中的一项重要工作。它不仅包括水轮机型号的选择和有关参数的确定，还应认真分析与选型设计有关的其他因素，如水轮发电机的制造、安装、运输、运行维护，电力用户的要求以及水电站枢纽布置、土建施工、工期安排等。选型设计时，应根据水电站的开发方式、动能参数、水工建筑物的布置等，同时参照国内已生产的水轮机转轮参数及制造厂的生产水平，拟选出若干个方案进行动能经济比较和综合分析，选出技术上先进可靠、经济上合理的水轮机。

一、水轮机选型设计的原则

水轮机选择遵循的原则是：在满足水电站出力要求和与水电站参数（水头和流量）相适应的条件下，选用性能好和尺寸小的水轮机。

所谓性能好，包括能量性能好和耐空化性能好两个方面。能量性能好是要求水轮机的效率高，不仅水轮机最高效率高，而且在水头和负荷变化的情况下，其平均效率也高。为此应尽可能在水电站水头变化范围内选择 $\eta = f(P)$ 曲线变化平缓的水轮机。耐空化性能好，就是说所选水轮机的空化系数要小，能保证机组运行稳定可靠。

要使水轮机尺寸小，就应尽可能选用比转速高的水轮机，比转速高的水轮机转速高，转轮直径小。为此，在水轮机选择计算时，应采用 n_{11} 等于或稍高于最优单位转速 n_{110}，而 Q_{11} 值则应采用型谱表中推荐使用的最大单位流量 Q'_{1max}，以充分利用水轮机的过水能力，减小水轮机尺寸。

选择水轮机除考虑上述基本原则外，还应考虑所选择机组易于供货，运输困难小，施工安装方便，以便尽可能缩短水电站建设工期，争取早日发电。

二、水轮机选型设计的内容

（1）确定单机容量及机组台数。

（2）确定机型和装置形式。

（3）确定水轮机的功率、转轮直径、同步转速、吸出高度及安装高程、轴向水推力、飞逸转速等参数。对于冲击式水轮机，还包括确定射流直径与喷嘴数等。

（4）绘制水轮机的运转综合特性曲线。

（5）确定蜗壳和尾水管的型式及尺寸。

（6）估算水轮机的外形尺寸、重量和价格。

（7）提出在特性或结构上的某些特殊要求进行设备投资总概算等。

三、水轮机选型设计所必需的基本资料

水轮机的型式及参数的选择是否合理，是否与电站建成后的实际相吻合，在很大程度上取决于原始资料的调查、汇集和校核。初步设计时，通常应具备以下基本资料。

（1）枢纽资料：包括河流的水能总体规划、流域的水文地质、水能开发方式、水库的调节性能、水利枢纽布置、电站类型及厂房条件、上下游综合利用的要求，工程的施工方式和规划等情况。还应包括经过严格分析与核准的水能基本参数，诸如电站的最大水头 H_{max}，最小水头 H_{min}，加权平均水头 H_a，设计水头 H_r，各种特征流量 Q_{min}、Q_{max}、Q_a，典型年（设计平水年、丰水年、枯水年）的水头，流量过程线。此外还应有电站的总装机容量、保证出力以及水电站下游水位流量关系曲线。

（2）电力系统资料：包括电力系统负荷组成，设计平水年负荷图、典型日负荷图，远景负荷；设计电厂在系统中的作用与地位，例如调峰、基荷、调相、事故备用的要求以及与其他电站并列调配运行方式等。

（3）水轮机设备产品技术资料：包括国内外水轮机型谱、产品规范及其特性；同类水电站的水轮机参数与运行经验等。

（4）运输及安装条件：应了解通向水电站的水陆交通情况，例如公路、水路及港口的运载能力（吨位及尺寸）；设备现场装配条件，大型专用加工设备在现场临时建造的可能性及经济性；大型部件整件出厂与分块运输现场装配的比价等。

除上述资料外，对于水电站的水质应用详细的资料，包括水质的化学成分、含气量、泥沙含量等。

任务二　机组台数的选择

11-2-1 ▶

水轮机机组台数、型号选择

水电站总装机容量等于机组台数和单机容量的乘积。在总装机容量确定的情况下，可以拟定出不同的机组台数方案。当机组台数不同时，则单机容量不同，水轮机的转轮直径、转速也就不同，有时甚至水轮机的型号也会改变，从而影响水电站的工程投资、运行效率、运行条件以及产品供应。因此，在选择机组台数时，应从以下几

方面综合考虑。

一、成本因素

机组台数的多少直接影响单机容量，而通常水轮机、发电机、调速器及变压器的单位千瓦成本均随机组的单机容量增加而降低。有的制造厂认为当机型一定时，水轮机的价格 C 与单机容量 N 的大致关系如下：

$$C = N^{0.7\sim0.75} \qquad\qquad (11-1)$$

因为制造小机组其单位千瓦所消耗的材料较多，而且费工时。

除主要机电设备成本外，机组台数增加同时要求增加配套设备的套数，电气接线也变得复杂，厂房总的平面尺寸也需增加。因此，对已给定的电厂总装机容量，其土建工程及动力厂房的成本也直接随机组数增加而增加。

从上述两方面因素考虑，工程设计时，应优先选用较小的机组数，亦即适当地采用较大的单机容量。目前国内外大中型水轮机单机容量分档的发展趋势大致为：1 万 kW、5 万 kW、7.5 万 kW、15 万 kW、30 万 kW、50 万 kW、60 万 kW、80 万 kW、100 万 kW 等级。

图 11-1 是采用不同机组台数与机组相对费用的比较结果。当受到地质条件或厂房尺寸限制要求减小机组数而又不能加大机组尺寸时，有时可通过增加转轮的比转速提高单机容量。

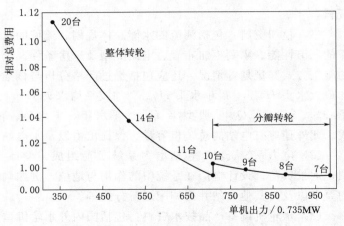

图 11-1　机组台数与相对总费用关系

二、运行效率因素

当采用不同的机组台数时，水电厂的运行平均效率是不同的。例如较大单机尺寸的机组，由于水轮机中的水力摩擦损失及渗漏损失相对值较小，故其效率比较高。这对于预计经常满负荷运行的水电厂获得的动能效益特别显著。对变动负荷的水电厂，若采用过少的机组台数，虽单机效率高，但在部分负荷时，由于负荷不便于在机组间调节，因而不能避开低效率区。因此电厂的平均效率较低。图 11-2 表示采用机组台数不同时电厂的效率特性比较。

图中可见，如电厂仅 1 台 50 万 kW 的机组，满负荷效率为 91%，在部分负荷时（25 万 kW），电厂效率仅为 60%，但如果装置 2 台单机出力 25 万 kW 的机组，则可以一台机停机，而另一台机仍在满负荷下运行，从而保持电厂的运行效率接近 91% 的水平。这就说明，采用 2 台机可使电厂在满负荷及半负荷时均能达到最高效率运行。若装置 4 台单机容量 12.5 万 kW 的机组，则在 100%、75%、50%、25% 的电厂负荷时均能达到最高效率。

此外，机组类型不同时，台数对电站运行效率的影响不同。对于轴流定桨式水轮

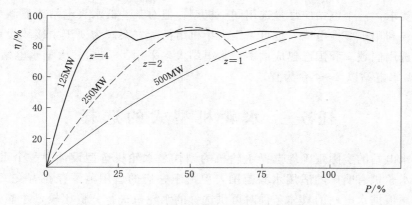

图 11-2 机组台数不同时电厂效率特性

机，其效率曲线比较陡峭，当出力变化时，效率变化剧烈。若机组台数多一些，则可通过调整开机台数而避开低负荷运行，从而使电站的运行效率明显提高。但是，对于转桨式水轮机或多喷嘴的水斗式水轮机，由于可以通过改变叶片角度或增减使用喷嘴的数目而使水轮机保持高效率运行，因此，机组台数对电站运行效率的影响较小。

三、运行维护因素

机组台数较多时，其优点是运行方式灵活，发生事故时对电站及所在系统的影响较小，检修也容易安排。但台数较多时，运行人员增加，运行用的材料、消耗品增加，因而运行费用较高。同时，较多的设备与较频繁的开停机会使整个电站的事故发生率上升。

四、电厂主接线因素

由于水电厂水轮发电机组常采用扩大单元接线方式，故机组台数多采用偶数。对于装置大型机组的水电厂，由于主变压器的最大容量受到限制，常采用单元接线方式，因此机组台数的选择不必受偶数的限制。

五、电力系统因素

对于占电力系统容量比重较大的水电厂及大型机组，发生事故时对电力系统的影响较大，考虑到电力系统中备用容量的设置及电力系统的安全性，在确定台数时，单机容量不应大于系统的备用容量，即使在容量较小的电网中，单机容量也不宜超过系统容量的 $10\%\sim15\%$。

六、设备制造、运输及安装因素

机组台数增加时，水轮机和发电机的单机容量减小，则机组的尺寸小，制造、运输及现场安装都较容易。反之，台数减小则机组尺寸增大，机组的制造、运输和安装的难度也相应加大。因此，最大单机容量的选择要考虑制造厂家的加工水平及设备的运输、安装条件。此外，从发电机转子的机械强度方面考虑，发电机转子的直径必须限制在转子最大线速度的允许值之内，机组的最大容量有时也会因此受到限制。

上述各因素中都包含着互相对立又互相联系的两个方面，在选择时应针对主要因素确定合理的机组台数。实际工程中，为了运行灵活和便于检修，除装机容量小于 100kW 时，选用 1 台机组外，一般应不少于 2 台，为了制造、安装和运行维修方便，如无特殊要求，一个电站应尽量选用同一机型。但对某些低水头电站或灌溉渠系上的电站，为了利用季节性电能，也可采用大小机组搭配方案。为便于主接线设计，机组台数一般选用偶数。我国已建成的中型水电站大多采用 4～6 台，大型水电站采用 6～8 台，小型水电站以 2～4 台为宜。

任务三 水轮机型式的选择

根据水电站的实际正确地选择水轮机的型式是水轮机选型设计中一个重要环节。虽然各类水轮机有明确的适用水头范围，但由于它们的适用范围存在着交叉水头段，因此，必须根据水电站的具体条件对可供选择的水轮机进行分析比较，才能选择出最合适的机型。

一、型号选择

水轮机机型选择是在已知装机容量 N_y 和水电站各种特征水头 H_{max}、H_{min}、H_a 和 H_r 的情况下进行的。当已知装机容量 N_y 和选定机组台数 m 后，则水轮机单机出力 $P = \dfrac{N_y}{m\eta_g}$，其中 η_g 为发电机效率，大中型机组 $\eta_g = 96\% \sim 98\%$，中小型机组 $\eta_g = 95\% \sim 96\%$。单机容量与单机出力不同，单机容量是指机组发电机的额定容量，单机出力则是指水轮机的额定出力。由于存在发电机效率问题，故单机出力总大于单机容量。大中小型水轮机的划分见表 11-1。

大中型与中小型水轮机型谱的衔接，以转轮直径 D_1 为标准，$D_1 \geqslant 1\text{m}$ 的混流式水轮机和 $D_1 \geqslant 1.4\text{m}$ 的轴流式水轮机，按大中型水轮机型谱执行，其他按中小型水轮机型谱执行，且大中型与中小型水轮机型谱不能通用。

表 11-1　　　　　　　　　　　大中小型水轮机的划分表

装机容量 N_y/万 kW	水轮机类型	单机出力 P/万 kW	水轮机类型
<5	小	<1	小
5～20	中	1～3	中
>20	大	>3	大
>200	巨		

大中型水轮机的类型及其适用的水头范围见表 11-2。各类水轮机的适用范围除了与使用水头有关外，还与水轮机的容量有关，同一类同一比转速的水轮机，在小容量时使用水头较低，在容量较大时使用水头较高。为了便于选择水轮机的型式，制定了水轮机应用范围图，如图 11-3 所示。

从表 11-2 及图 11-3 可看出，各类水轮机的应用水头是交叉的，其中，存在着交界水头段。在水轮机选择时，若同一水头段有多种机型可供选择，则需要认真分析各类水轮机的特性并进行技术经济比较以确定最适合的机型。

水轮机机型可根据水轮机型谱选择，也可根据水轮机使用范围综合图选择。

表 11-2   水轮机的类型及适用范围

水 轮 机 型 式			适用水头范围 /m	比转速范围
能量转换方式	水流方式	结构型式		
反击式	贯流式	灯泡式 轴伸式	<20	600～1000
	轴流式	定桨式 转桨式	3～80	200～850
	斜流式		40～180	150～350
	混流式		30～700	50～300
冲击式	射流式	水斗式	300～1700	10～35（单喷嘴）

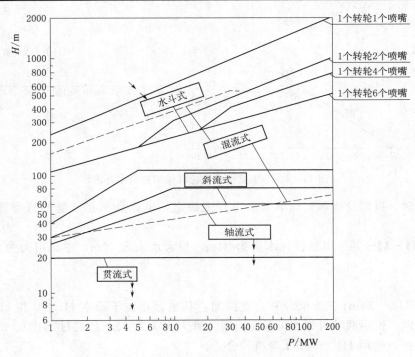

图 11-3 各类型水轮机的应用范围图

（一）根据水轮机型谱选择机型

根据已确定的单机出力及水电站水头范围，从水轮机型谱中选择出适宜的机型。型谱中推荐了各种机型适用的水头范围，其上限水头是由水轮机结构强度和空化特性等条件限制的，下限水头主要是由经济因素定出的。适合电站水头范围的机型即为可选机型。

（二）根据水轮机使用范围综合图选择机型

水轮机使用范围综合图是在以水头为横坐标，出力为纵坐标的坐标系中，绘出每种水轮机使用范围的图形。在水轮机使用范围综合图上，每种水轮机使用范围为一斜方框，方框的两竖线为水头范围，两斜线为该型水轮机最大、最小转轮直径的出力范围。如图 11 - 4 所示。

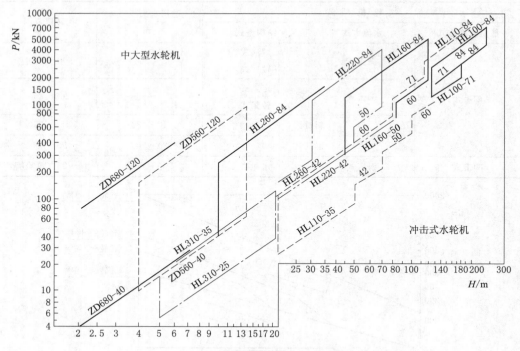

图 11 - 4　小型反击式水轮机使用范围综合图

选择时，根据设计水头和单机出力查图确定，坐标点所在方框的机型即为可选机型。

【例 11 - 1】　某水电站设计水头为 34m，最大水头为 40m，单机出力为 600kW，选择机型。

解：

根据 $H_r = 34m$，$P = 600kW$，查图知：其坐标点位于图中 HL260 和 HL220 的两个方框内，说明两种机型均可采用，因为最大水头为 40m 已超过 HL260 的最大水头 35m，所以选用 HL220 型水轮机较合适。

二、装置方式选择

在大中型水电站中，其水轮发电机组的尺寸一般较大，安装高程也较低，因此其装置方式多采用竖轴式，即水轮机轴和发电机轴在同一铅垂线上，并通过法兰盘连接。这样使发电机的安装位置较高不易受潮，机组的传动效率较高，而且水电站厂房的面积较小，设备布置较方便。

对机组转轮直径小于 1m，吸出高度 H_s 为正值的水轮机，常采用卧轴装置，以降低厂房高度。而且卧式机组的安装、检修及运行维护也较方便。

任务四　反击式水轮机主要参数的选择

在机组台数和型号确定之后，可进一步确定各方案的转轮直径 D_1、转速 n 及吸

出高度 H_s。所选择的 D_1、n 应满足在设计水头 H_r 下发出水轮机的额定出力，并在加权平均水头 H_a 运行时效率最高；所选择的吸出高度 H_s 应满足防止水轮机空化和空蚀的要求和水电站开挖深度的经济合理性。

一、用系列应用范围图确定反击式水轮机主要参数

水轮机厂家对各系列水轮机均绘出了相应系列的应用范围图，应用范围图表明了该系列水轮机在各种转轮直径 D_1 和转速 n 情况下的最优工作范围，如图 11-5 为 HL220 系列水轮机的应用范围图。图 11-6 为 ZZ440 系列水轮机的应用范围图。

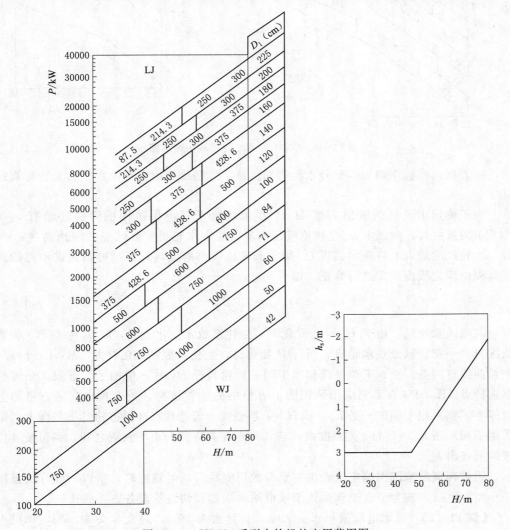

图 11-5 HL220 系列水轮机的应用范围图

系列应用范围图是在以水轮机单机出力 P 为纵坐标，水头 H 为横坐标的坐标系中，绘有许多平行斜线，并用短线将其分成许多平行四边形方格，每一小方格内注明水轮发电机的同步转速，最右边的数字是水轮机的标称直径 D_1。

根据电站设计水头 H_r 和单机出力 P，在应用范围图上找出坐标点所在的小方

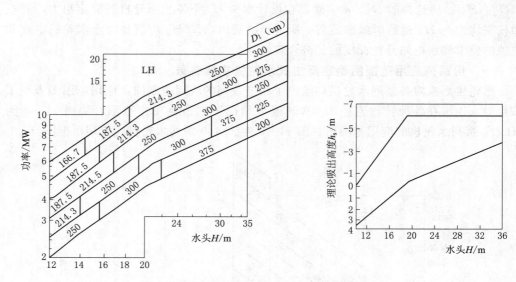

图 11 - 6　ZZ440 系列水轮机应用范围图

格，则方格内的数字即为该型号水轮机的转速，方格最右边方框内数字就是转轮直径 D_1。

为了确定水轮机的吸出高度 H_s，在水轮机系列应用范围图旁边还绘有 $h_s = f(H)$ 关系曲线，曲线上 h_s 是理论吸出高度（假定水轮机安装地点的海拔高程 $\nabla = 0$ 时，水轮机的最大允许吸出高度）。确定水轮机吸出高度时，根据电站建设地点的海拔高程由理论吸出高度进行修正。即

$$H_s = h_s - \frac{\nabla}{900} \tag{11-2}$$

混流式水轮机，由于 H 与 P 变化时，空化系数 σ 变化不大，故 $h_s = f(H)$ 关系曲线只有一条。轴流式水轮机，当与 P 变化时，空化系数 σ 变化较大，故 $h_s = f(H)$ 关系曲线有两条。上、下两条线相当于同一转轮直径 D_1 时 σ 值的上、下限，h_s 可根据选择点 $(H，P)$ 在系列应用范围图上方格中的位置选择。若选择点在斜方格的上斜线上，则采用上面的一条 $h_s = f(H)$ 关系曲线；若选择点在斜方格的下斜线上，则采用下面一条 $h_s = f(H)$ 关系曲线；若选择点在斜方格的上下斜线之间，则可按其位置内插查出 h_s。

用系列应用范围图确定水轮机主要参数简便易行，但较粗略，所以，该方法只用于小型水电站，或为节省工作量用于水电站的规划和初设阶段各方案的比较。

【例 11 - 2】　某水电站最小水头 40m，设计水头 49m，最大水头 64.5m，单机出力 $P = 2200$kW，厂房尾水处海拔高程为 425m。试初选水轮机机型，并按系列应用范围图确定水轮机主要参数。

解：

1. 机型选择

根据电站水头范围（40～64.5m）查中小型水轮机系列型谱表（或根据设计水头

208

和单机出力查水轮机使用范围综合图），得适宜机型为 HL220（相应机型的水头范围为 30～70m）。

2. 确定水轮机主要参数

查 HL220 系列应用范围图（图 11-5），得：$D_1 = 84cm$，$n = 600r/min$，又根据设计水头 $H_r = 49m$，查 $h_s = f(H)$ 曲线得：$h_s = +2.5m$，则

$$H_s = h_s - \frac{\nabla}{900} = 2.5 - \frac{425}{900} = 2.03 \text{（m）}$$

水轮机主要参数选择——模型主要综合特性曲线法

二、按模型主要综合特性曲线确定水轮机主要参数

根据模型主要综合特性曲线选择水轮机主要参数，是以模型和原型水轮机满足相似条件为前提，根据相似公式计算出所选原型水轮机的主要参数，然后再将其换算成模型水轮机参数，并放置在主要综合特性曲线上，检验所选水轮机的性能是否理想。计算步骤如下：

（一）转轮直径 D_1 的计算

$$D_1 = \sqrt{\frac{P_r}{9.81 Q_{11} H_r^{1.5} \eta}} \tag{11-3}$$

式中 P_r——水轮机的额定出力。在选型计算时，有时只给出发电机的额定出力 P_g，则 $P_r = P_g / \eta_g$，η_g 为发电机的效率。对于大中型发电机，$\eta_g = 96\% \sim 98\%$；对于中小型发电机，$\eta_g = 95\% \sim 96\%$；

H_r——水轮机的设计水头，单位 m。H_r 与水电站加权平均水头 H_a 密切相关，H_a 一般由水能计算确定。H_r 常略小于 H_a，大致上存在如下关系：①对于河床式水电站 $H_r = 0.9 H_a$；②对于坝后式水电站 $H_r = 0.95 H_a$；③对于引水式 $H_r = H_a$；

Q_{11}——水轮机的单位流量。在可能的情况下，Q_{11} 应取大值，以减小 D_1 值。对于混流式水轮机，Q_{11} 值可以从模型综合特性曲线的最高效率区相应的出力限制线上选取，如图 11-7 所示；对于轴流式水轮机，其限制工况由空化和空蚀条件决定，但其限制工况的空化系数往往过高，如果按此设计，常会造成水电站的挖方过大，所以有些水电站采用限制水轮机吸出高度的办法来反推 Q_{11} 和 σ 值。当水轮机的限制吸出高度为 [H_s] 时，其相应的装置空化系数为

$$\sigma_z = \frac{10 - \dfrac{\nabla}{900} - [H_s]}{H} \tag{11-4}$$

相应的 Q_{11} 值可在其模型综合特性曲线上选取：在图上作最优单位转速 n_{110} 的水平线，它与上式求得的 σ_z 的等值线右端相交，该交点的 Q_{11} 值即为所求，并可求得该点的模型效率 η_M，如图 11-8 所示。η 是上述 Q_{11} 工况点相应的原型效率，即 $\eta = \eta_M + \Delta\eta$。但在 D_1 求出之前，$\Delta\eta$ 无法求出，所以可先假定一个数值，据之求出 D_1 值，根据此 D_1 值再求出 $\Delta\eta$ 及 η 值，如该 $\Delta\eta$ 和 η 值与原假定值相近，则 D_1 正确，否则重新假定 $\Delta\eta$ 和 η 值，重新计算 D_1 值。

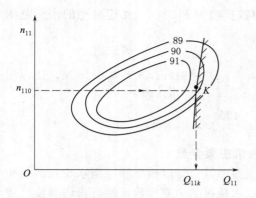

图 11-7 混流式水轮机 Q_{11} 的选择

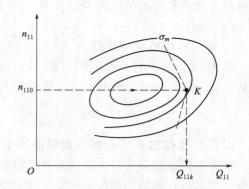

图 11-8 转桨式水轮机 Q_{11} 的选择

将以上各参数选用值代入式（11-3）便可求出 D_1 值。由于水轮机直径 D_1 已有标准尺寸系列（表 11-3），因此，D_1 值应改取为与其计算值相近的标称直径。通常 D_1 选用较计算值稍大的标称直径。

表 11-3　　　　　　　　反击式水轮机转轮标称直径系列　　　　　　　　单位：cm

25	30	35	(40)	42	50	60	71	(80)	84
100	120	140	160	180	200	225	250	275	300
330	380	410	450	500	550	600	650	700	750
800	850	900	950	1000					

注　表中括号内的数字仅适用于轴流式水轮机。

（二）转速 n 的计算

$$n(\mathrm{r/min}) = \frac{n_{11r}\sqrt{H_a}}{D_1} \tag{11-5}$$

式中　n_{11r}——原型水轮机设计单位转速，$n_{11r} = n_{110M} + \Delta n_{11}$；

H_a——平均水头，m；

n_{110M}——模型最优单位转速；

Δn_{11}——单位转速修正值，当 $\Delta n_{11} < 0.03 n_{110M}$ 时可忽略。

计算所得的转速 n 一般不是发电机的同步转速。对于直联式水轮发电机组，应把水轮机的计算转速圆整为一个相应的发电机同步转速。圆整时，一般取一个大于计算值的最接近的标准同步转速值。但当计算值与低一档的同步转速值相差特别小时，也可以考虑取消稍低于计算值的同步转速值，这样可以保证水轮机的工作范围不过多偏离最优效率区。发电机标准同步转速系列见表 11-4。如计算得到的转速介于两个同步转速之间，应进行方案比较确定，一般也可选略大的同步转速，以降低机组的尺寸。

（三）检验水轮机的工作范围

由于所选的水轮机直径 D_1 和转速 n 都是标准值，与计算值并不相同，有时甚至差别较大。另外，中小型水电站往往要套用已使用过的套用机组，与计算值有较大的差别。为此，需要在模型综合特性曲线上绘出水轮机的工作范围，以检查水轮机是否在大多数情况下运行在高效率区域内。

表 11 - 4　　　　　　　　　发电机标准同步转速（对应于 $f=50\text{Hz}$）

磁极对数	3	4	5	6	7	8	9	10	12	14
同步转速	1000	750	600	500	428.6	375	333.3	300	250	214.3
磁极对数	16	18	20	22	24	26	28	30	32	34
同步转速	187.5	166.7	150	136.4	125	115.4	107.1	100	93.8	88.2
磁极对数	36	38	40	42	44	46	48	50	52	54
同步转速	83.3	79	75	71.4	68.2	65.2	62.5	60	57.7	55.5

具体检验方法如下：

（1）水轮机实际运行区域的检验。水轮机实际运行区域的检验是指最大水头和最小水头求得的模型单位转速，绘在模型综合特性曲线上，以检验水轮机运行区域的效率高低。单位转速的变化范围包括高效率区域越多，则水轮机的平均效率越高。

单位转速的变化范围，可根据 $H_{\max}$、$H_{\min}$、H_a、D_1、n 求得对应的模型单位转速。

$$n_{11\min}=\frac{nD_1}{\sqrt{H_{\max}}}-\Delta n_{11} \quad (11-6)$$

$$n_{11a}=\frac{nD_1}{\sqrt{H_a}}-\Delta n_{11} \quad (11-7)$$

$$n_{11\max}=\frac{nD_1}{\sqrt{H_{\min}}}-\Delta n_{11} \quad (11-8)$$

计算值 n_{11a} 应与模型最优单位转速 n_{110} 较接近，$n_{11\min}\sim n_{11\max}$ 的范围应包括水轮机的最优效率区。根据上述参数可以绘制出水轮机的工作范围图，如图 11-9 所示。

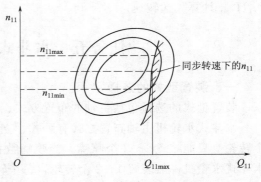

图 11-9　水轮机工作范围图

（2）检验水轮机的设计单位流量 Q_{11r}。

$$Q_{11r}(\text{m}^3/\text{s})=\frac{P_r}{9.81D_1^2H_r^{1.5}\eta_r} \quad (11-9)$$

式中　P_r——水轮机额定出力，kW。

　　　η_r——设计工况点的原型效率，对应设计工况点（Q_{11r}，n_{11r}），可通过试算确定。

在模型特性曲线上检查 Q_{11r} 是否超过了出力限制线或型谱中所推荐使用的数值，若超过说明 D_1 选得太小；若远远小于出力限制线上的值或推荐值则说明 D_1 选得过大。一般，吸出高度不超过限制值情况下，尽可能使 Q_{11r} 接近出力限制线上的数值或推荐使用值。

（四）水轮机最大允许吸出高度 H_s 的计算

$$H_s(\text{m}) \leqslant 10 - \frac{\nabla}{900} - (\sigma + \Delta\sigma)H \tag{11-10}$$

$$H_s(\text{m}) \leqslant 10 - \frac{\nabla}{900} - k\sigma H \tag{11-11}$$

初步估算水轮机的允许吸出高度 H_s 时，空化系数 σ 可采用设计工况点（Q_{11r}，n_{11r}）的 σ 值。详细计算时，可选择 H_r、H_{max}、H_{min} 等若干水头分别计算 H_s 时，从中选择一个最小值作为最大允许吸出高度。计算各水头下的 H_s 时，所采用的 σ 值应为该水头所对应的水轮机实际出力限制工况的空化系数，选取 σ 时，先计算各水头对应的限制工况参数（n_{11}，Q_{11}），然后在模型特性曲线上查取对应的 σ 值。

（五）飞逸转速的计算

水轮机飞逸转速的计算公式为

$$n_R(\text{r/min}) = n_{11R} \frac{\sqrt{H_{max}}}{D_1} \tag{11-12}$$

式中　　n_{11R}——模型水轮机最大可能开度的单位飞逸转速。

对于未给出飞逸性曲线的水轮机，可按建议的最大单位飞逸转速 $n_{11R\,max}$ 和最大水头 H_{max} 计算飞逸转速。

任务五　水斗式水轮机的选择

一、装置型式的选择

装置型式的选择包括主轴的布置方式、转轮及喷嘴的数目选择。

水斗式水轮机主轴布置方式有卧式、立式两种。卧式布置拆卸、维护方便，但每个转轮上只能布置 1~2 个喷嘴，当喷嘴数目多时，必须相应增加转轮的数目。卧轴水斗式水轮机一般装置 1~2 个转轮，每个转轮上布置 1~2 个喷嘴。立轴水斗式水轮机在同一转轮上布置 2~6 个喷嘴，在转轮数目相同的情况下可增加机组出力，有利于减小机组尺寸。但当喷嘴数多于 3 个时，转速不宜太大，避免各射流相互影响从而降低水轮机的效率。

二、主要参数的选择

（一）水轮机系列应用范围图法

图 11-10 为水斗式水轮机 CJ22 系列应用范围图。由系列应用范围图可直接选定水轮机主要参数。例如，某水电站设计水头为 380m，单机出力为 500kW，从图中可选定水轮机为 CJ22 - W $-\dfrac{70}{1 \times 5.5}$，转速 $n = 1000\text{r/min}$。

（二）公式计算法

水斗式水轮机主要参数的选择是在初步确定机组的装置方式、转轮个数和喷嘴数目的基础上进行的。所选择的参数主要有射流直径 d_0、喷嘴直径 d、转轮直径 D_1、转速 n 和斗叶数目 z_1 等。其选择方法如下：

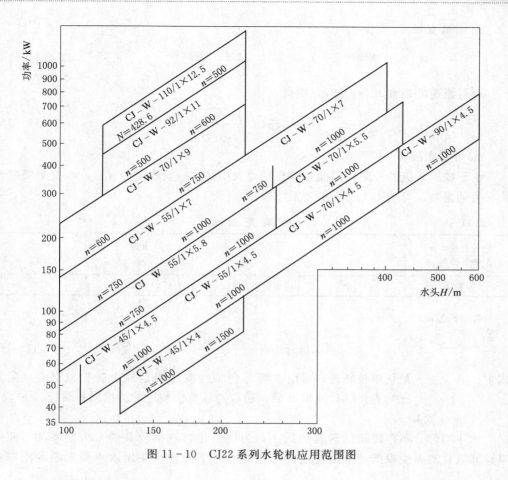

图 11-10　CJ22 系列水轮机应用范围图

1. 转轮直径 D_1

当主轴上装有 z_p 个转轮，每个转轮上有 z_0 个喷嘴时，则转轮的直径应为

$$D_1 = \sqrt{\frac{P}{9.81 Q_{11} z_p z_0 H^{\frac{3}{2}} \eta}} \qquad (11-13)$$

式中　Q_{11} ——单转轮单喷嘴水轮机在限制工况的单位流量，可由转轮型谱表（附录三）查得；

　　　　η ——水轮机在限制工况的效率，可先由模型主要综合特性曲线上查得相应的 η_m，并取 $\eta = \eta_m$。

计算出 D_1 后，选取与计算值相近的标称直径。

中小型水斗式水轮机转轮直径尺寸系列（cm）为：45，55，70，80，90，100，110，125，140。

为使水轮机在运行范围内均保持有较高的效率，一般认为所选出的 $\dfrac{D_1}{d_0}$ 值在 10～20 之间为宜。

2. 射流直径 d_0

$$d_0 = \sqrt{\frac{4Q}{k_v \sqrt{2gH_r} z_0 \pi}} \tag{11-14}$$

取射流速度系数 $k_v = 0.97$，则得

$$d_0 = 0.545 \sqrt{\frac{Q}{z_0 \sqrt{H_r}}} \tag{11-15}$$

3. 喷嘴直径 d

由于喷射水流的收缩，因此喷嘴直径要大一些，一般取 $d = md_0$，m 是与喷嘴形状有关的系数，可按表 11-5 中关系选取。

表 11-5   喷 嘴 系 数 m

喷嘴收缩夹角 / 喷针锥角	$\dfrac{62°}{45°}$	$\dfrac{75°}{45°}$	$\dfrac{80°}{53°}$	$\dfrac{85°}{60°}$
系数 m	1.05	1.228	1.15~1.25	1.25

4. 转速 n

$$n(\text{r/min}) = \frac{n_{110} \sqrt{H_r}}{D_1} \tag{11-16}$$

式中　　n_{110}——最优单位转速，可由主要综合特性曲线确定或由转轮型谱表（附录三）查得，计算出 n 后，选取与计算值相近的标准同步转速。

5. 斗叶数目 z_1

水斗均匀分布在转轮的轮盘圆周上，为使水轮机获得较高的水力效率和容积效率，其数目的多少根据使射流能连续作用在水斗上并使水斗出水不受影响的原则选取。影响水斗数目的主要因素是直径比 $\dfrac{D_1}{d_0}$。斗叶数目可按下式进行估算：

$$z_1 = 6.67 \sqrt{\frac{D_1}{d_0}} \tag{11-17}$$

对于多喷嘴机组，其射流夹角应避免为相邻水斗夹角的整数倍。

任务六　水轮机选型计算实例

一、反击式水轮机选型计算实例

已知：某水电站的最大水头 $H_{max} = 35.87\text{m}$，加权平均水头 $H_a = 30.0\text{m}$，设计水头 $H_r = 28.5\text{m}$，最小水头 $H_{min} = 24.72\text{m}$，水电站装机容量 $N_y = 68000\text{kW}$，水电站尾水处海拔高程 ▽ = 24.0m，要求吸出高度 $H_s > -4\text{m}$，试选择适用于上述条件的水轮机。

解：

（一）机组台数与机型选择

设选用 4 台机组，发电机效率 $\eta_g = 96\%$，则水轮机单机出力为

$$P_r = \frac{N_y}{m\eta_g} = \frac{68000}{4 \times 0.96} = 17710(\text{kW})$$

根据水头范围（24.72～35.87m），查转轮型谱表（附录三）知，有 ZZ440 和 HL240 两种机型可供选择，需对这两种方案分别进行计算和分析比较。

（二）选型计算

1. ZZ440 方案的选型计算

（1）计算转轮直径 D_1。

在公式 $D_1 = \sqrt{\dfrac{P_r}{9.81Q_{11}H_r^{1.5}\eta}}$ 中，$P_r = 17710\text{kW}$；$H_r = 28.5\text{m}$；Q_{11} 从附录三中查得 ZZ440 机型转轮的 Q_{11} 不得大于 1650L/s，根据本电站的具体条件，要求 $H_s > -4\text{m}$，查得 $\Delta\sigma = 0.05$，可计算出装置空蚀系数为

$$\sigma_z = \frac{10 - \dfrac{\nabla}{900} - [H_s]}{H} - \Delta\sigma = \frac{10 - \dfrac{\nabla}{900} + 4}{28.5} - 0.05 = 0.45$$

由此空蚀系数和 $n_{110} = 115\text{r/min}$，查相应的综合特性曲线（附录二）初步选用 $Q_{11} = 1220L/s$，并查得该计算点的 $\eta_M = 0.86$，假定效率修正值 $\Delta\eta = 0.03$，则初步采用原型效率 $\eta = 0.89$。将以上各值代入公式得

$$D_1 = \sqrt{\frac{17710}{9.81 \times 1.22 \times 28.5^{\frac{3}{2}} \times 0.89}} = 3.31(\text{m})$$

取与之相近的标准直径 $D_1 = 3.3\text{m}$。

（2）计算效率修正值。

对于轴流式水轮机，原型水轮机最高效率采用式（8-19）计算，已知 $D_{1M} = 0.46\text{m}$，$H_M = 3.5\text{m}$，$D_1 = 3.31\text{m}$，$H_r = 28.5\text{m}$，代入式（3-19）得

$$\eta_{max} = 1 - 0.3(1 - \eta_{Mmax}) - 0.7(1 - \eta_{Mmax})\sqrt[5]{\frac{D_{1M}}{D_1}}\sqrt[10]{\frac{H_M}{H_p}}$$

$$= 1 - 0.3(1 - \eta_{Mmax}) - 0.7(1 - \eta_{Mmax})\sqrt[5]{\frac{0.46}{3.3}}\sqrt[10]{\frac{3.5}{28.5}}$$

$$= 0.318 + 0.682\eta_{Mmax}$$

对于轴流式水轮机，必须对主要综合特性曲线图上每一叶片转角进行效率修正计算。取工艺修正值 $\Delta\eta_工 = 1\%$，计算结果见表 11-6。

表 11-6 　　　　　　　　　　效率修正值的计算　　　　　　　　　单位：%

叶片转角	$-10°$	$-5°$	$0°$	$+5°$	$+10°$	$+15°$
η_{Mmax}	84.8	87.9	89.0	88.3	86.7	84.8
η_{max}	89.6	91.7	92.5	92.0	90.9	89.6
$\Delta\eta_工 = \eta_{max} - \eta_{min} - \Delta\eta_工$	3.8	2.8	2.5	2.7	3.2	3.8

由上表可见，模型最高效率 $\eta_{Mmax} = 89\%$，因此，原型最高效率为 $\eta_{max} = 89\% + 2.5\% = 91.5\%$。计算 D_1 时的计算点（即 $n_{110} = 115\text{r/min}$ 与 $Q_{11} = 1220L/s$ 的交点）

处 $\eta_M = 86\%$，叶片转角 φ 在 $+10° \sim +15°$ 之间，取其效率修正值的平均值为 $\Delta\eta = \dfrac{3.2 + 3.8}{2}\% = 3.5\%$，即计算点效率为 $\eta = 86\% + 3.5\% = 89.5\%$，这与假定值 $\eta = 89\%$ 基本相符，故 D_1 不再重新计算。

（3）计算单位转速和单位流量的修正值。

单位转速修正值可按（8-22）式计算，即

$$\Delta n_{11} = n_{11M}\left(\sqrt{\frac{\eta_{\max}}{\eta_{M\max}}} - 1\right)$$

则

$$\frac{\Delta n_{11}}{n_{11M}} = \sqrt{\frac{\eta_{\max}}{\eta_{M\max}}} - 1 = \sqrt{\frac{0.915}{0.89}} - 1 = 1.4\%$$

由于不同转角 φ 的 $\dfrac{\Delta n_{11}}{n_{11M}}$ 值均小于 3%，故单位转速可不修正，单位流量也可不修正。

（4）计算转速 n。

因单位转速不修正，故 $n_{110} = n_{11M} = 115\text{r/min}$，采用加权平均水头 $H_a = 30\text{m}$，$D_1 = 3.3\text{m}$，求得水轮机转速为

$$n = \frac{n_{11r}\sqrt{H_a}}{D_1} = \frac{115 \times \sqrt{30}}{3.3} = 190.87(\text{r/min})$$

选用与之接近而偏大的标准同步转速 $n = 214.3\text{r/min}$。

（5）检验水轮机实际工作范围。

1）计算 Q_{11}：已知 $P = 17710\text{kW}$；$H_r = 28.5\text{m}$；$D_1 = 3.3\text{m}$。在设计水头时的单位转速为 $n_{11} = \dfrac{nD_1}{\sqrt{H_r}} = \dfrac{214.3 \times 3.3}{\sqrt{28.5}} = 132(\text{r/min})$。$Q_{11}$ 仍暂用 1220L/s，根据 n_{11} 和 Q_{11} 在综合特性曲线上查得 $\eta_M = 86.2\%$，此点叶片转角 φ 接近 $=+10°$，其效率修正值为 $\Delta\eta = 3.2\%$（表 11-6），故该点原型效率为 $\eta = 86.2\% + 3.2\% = 89.4\%$，则

$$Q_{11} = \frac{P}{9.81D_1^2 H_r^{\frac{3}{2}}\eta} = \frac{17710}{9.81 \times 3.3^2 \times 28.5^{\frac{3}{2}} \times 0.894} = 1.22(\text{m}^3/\text{s})$$

此值与原选用值相符，说明所选 D_1 是合适的，恰好满足机组在设计水头时能发出额定出力的要求。水轮机设计流量为

$$Q_0 = Q_{11}D_1^2\sqrt{H_r} = 1.22 \times 3.3^2 \times \sqrt{28.5} = 70.9(\text{m}^3/\text{s})$$

2）检验水头在 $H_{\max} \sim H_{\min}$ 之间变化时，水轮机实际工作范围因不考虑单位转速修正，故 $n_{11} = n_{11M}$。

当 $H_{\min} = 24.72\text{m}$ 时，$n_{11M\max} = \dfrac{nD_1}{\sqrt{H_{\min}}} = \dfrac{214.3 \times 3.3}{\sqrt{24.72}} = 142(\text{r/min})$

当 $H_{\max} = 35.87\text{m}$ 时，$n_{11M\min} = \dfrac{nD_1}{\sqrt{H_{\max}}} = \dfrac{214.3 \times 3.3}{\sqrt{35.87}} = 118(\text{r/min})$

从综合特性曲线上可以看出，所选水轮机基本上处于高效率区工作，工作范围稍向上偏，即低水头工作时效率稍低，这是由于所选转速 n 比计算值偏大引起的。

（6）计算允许吸出高度 H_s。

在设计水头时，$n_{11} = 132(\text{r/min})$，$Q_{11} = 1220\text{L/s}$，由综合特性曲线查得 $\sigma = 0.41$，已知 $\Delta\sigma = 0.05$，则

$$H_s = 10 - \frac{\nabla}{900} - (\sigma + \Delta\sigma)H_r = 10 - \frac{24}{900} - (0.41 + 0.05) \times 28.5 = -3.13m > -4\text{m}$$

同理，可求得 H_{max} 时，$n_{11} = 118(\text{r/min})$，$Q_{11} = 843L/s$，$\sigma = 0.31$，$H_s = -2.94m > -4\text{m}$。

故吸出高度均可满足要求。

2. HL240 方案的选型计算

（1）计算转轮直径 D_1。

已知 $P = 17710\text{kW}$，$H_r = 28.5\text{m}$，最优单位转速 $n_{110M} = 72(\text{r/min})$，单位流量采用与 n_{110M} 相应出力限制点的单位流量 $Q_{11} = 1240\text{L/s}$，该计算点的效率为 $\eta_M = 90.4\%$，假设 $\Delta\eta = 1.6\%$，则原型水轮机在该点的效率为 $\eta = \eta_M + \Delta\eta = 92\%$。故转轮直径为

$$D_1 = \sqrt{\frac{P_r}{9.81Q_{11}H_r^{1.5}\eta}} = \sqrt{\frac{17710}{9.81 \times 1.24 \times 28.5^{\frac{3}{2}} \times 0.92}} = 3.23(\text{m})$$

采用与之相近的标称直径 $D_1 = 3.3\text{m}$。

（2）计算效率修正值。

对混流式水轮机，当 $H \leqslant 150\text{m}$ 时，采用式（8-17）计算 η_{max}，其中 $D_{1M} = 0.46\text{m}$，$\eta_{M max} = 92\%$（由手册查得），故

$$\eta_{max} = 1 - (1 - \eta_{M max})\sqrt[5]{\frac{D_{1M}}{D_1}} = 1 - (1 - 0.92)\sqrt[5]{\frac{0.46}{3.3}} = 94.6\%$$

采用工艺修正值 $\Delta\eta_工 = 1\%$，则效率修正值为

$$\Delta\eta = \eta_{max} - \eta_{M max} - \Delta\eta_工 = 94.6\% - 92\% - 1\% = 1.6\%$$

$\Delta\eta$ 值与原假设相符，故 D_1 不再重算，$\eta_{max} = \eta_{M max} + \Delta\eta = 92\% + 1.6\% = 93.6\%$

（3）计算单位转速和单位流量的修正值。

$$\frac{\Delta n_{11}}{n_{11}} = \sqrt{\frac{\eta_{max}}{\eta_{M max}}} - 1 = \sqrt{\frac{0.936}{0.92}} - 1 = 0.9\% < 3\%$$

故 n_{11} 不必修正，单位流量也不修正。

（4）计算转速。

已知：$n_{110} = n_{110M} = 72\text{r/min}$，$H_a = 30\text{m}$，$D_1 = 3.3\text{m}$，故

$$n = \frac{n_{110}\sqrt{H_a}}{D_1} = \frac{72 \times \sqrt{30}}{3.3} = 119.5(\text{r/min})$$

选用与之相近的同步转速 $n = 125\text{r/min}$。

（5）检验水轮机实际工作范围。

1）计算 Q_{11}：设计水头时的单位转速为

$$n_{11} = \frac{nD_1}{\sqrt{H_r}} = \frac{125 \times 3.3}{\sqrt{28.8}} = 77(\text{r/min})$$

查 HL240 水轮机主要综合特性曲线得，与出力限制线交点处的 $\eta_M=90.4\%$，故该点的 $\eta=\eta_M+\Delta\eta=90.4\%+1.6\%=92\%$，则

$$Q_{11}=\frac{P}{9.81D_1^2H_r^{\frac{3}{2}}\eta}=\frac{17710}{9.81\times3.3^2\times28.5^{\frac{3}{2}}\times0.92}=1.184(\mathrm{m^3/s})=1184(\mathrm{L/s})$$

此值与原选用的 $Q_{11}=1240L/s$ 相比，符合"接近而不超过"原则，说明所选 D_1 是合适的，在设计水头时水轮机出力稍大于额定出力。限制工况点的实际出力为

$$P=9.81Q_{11}D_1^2H_r^{\frac{3}{2}}\eta=9.81\times1.24\times3.3^2\times28.5^{\frac{3}{2}}\times0.92=18540\mathrm{kW}>17710\mathrm{kW}$$

水轮机在设计水头下的实际流量为

$$Q_0=Q_{11}D_1^2\sqrt{H_r}=1.184\times3.3^2\times\sqrt{28.5}=68.8(\mathrm{m^3/s})$$

2）检验水轮机实际工作范围。

因单位转速不修正，即 $n_{11M}=n_{11}$，故

当 $H_{\max}=35.87\mathrm{m}$ 时，$n_{11M\min}=\dfrac{nD_1}{\sqrt{H_{\max}}}=\dfrac{125\times3.3}{\sqrt{35.87}}=69$（r/min）

当 $H_{\min}=24.72\mathrm{m}$ 时，$n_{11M\max}=\dfrac{nD_1}{\sqrt{H_{\min}}}=\dfrac{125\times3.3}{\sqrt{24.72}}=83$（r/min）

从综合特性曲线上可看出，工作范围在高效率区。

（6）计算允许吸出高度 H_s。

在设计水头时，水轮机实际工作点为 $n_{11}=77(\mathrm{r/min})$，$Q_{11}=1184L/s$，从相应的主要综合特性曲线上（附录二）查得 $\sigma=0.20$，同时已知 $\Delta\sigma=0.05$，故

$$H_s=10-\frac{24}{900}-(0.2+0.05)\times28.5=+2.85(\mathrm{m})>-4\mathrm{m}$$

在最大水头时，$n_{11}=69(\mathrm{r/min})$，按 $P=17710\mathrm{kW}$，由式 $Q_{11}=\dfrac{P}{9.81D_1^2H_{\max}^{\frac{3}{2}}\eta}$ 试算可求得 $Q_{11}=860L/s$，相应工况点之 $\sigma=0.22$，$\Delta\sigma=0.05$，故

$$H_s=10-\frac{24}{900}-(0.22+0.05)\times35.87=+0.28(\mathrm{m})>-4\mathrm{m}$$

在最小水头时，$n_{11}=83(\mathrm{r/min})$，$Q_{11}=1240L/s$，$\sigma=0.22$，$\Delta\sigma=0.05$，故

$$H_s=10-\frac{24}{900}-(0.22+0.05)\times24.72=+3.29(\mathrm{m})>-4\mathrm{m}$$

由上述计算可知，在各种水头下，水轮机的吸出高度均可满足要求。

（三）计算方案的分析比较

为便于分析比较，将两方案的模型转轮特性和计算成果汇总见表 11-7。

表 11-7　　　　　　　　　方　案　比　较

序号	项　目	ZZ440 方案	HL240 方案
1	推荐使用水头 H /m	20～36	25～45
2	最优单位转速/(r/min)	115	72
3	推荐使用最大单位流量/(L/s)	1650	1320

序号	项　　目	ZZ440 方案	HL240 方案
4	模型最高效率 η_{Mmax} /%	89	92
5	设计水头时计算点单位转速/(r/min)	132	77
6	计算点单位流量/(L/s)	1220	1240
7	原型水轮机最高效率 η_{max} /%	91.5	93.6
8	计算点效率 η /%	89.5	92
9	转轮直径 D_1 /m	3.3	3.3
10	额定转速 n /(r/min)	214.3	125
11	设计水头下出力 P /kW	17710	18540
12	设计水头下发出额定出力时的单位流量/(L/s)	1220	1184
13	计算点的空化系数 σ	0.41	0.20
14	设计水头时的吸出高度 H_s /m	−3.13	+2.85

现从以下几方面分析比较两方案的优缺点：

（1）所选水轮机推荐使用水头范围能否满足水电站水头变化的要求：若水电站的最大水头超过推荐的使用水头范围，则转轮强度可能满足不了要求；若水电站的最小水头低于所推荐的最小水头，则在最小水头时偏离设计工况太远，水流状态恶化，机组不能稳定运行。本例中两种水轮机的使用水头范围均能满足要求。

（2）比较设计水头下水轮机额定出力的大小：ZZ440 水轮机由于受吸出高度 H_s 的限制，所选计算点的 $Q_{11}=1220$L/s，小于推荐使用的最大单位流量 1650L/s，也小于 HL240 水轮机在计算点的 $Q_{11}=1240$L/s，同时其计算点的效率也低。因此，它们的转轮直径虽然都是 3.3m，但 HL240 水轮机的出力为 18540kW，大于 ZZ440 水轮机的出力 17710kW。从这点来看，选用 HL240 水轮机有利。

（3）比较转速的大小：由于 ZZ440 水轮机比转速较高，所以其转速（$n=214.3$r/min）较 HL240 水轮机高，故可选用尺寸较小的发电机，在这一方面它优于 HL240 水轮机。

（4）比较效率的高低：应比较最高效率和高效率区的大小，这对充分利用水能资源是很重要的。HL240 水轮机的最高效率为 93.6%，计算点的效率为 92%，都比 ZZ440 水轮机高。若以设计水头下发出水电站要求的出力而论，HL240 相应的单位流量为 1184L/s，比 ZZ440 小，但出力则较大。这说明 HL240 水轮机对水能的利用比较充分。

（5）比较水轮机工作范围：根据电站的最大、最小水头计算得最小、最大单位转速和单位流量，分别放在各自的主要综合特性曲线上，即可看出水轮机的工作范围。ZZ440 水轮机在低水头时稍偏离高效率区，从这方面来看，HL240 水轮机也较优越。

（6）比较空化和空蚀性能和允许吸出高度：ZZ440 水轮机计算点的空化系数 σ 为 0.41，而 HL240 水轮机计算点的空化系数 σ 为 0.20；ZZ440 的吸出高度为负值，而 HL240 为正值，且相差较大。吸出高度为负值将引起厂房较大的水下挖方，增大土建投资。显然，从空化和空蚀性能和允许吸出高度考虑，选用 HL240 水轮机有利。

由上述分析比较可以看出，选用 HL240 水轮机优点较多，仅转速低是其缺点，虽然 ZZ440 水轮机转速较高，可选用较小尺寸的发电机，但该型水轮机为双调节的水轮机，水轮机和调速设备的价格均较高。由此看来，初步选用 HL240 水轮机的方案较为有利。应特别指出的是，水轮机选型计算只是为水轮机选型提供一些数据，同时还必须结合电站具体情况，考虑供货条件，计算出各方案的动能和经济指标，作全面的技术经济比较后，才能最后确定合理的选型方案。

二、冲击式水轮机选型计算例

已知：某水电站的最大水头 $H_{max} = 470.0 \text{m}$，加权平均水头 $H_a = 458.0 \text{m}$，设计水头取与加权平均水头相等，即 $H_r = 458.0 \text{m}$，最小水头 $H_{min} = 456.0 \text{m}$，水轮机的额定出力 $P = 13000 \text{kW}$，水电站设计最高尾水位为 1670m。

解：

（一）型号的选择

根据水电站工作水头情况查水斗式水轮机转轮参数表，选用 CJ20 型水斗式水轮机，并查得其有关参数为：$Z_{1m} = 20 \sim 22$，$n_{110} = 39 \text{r/min}$，$Q_{11max} = 30 \text{L/s}$，直径比 $\dfrac{D_1}{d_0} = 11.3$，相应的模型综合特性曲线见附录二。经比较选用单转轮双喷嘴卧式水斗式水轮机。

（二）转轮直径 D_1 的选择

查转轮型谱表（附录三）选用模型转轮在限制工况的 $Q_{11} = 30 \text{L/s}$，查相应的主要综合特性曲线（附录二）查得限制工况点的效率 $\eta_M = 0.855$，则转轮直径 D_1 为

$$D_1 = \sqrt{\frac{P}{9.81 Q_{11} Z_p Z_0 H_r^{\frac{3}{2}} \eta}} = \sqrt{\frac{13000}{9.81 \times 0.03 \times 1 \times 2 \times 458^{\frac{3}{2}} \times 0.855}} = 1.62 (\text{m})$$

选用 $D_1 = 1.70 \text{m}$。

（三）射流直径 d_0 的选择

通过水轮机的最大流量为

$$Q = \frac{P}{9.81 H_r \eta} = \frac{13000}{9.81 \times 458 \times 0.855} = 3.38 (\text{m}^3/\text{s})$$

射流直径 d_0 为

$$d_0 = 0.545 \sqrt{\frac{Q}{Z_0 \sqrt{H_r}}} = 0.545 \times \sqrt{\frac{3.38}{2 \times \sqrt{458}}} = 0.153 (\text{m})$$

选取 $d_0 = 150 \text{mm}$，则直径比 $\dfrac{D_1}{d_0} = \dfrac{1.70}{0.15} = 11.33$，符合附录三附表 3-4 中的推荐值，并由此选用喷嘴直径 d，取喷嘴系数 $m = 1.20$，则

$$d = m d_0 = 1.20 \times 150 = 180 \text{m}$$

（四）转速 n 的选择

$$n = \frac{n_{110} \sqrt{H_a}}{D_1} = \frac{39 \times \sqrt{458}}{1.7} = 490.96 (\text{r/min})$$

选用相近同步转速 $n=500\mathrm{r/min}$。

（五）水斗数 Z_1 的选择

$$Z_1=6.67\sqrt{\frac{D_1}{d_0}}=6.67\times\sqrt{\frac{1.70}{0.15}}=22.45$$

选用 $Z_1=22$。

（六）水轮机工作范围的验算

$$Q_{11\mathrm{max}}=\frac{P}{9.81D_1^2H_r^{\frac{3}{2}}\eta}=\frac{13000}{9.81\times1.7^2\times458^{\frac{3}{2}}\times0.855}=0.0547(\mathrm{m^3/s})$$

对单个喷嘴：$Q_{11\mathrm{max}}=\dfrac{1}{2}\times0.0547=0.0273\mathrm{m^3/s}=27.3\mathrm{L/s}<30\mathrm{L/s}$

$$n_{11\mathrm{max}}=\frac{nD_1}{\sqrt{H_{\mathrm{min}}}}=\frac{500\times1.7}{\sqrt{456}}=39.8(\mathrm{r/min})$$

$$n_{11\mathrm{min}}=\frac{nD_1}{\sqrt{H_{\mathrm{max}}}}=\frac{500\times1.7}{\sqrt{470}}=39.2(\mathrm{r/min})$$

从相应的综合特性曲线中（附录二）可以看出，由 $Q_{11\mathrm{max}}=27.3\mathrm{L/s}$，$n_{11\mathrm{min}}=39.2\mathrm{r/min}$，$n_{11\mathrm{max}}=39.8\mathrm{r/min}$ 所包括的工作范围大部分都在高效率区，其最高效率 $\eta_{\mathrm{max}}=86.5\%$。所以，对所选择的水轮机型号 $\mathrm{CJ}20-\mathrm{W}-\dfrac{170}{2\times15}$ 及其参数是满意的。

（七）安装高程 Z_s 的确定

安装高程 Z_s 按下式计算：

$$Z_s=Z_a+h_1$$

式中　Z_a——水电站设计最高尾水位，m；

　　　h_1——水轮机的泄水高度，m；$h_1\approx(1\sim1.5)D_1$。

本例取 $1.3D_1$ 计算，则

$$Z_s=1670+(1.3+0.5)\times1.7=1673.06(\mathrm{m})$$

思 考 与 练 习 题

1. 水轮机选择遵循的原则是什么？

2. 水轮机选型设计的内容是什么？

3. 简述水轮机机型的选择方法。

11-6-1

不断超越
的水电人
生——工
程院院士
张超

水轮机的运行与检修

【知识目标】

了解水轮机泥沙磨损影响的因素，掌握泥沙磨损的类型和防止措施，熟悉水轮机的振动因素，熟悉水轮机常见因素引起的振动原因和消除方法。

【技能目标】

会进行水轮机常见因素引起的振动频率的计算，会初步进行水轮机常见振动的特征和原因分析，掌握水轮机主要部件的检修方法，会进行水轮机运行常见故障辨别和处理措施的采取。

【重点难点】

重点：水轮机常见振动的原因分析和消除方法。

难点：水轮机运行常见故障和处理措施。

任务一 概 述

水轮机运行是水电站水轮发电机组运行的一个重要方面。为了保证机组能够安全、可靠、稳定地生产电能，必须对参加电能生产的所有动力设备进行定期的检查和日常维护。因此，水轮机运行的基本任务是对水轮机运行进行操作、检查和维修。水轮机的工作状态是由效率、振动、噪声、漏损、温度、功率等多种指标共同决定的，水轮机处于正常工作状态时，这些指标保持在一定的范围内。若某个指标超过允许值时，水轮机处于异常工作状态，超标严重时可能会使水轮机丧失工作能力，造成故障。

水轮机的工作介质是水，若水中含有足够数量的悬浮泥沙，坚硬的泥沙颗粒撞击过流表面，导致过流表面产生疲劳破坏，这个过程称为泥沙磨损。经实践证明，泥沙磨损和空化与空蚀是造成水轮机工作异常的主要原因。

任务二 水轮机的泥沙磨损

水轮机泥沙磨损属于自由颗粒水动力学磨损。被磨损部件为水轮机各过流部件，如压力管道、蜗壳、座环、导水机构、转轮、转轮室及尾水管，以及冲击式水轮机的喷针、喷嘴和水斗等，介质则为水轮机的工作水流，磨粒则为水流中携带的固体颗粒，即河流中的悬移质泥沙。

由于磨损使水轮机通流部件的形状和表面发生变化，破坏了水流表面应有的绕流条件，成为进一步加剧零件破坏的根源。水电站水头越高，过流部件在严重空蚀条件下，以及水流中含有大量泥沙，则磨损和破坏程度就越严重。

水轮机部件遭受泥沙磨损的破坏形态为：磨损开始时，有成片的沿水流方向的划痕和麻点。磨损发展时，表面呈波纹状，或沟槽状痕迹，常连成一片鱼鳞状凹坑。磨损痕迹常沿水流方向，磨损后表面密实，呈金属光泽。泥沙磨损严重时，可使零件穿孔，出水边呈锯齿形沟槽。由于磨损，使金属表面不平整，伴随着局部空蚀的发生，更加速了材料的破坏。

水轮机过流部件表面被泥沙磨损后，促进了水流的局部扰动和空蚀发展，可能使机组运行振动加剧。由于导水机构磨损后，漏水量增大，经常导致不能正常关机。漏水严重时，可能会使调相时功率造成损失和转轮室排水困难。因此，水轮机泥沙磨损会给水电站运行造成很严重的损失，应引起重视。

一、影响水轮机泥沙磨损的因素

泥沙对水轮机的磨损，以水为介质，借助于泥沙随水流运动的动能，对部件产生磨削和撞击作用，使金属表面造成破坏。影响泥沙磨损的因素是多方面的、复杂的。根据电站实际运行情况和试验研究，认为泥沙对部件的磨损程度和磨损物质的特性、水流的特性、受磨材料的特性以及运行方式等几个方面因素有关。

（一）与磨损物质特性的关系

磨损物质的特性，主要指颗粒成分、颗粒大小、硬度及形状等。

颗粒成分：一般水中砂粒成分有石英、长石、云母等，个别的还有铁砂等矿物质。尤其是硬度大于水轮机材料硬度的砂砾造成的磨损更厉害些。矿物质成分硬度越大，磨损越严重。

颗粒大小：磨损程度与颗粒直径成正比，一般粒径越大，磨损越严重；颗粒的大小和形状不同，磨损程度也不一样，一般具有尖角的颗粒比圆滑的磨损要快。

（二）与水流特性的关系

水流特性：主要指水流含泥沙的浓度、水流速度、水流方向和冲击角等。

泥沙浓度：水流含泥沙浓度越大，磨损越严重。水轮机在汛期运行时，由于泥沙含量大，磨损严重。

水流速度和方向：流速越大，磨损越严重。因此，反击式水轮机中出口边磨损较严重。水流方向和冲击角度不同，对磨损均有不同的影响。

（三）与受磨材料特性的关系

受磨材料指水轮机过流部件金属材料的内部组织及成分、粗糙度、表面尺寸、弹性率、硬度及破坏强度等。

金属材料的抗磨性取决于材料的物理性质（硬度、显微组织、化学成分等）。材料的表面硬度越高，磨损量越小；材料的显微组织越密实，晶体结构越均匀，抗磨性能越好。铬五铜合金钢比 30 号铸钢抗磨性好，而铸铁虽表面硬但组织不密实，抗磨性差。

（四）空化与空蚀和泥沙磨损的相互关系

当含沙水流中产生空化与空蚀现象时，空蚀作用与泥沙磨损作用相互影响。过流部件表面的磨损损耗是空蚀与泥沙磨损联合作用的结果，其形式有：

（1）在空蚀和磨损联合作用的时间小于材料的空蚀潜伏期时，部件破坏原因主要是磨损作用，只和水流速度与泥沙含量、颗粒形状和硬度有关。

（2）当联合作用的时间超过了空蚀的潜伏期时，空蚀作用明显增大。

二、泥沙磨损的类型

泥沙磨损类型，可以分为绕流磨损和脱流磨损。

（一）绕流磨损

所谓绕流磨损是指在比较平顺的绕流过程中，细沙对过流表面冲刷、磨削和撞击所造成的磨损，其特点是整个表面磨损比较均匀，如图 12-1 所示。

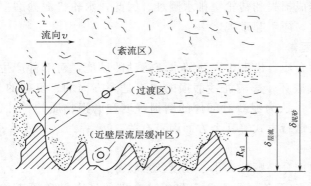

绕流磨损通常出现在平顺光滑的过流表面上，即微观表面不平度完全淹盖在边壁流层中，因其运动黏性系数较清水的大，所以层内流速较低，在一定程度上，它起着减缓紊流脉动和抵挡高速泥沙入侵的作用，成为一道良好的屏障，加上表面光洁度高，摩擦系数小，故绕流磨损比较轻微。

图 12-1　泥沙绕流情况下碰撞示意图

所谓平顺绕流与脱流是相对的。事实上，绝对平顺的绕流在水轮机中难以找到，由于设计、制造和运行上的多种原因，不可避免地会出现诸如叶片头部圆角、出水边较厚、导叶轴圆柱形绕流、铸焊工艺圆角、翼形误差和偏离最优工况较大等情况，因此始终存在着不同程度的局部脱流。鉴于绕流磨损并不严重，可以不予考虑。

（二）脱流磨损

这类磨损是由非流线型脱流引起的。当过流表面出现过大的凹凸不平（如鼓包、砂眼等），叶片翼型误差较大或者偏离设计工况过大时，均会出现脱流磨损。

在浑水脱流下，随着大量高速分离旋涡的产生和溃灭，一方面促使水流脉动和泥沙颤动；另一方面，可以导致提前出现浑水空蚀，此时泡裂产生的瞬间微小射流会带动泥沙形成"含砂射流"，致使砂粒以极大的能量，瞬间朝着金属表面强烈冲击，使局部区域呈现出非同寻常的表面冲击磨耗。由于瞬间微小射流带动泥沙运动的速度大大超过正常流速，增大了冲量和相互摩擦力，加上空蚀所引起的一系列化学反应和电化腐蚀作用，进一步削弱了创伤面上的抗磨能力，这就是多泥沙水电站中，即使沙粒很细（$d \leqslant 0.01$mm），仍然会使磨损量成倍增长的内在原因。附带说明，泡裂引起瞬间微小射流的冲击力分布是不均匀的，处于射流正中部分磨损最厉害，由于冲击波对表面凹坑的"波道现象"，以及周期性的压力脉动造成的冲击磨损和空蚀，会使水轮机的转轮叶片、导叶及尾水管里衬等处，除了出现较大面积的水波纹之外（此为泥沙撞击所出现的晶格塑性挤压和剪切滑移），其间还夹杂着深浅不同的发亮的鱼鳞坑，起伏的鱼鳞坑分界凸点构成了障碍绕流，分离出大量的旋涡，又加速了空蚀和磨损的进展。

综上所述，浑水局部脱流发生的磨损和空蚀，就好比两个形影难分的"双胞胎"，它们联合破坏，彼此激化，互为因果。

实践表明，在磨损与空蚀联合作用下，其材料损耗重量约为单纯清水空蚀的 6～10 倍。脱流磨损对过流部件的损坏具有严重的威胁，而且对多泥沙水质的水电站，由于这种空蚀与磨损同时存在，其破坏情况远比清水空蚀经历的时间长，因此这种脱流磨损更具有广泛的代表性。

三、水轮机的磨损情况

已投入运行的水轮机，特别是多泥沙河流上的一些水电站，都不同程度地存在着泥沙磨损问题。一些高水头径流式水电站，由于参数高，促进了磨损。下面主要介绍一下磨损情况。

（1）水轮机磨损部位：混流式水轮机磨损部位主要有转轮叶片、上冠流道、下环内表面、抗磨板、止漏装置、导叶和尾水管里衬；其中以叶片背面、下环内表面、止漏装置较为严重。轴流式水轮机磨损部位主要有叶片、转轮室、底环、顶盖、导叶和尾水管里衬；其中以叶片背面、轮缘、转轮室中部较为严重。水斗式水轮机磨损部位主要有喷嘴、针阀和转轮。

（2）多泥沙电站，一般在运行初期和清水期磨损较小，但运行几年后和汛期，由于通过机组的泥沙增加，磨损显著加快，如三门峡、青铜峡、盐锅峡等水电站均是如此。

（3）在非设计工况下运行，水轮机产生空化和空蚀和磨损的联合作用，将使水轮机的破坏概率增加，如某电站的混流式水电站，由于这种联合作用，运行不到30000h，大修 16 次，比单一情况作用下要严重得多。

（4）水中所含泥沙的成分不同，水轮机磨损程度也不同，如白金水电站，因通过机组泥沙中含有大量铁砂，运行不到 3 年，转轮叶片已普遍磨薄，在边缘处已严重损坏，其转轮室中部也完全磨掉，现已露出混凝土。

（5）水轮机过流部件所采用的材料不同，抗磨性能也不同，如六郎洞混流式水轮机将原 30 号铸钢换为铬五铜合金钢后，寿命比原来有所延长；高水头的八甲水电站的混流式水轮机，运行 1800h，止漏环间隙已被磨损扩大。吴河水电站的混流式水轮机，运行 2300h，叶片已穿孔。从试验和运行经验看出，铬五铜钢耐磨性较好，不锈钢次之，20 硅锰钢不耐磨，30 号铸钢耐磨性更差。有的电站用尼龙作抗磨板，虽然其耐磨性较好，但它耐冲击磨损能力差，因此在埋头螺孔和导叶下轴套相邻处，局部磨损较严重，尼龙变形较大。

（6）选择不同的机型，抗泥沙磨损的性能不一样。对含沙量较大的水电站，不能片面地追求能量指标，要进行综合分析比较，选用经济合理的机型。如映秀湾水电站，选用了能量参数较低的 HL002 型水轮机，实践证明抗磨性较好。所以，从总的效益来看，经济指标是高的。

四、防止泥沙磨损的措施

（一）采取防沙排沙措施

在多泥沙的河流中修建水电站时，在可能的条件下要采取防沙排沙措施，如修沉沙池，拦沙槛等。

（二）合理选择机型

由于泥沙对水轮机的磨损与水轮机通道的流速和流态有很大的关系，因此，在选择机型时要考虑选择水轮机出口边相对流速较小的机型，如选择能量参数较低的机型，不片面追求高能量参数。

（三）采用抗磨材料

采用抗磨材料整铸，或在易磨损部位铺焊或堆焊抗磨材料，也有采用非金属抗磨涂料的。根据试验和运行经验表明，效果比较好的抗磨材料为铬五铜钢，如进行热处理其抗磨性还能提高。堆焊耐磨 1 号或堆 276 及堆 277 焊条，抗磨性能均较好。目前，抗磨性能较好的非金属涂料有环氧树脂涂料，环氧金刚砂涂料和复合尼龙涂料。涂装时分为基液、砂浆层和面层三部分，涂层厚度为 2～5mm。

（四）选择运行工况

应避免水轮机在空蚀工况下运行，因空蚀和磨损联合作用，会加剧泥沙对水轮机的磨损作用，所以水轮机应避免在低负荷工况下运行。对混流式水轮机，尽量不在 50% 以下负荷运行；对轴流转桨式水轮机，应避免在额定出力 30%～40% 以下负荷的工况运行。

任务三　水轮机的振动与防止

机组振动是水电站运行中的常见异常现象，引起机组振动的因素可分为水力因素、机械因素和电磁因素，其中水力因素主要由水轮机引起，且大多为自激振动现象。

一、振动频率

（一）水轮机水力不平衡或机组旋转部件动不平衡引起的振动

由水轮机水力不平衡或机组旋转部件动不平衡引起的振动，其振动频率为

$$f_1(\text{Hz}) = n_R/60 \tag{12-1}$$

式中　n_R ——机组额定转速。

上述公式的适用条件：反击式水轮机导叶数 $Z_1 = 16～32$；轴流式水轮机 $n = 60～300\text{r/min}$；转轮叶片数 $Z_0 = 4～8$；混流式水轮机 $n = 60～750\text{r/min}$；转轮叶片数 $Z_0 = 14～17$；水斗式水轮机 $n = 300～700\text{r/min}$，喷嘴数 $Z_0 = 1～6$。

（二）反击式水轮机转轮进口处水流脉动压力引起的振动

在反击式水轮机转轮进口处，由于导叶和转轮叶片的厚度有排挤水流的现象，因而出现水流压力周期性脉动，这种周期性压力脉动频率为

$$f_2(\text{Hz}) = n_R Z_1 / 60 \tag{12-2}$$

式中 Z_1——导叶个数。

（三）作用在反击式水轮机转轮叶片上的水力交变的水力分量，由此引起的压力脉动

其频率与式（12-2）类似，即

$$f_3(\text{Hz}) = n_R Z_0 / 60 \tag{12-3}$$

（四）由于导叶个数和转轮叶片数不匹配引起的压力脉动

这种压力脉动为

$$f_4(\text{Hz}) = n_R Z_0 Z_1 / 60 \tag{12-4}$$

（五）由卡门涡列引起的振动

当水流经过非流线型障碍物时，在后面尾流中，将分离出一系列旋涡，称为卡门涡列。如图 12-2 所示，这种卡门涡列交替地在绕流体后两侧释放出来，在绕流体后部产生垂直于流线的交变激振力，引起绕流体周期的振动。当交变作用力的频率与叶片出水边固有频率相近时，涡列与叶片振动相互作用而引起共振，有时还伴有啸叫声，在叶片与上冠，叶片与下环之间的过渡处产生裂纹。卡门涡列振动频率为

$$f_5(\text{Hz}) = (0.18 \sim 0.2) \frac{W_2}{\delta_2} \tag{12-5}$$

式中 W_2——叶片出水边水流相对流速，m/s；

δ_2——叶片出水边厚度，m。

卡门涡列振动多发生在 50% 以上额定容量时。

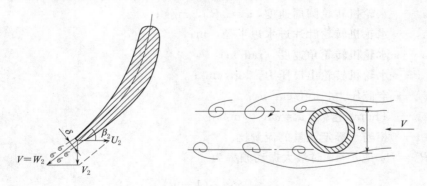

图 12-2 卡门涡列

（六）尾水管中涡带引起的振动

当混流式及轴流定桨式水轮机过多地偏离设计工况（最优工况）时，水轮机转轮出口处的旋转分速度 v_{u2} 将会在尾水管中形成不稳定的涡带而出现压力脉动，其脉动频率一般可按下式计算：

$$f_6(\text{Hz}) = n_R / 60K \tag{12-6}$$

式中 K——系数，根据我国部分水电站的设计，轴流式水轮机的系数 $K = 3.6 \sim 4.6$，混流式水轮机的系数 $K = 2 \sim 5$。

这种振动与转轮特性和运行工况密切相关，往往发生在负荷较小的运行工况，根

据试验测定：

（1）空转或负荷很小时，死水区几乎充满整个尾水管，压力脉动很小。

（2）机组出力约为 30%～40% 水轮机额定容量时，尾水管涡带产生偏心，并呈螺旋形，螺旋角度较大，压力脉动较大，属于危险区。

（3）机组出力约为 40%～55% 水轮机额定容量时，涡带严重偏心，也成螺旋形，压力脉动更大，属于严重危险区。

（4）机组出力约为 70%～75% 水轮机额定容量时，涡带是同心的，压力脉动很小。

（5）机组出力约为 75%～85% 水轮机额定容量时，无涡带，无压力脉动，运行平稳。

（6）满负荷到超负荷时，涡带紧挨转轮后收缩，有很小的压力脉动，尤其是在超负荷时。这类涡带除了可能引起管道和厂房振动之外，还会引起机组出力摆动。

消除这种振动的方法有：①迅速避开上述低负荷运行工况区；②进行补气或补水。

（七）尾水管中空腔压力脉动

由于尾水管中出现空腔引起的压力脉动，其脉动频率可按下式计算：

$$f_7(\text{Hz}) = \frac{\omega}{4\pi u} \sqrt{\frac{(1 - n^* - 8h)\left[(1 - n^*)^2 - 8(1 + n^*)h\right]}{1 - n^* + 8h}} \qquad (12-7)$$

$$h = \frac{P_0 - P_V}{\rho u^3}$$

式中　u——水轮机转轮圆周速度，$u = \omega R_1$，m/s；

　　　R_1——水轮机转轮叶片进水边半径，m；

　　　ω——水轮机转轮角速度，rad/s；

　　　P_0——水轮机转轮出口压力，kgf/cm^2；

　　　P_V——空腔压力，kgf/cm^2；

　　　ρ——Thoms 指数，$u = \omega R_1$，m/s；

　　　n^*——相当于额定流量的流量比。

当 $P_0 = P_V$ 或 $h = 0$ 时最大振动频率为

$$f_7(\text{Hz}) = \frac{\omega(1 - n^*)}{4\pi u} \qquad (12-8)$$

（八）高频振动

由于水轮机转轮叶片正面与背面的水流压力不同，使流出叶片的水流压力呈高频脉动。其脉动压力频率为

$$f_8(\text{Hz}) = n_r Z_0 \left(1 - \frac{V_{u2}}{U}\right) \frac{1}{60} \qquad (12-9)$$

式中　U——水轮机转轮出口的圆周速度，m/s；

　　　V_{u2}——水轮机转轮出口水流绝对速度的切向分量，m/s。

（九）水斗式水轮机水斗缺口排流引起的振动

图 12-3 所示为多喷嘴水斗式水轮机，由于水斗数目选得太少，或者因水斗缺口形状不良时，导致大负荷时随着针阀行程开大，部分射流可能从缺口溢出，射流冲击在下面喷管的挡水帽和折向器上，引起下喷管的强烈振动。

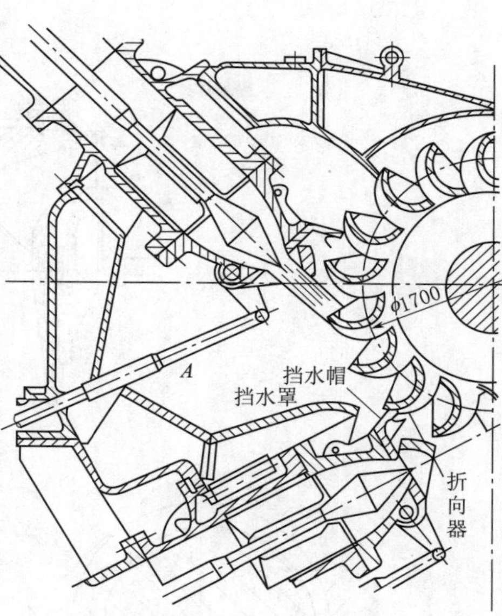

一般上述情况出现后，会在挡水帽和折向器的有关部位留下磨蚀的痕迹，据此判断出振动源是水斗缺口排流所致。其振动频率为

$$f_9(\text{Hz}) = n_1 Z_d / 60 \quad (12-10)$$

式中　　Z_d——水斗式水轮机转轮水斗数目。

图 12-3　水斗式水轮机出口排流示意图

消除这种振动的方法如下：

（1）增加水斗数目 Z_d。

（2）补焊缺口和改善缺口形状。

（3）适当减小射流直径 d_0。

（十）压力钢管水体自然振荡

压力钢管内水体的自然振荡，其频率为

$$f_{10} = c n_k / 2L \quad (12-11)$$

式中　　n_k——特征压力钢管节数，$n=1,2,3,\cdots$；

　　　　c——水击传播速度，m/s；

　　　　L——压力钢管长度，m。

当该水体自然振荡频率和涡带压力脉动频率合拍时，会产生共振，压力脉动振幅将大于水头的 20%。

（十一）冲击式水轮机尾水位抬高引起的振动

当机组水斗式水轮机超负荷运行时，尾水渠壅水造成排水回溅到水斗上，扰乱了水斗和射流的正常工作，致使机组效率下降和振动；同时处于转轮附近的空气会被高速射流带走并从尾水渠排走，致使机壳内产生真空。此时，若机壳上的补气孔太小或被淤塞或冒水，可能致使尾水抬高淹没转轮，使机壳内形成有压流动，产生强烈振动，同时危及机组和厂房的安全。

消除这种振动的方法有：①扩大尾水渠断面。②增加机壳补气量。

（十二）水轮机止漏间隙不均匀或狭缝射流引起的振动

高水头水轮机主轴偏心或止漏装置结构不合理或止漏装置存在几何形状误差，都可能造成间隙内压力显著变化和波动，引发机组振动，如图 12-4 所示。

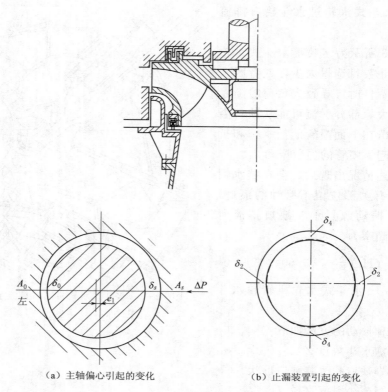

（a）主轴偏心引起的变化　　　　　　（b）止漏装置引起的变化

图 12-4　止漏环间隙变化

　　轴流式水轮机由于转轮叶片的工作面和背面的压差，在轮叶外缘和转轮室之间的狭窄缝隙中，形成一股射流，其速度高、压力低。当转轮旋转时，转轮室内壁的某一部分在叶片到达时瞬间是低压，在叶片离开后瞬间是高压，如此循环，转轮室壁相应部分形成周期性的压力波动，从而产生振动，导致疲劳破坏。

（十三）水轮机转轮叶片空蚀引起的压力脉动

　　这种叶片空蚀引起的压力脉动频率的范围可能为：100～300Hz。

　　水轮发电机组因机械和电磁原因引起的振动这里不再论述。

二、振动分析

　　水轮机的振动问题是复杂的，振动原因很多，有时几种原因交织在一起。为此，要消除振动，必须首先找出产生振动的主要原因，根据不同情况，采取相应的措施。表 12-1 列举出了水力振动方面的一个分析例子。

表 12-1　　　　　　　　水力振动方面的振源、振因、振频、负荷情况

振 动 原 因	振动频率	主要振频 （振动发生地点）	负荷情况
水轮机转轮空蚀	高频	转轮内部	混流式：部分负荷和超负荷 轴流式：大于额定负荷 定桨式：部分负荷

振 动 原 因	振动频率	主要振频 （振动发生地点）	负荷情况
尾水管涡带	低频	尾水管	部分负荷和超负荷
转轮叶片数与导叶叶片数组合不当	低频	蜗壳与压力钢管	与负荷无关
转轮止漏环迷宫间隙不对称	高频	转轮室	随负荷增加而增大

振动频率分为：高频振动（大于 $100\mathrm{Hz}$）；低频振动（$0.50\sim10\mathrm{Hz}$）；不定频振动（$2\sim20\mathrm{Hz}$）。高低频振动具有正弦波，其频率和振幅几乎不变，不定频振动无一定周期，经常变化。

对机组振源的分析，常根据运行经验判断和仪器测振相结合的方式进行。

（一）经验判断

根据运行参数判断振动的原因，和长期运行经验，总结出振动的振幅和频率与运行参数有一定的关系。

（1）由于水力不平衡引起的振动，其振幅是随负荷的增加而增加，压力脉动大。

（2）由于转子质量不平衡或轴线不正引起的振动，其振幅和频率是随着转速的增加而增加。

（3）由于空腔空化和空蚀引起的振动，其振幅值在某些负荷区域内变得很大，而在另一些负荷区域可能很小，振幅频率是多种多样的变化；垂直振动的振幅较大，在尾水管中同时产生敲击声和噪声，甚至机组和厂房振动。

（4）由于机组绕组短路引起的振动，振动随励磁电流增大而增加，当去掉励磁时，振动则消失。

因此，需要通过各种实验，如转速、负荷、励磁电流、电测试验等，除需要改变的参数外，其他参数不变，从而找出振动与某一参数间的关系，判断振动原因，采取适当的消振措施，达到消除或减轻的目的。

（二）仪器测振

用测振仪进行精密定量测振，测出振动部位的振动波形（振幅及频率），对照有关频率值，查明属于哪种振动。测振仪有简单的千分表，手握式机械测振仪、应变仪式的电测振仪，后两者可直接测出波形，然后加以分析确定振因。

表 12-2 中列出了部分振动特征、振动原因、消除振动的方法。

表 12-2 振动特征、原因与消除方法

运行工况	振动特征	可能原因	消除方法
空载无励	振动强度随转速增高而增大；在低速时也有振动	（1）发电机转子或水轮机转轮动不平衡； （2）轴线不直；中心不对；推力轴承轴瓦调整不当；主轴连接法兰连接不紧； （3）与发电机同轴的励磁机转子中心未调好； （4）水斗式水轮机喷嘴射流与水斗的组合关系不当	（1）动平衡试验，加平衡块，消除不平衡； （2）调整轴线和中心，调整推力轴瓦； （3）调整励磁机转子中心； （4）改善组合关系； （5）改善组合关系

续表

运行工况	振动特征	可能原因	消除方法
空磁带励	（1）振动强度随励磁电流增加而增大； （2）逐渐降低定子端电压，振动强度也随之减小； （3）在转子回路中自动灭磁，振动突然消失	（1）转子线圈短路； （2）定子与转子的气隙有很大不对称或定子变形； （3）转子中心与主轴中心偏心	（1）用示波器测出线圈短路位置并进行处理； （2）停机调整气隙间隙，气隙的最大值或最小值与平均值之差不应超过10%； （3）如偏心很大时，需要调整定子与转子中心的方法予以消除
空磁或带负荷（高水头混流式水轮机）	机组在任何导叶开度下部都有摆度，但与负荷和转速无关，振幅可能在几秒钟或几小时后增大	转动部件与固定部件碰撞，例如止漏环迷宫间隙偏小	（1）增加止漏环迷宫间隙，使不小于0.001D（D为止漏环的直径）； （2）如果互相碰撞，应校正主轴轴线
空载或带负荷	主轴摆度或振动与转速无关。当负荷增加时，摆度或振动有所降低	机组主轴轴线不正；推力轴承轴瓦不平整	调整轴线；校正轴瓦
空载或带负荷	振动强度随转速和负荷增加成正比增大	（1）转轮轮缘上突出部件布置不对称，例如：肋板或平衡块等； （2）转轮或导叶流道堵塞，如：木块、石头等； （3）转轮止漏环偏心或不圆，或水压脉动； （4）固定支架松动，如：轴承壳体、机架等	（1）刮去突出部件或用盖板遮盖，使其平滑过渡； （2）消除堵塞物； （3）调整修理止漏环； （4）加固支承结构
	在所有工况下主轴摆度都大	瓦隙过大，或主轴折曲，或机组松动	按制造厂规定调整瓦隙，或调整轴线，加固机架
空载	在某一转速范围内，振动强度骤然增大	接近临界转速，或是临界转速的倍数	在开停机过程中越过此振动区；改变结构的固有振动频率
带负荷	振动强度随负荷的增加而增大	（1）磁场不对称； （2）推力轴承或导轴承的中心不良； （3）主轴连接法兰处折曲； （4）推力头与主轴的配合不紧； （5）转轮叶片出口边缘开口不均匀； （6）转轮泄水锥太短； （7）转轮叶片背部压力脉动； （8）定桨式水轮机叶片安装角与导叶配合不当	（1）消除磁场不对称； （2）调整中心； （3）校正法兰，消除折曲； （4）使其紧固在轴上； （5）修正转轮叶片出口边缘开口； （6）延长泄水锥长度或将泄水锥过流表面做成弧形； （7）向该区补气； （8）调整配合关系

续表

运行工况	振动特征	可能原因	消除方法
带负荷	在某一窄负荷区振动剧烈增大，在尾水管内伴有振动和响声	由于吸出高度变化；或转轮翼形不好；或在转轮叶片上停留有涡流等引起空蚀	避开振动增大的负荷区；向转轮下方补气；改变叶片出水边缘形状
	转桨式水轮机在某一负荷区振动增大	协联关系不适于该水头下运行	改善协联关系
	在大负荷区振动剧烈	尾水管太矮	改变尾水管的结构
	露天压力钢管振动	（1）压力钢管水体自然振动频率与水轮机尾水管内涡带脉动频率合拍；（2）压力钢管刚度不够；（3）压力钢管的固有振动频率与其他振动频率共振	（1）向尾水管补气；（2）增加支座数目，减小支座跨距
	功率摆度	尾水管涡带脉动频率与发电机或电力系统自振频率共振	向尾水管补气，或设阻流栅改变涡带脉动频率和强度
	振动随负荷增加而增大，并伴有嘶叫声	水轮机转轮叶片出水边缘卡门涡流振动频率与叶片固有振动频率共振	修整叶片出口边缘形状，或加支撑改变转轮叶片固有振动
	突然振动剧烈	（1）导叶破断螺钉或剪断销剪断；（2）转轮叶片断裂或脱落；（3）转轮泄水锥脱落	（1）更换破断螺钉或剪断销；（2）停机检修；（3）停机检修
空载过程或加压过程	发电机定子出现嘶叫声	定子合缝不严	压紧合缝；或改为整体定子结构

　　许多水电站的运行经验表面，水轮发电机组振动，直接影响水电站厂房的安全稳定运行和经济效益。尤其是机组向高比转速、大容量方向发展，单机容量增大，机组结构尺寸增大后，为减少金属用量，机组刚度相对降低，振动问题尤为突出。为提高水电站厂房的安全性、经济性、可靠性，需对机组振动问题加强调查、研究和总结，提出相应的措施，以提高水电设备的设计制造水平和水电站厂房的安全经济运行水平。

任务四　水轮机主要部件的检修

　　水轮机易受泥沙磨损的零部件主要有：水轮机转轮、转轮上下迷宫环、顶盖、导叶、导叶的上下枢轴与轴套、水轮机密封、导水机构的底环等。转轮中水流速度较高，因此，转轮叶片正反面均会受到严重磨损；导叶上下端面间隙和转轮上下迷宫环间隙中，水流速度较大，因而形成间隙的两个结合面上均会受到严重的磨损破坏。轴流式水轮机除转轮叶片外，转轮室也会受到泥沙磨损。

一、转轮修复

水轮机转轮遭受破坏后，主要采用抗蚀耐磨材料补焊修复。

补焊前，首先对转轮遭受破坏的部位进行测量和评估，选用合适的补焊材料和焊条，研究补焊工艺，重点控制转轮的不均匀变形，减小内应力，避免产生裂纹。最好将转轮整体预热或提高周围环境温度（20～30℃），避免在低于15℃的环境温度下施焊。补焊时，应采用小电流短弧施焊，焊条应干燥，避免发生气孔。小尺寸转轮，有条件时，可在补焊后进行回火处理，消除内应力。补焊后，转轮应对叶片进行修形处理，满足叶片表面光洁度的要求，然后进行转轮静平衡试验，消除不平衡重量。

轴流式水轮机的叶片外缘，补焊完成后应保证其与转轮室间隙值与原来设计值一致。

12-4-1
顶盖检修

二、导叶修复

当导叶枢轴损坏不太严重时，可以先补焊修复，然后在车床上精加工。含沙量较大的中高水头电站，导叶损坏较为严重，在导叶全关时可能会无法正常切断水流。针对这种情况，若采用补焊修复，工作量较大，而且不易保证修复质量，因此，常采用更换导叶进行处理。

12-4-2
底环及
活动导叶
检修

三、水轮机顶盖和底环的修复

水轮机顶盖和底环间通常装有抗磨板，其尺寸大而薄，补焊时极易产生扭曲变形，为避免出现这一情况，常采用螺栓加固后施焊。若抗磨板损坏严重，修复困难，应更换新的抗磨板。

四、导叶枢轴套的修复

导叶枢轴套一般在端面上产生磨损，可将损坏的端面撤掉，重新配置一钢护环补偿撤掉的部分，用螺栓拧紧在轴套端面上，表面磨光打平。导叶轴瓦磨损后应更换新件。

五、水轮机迷宫环的修复

水轮机迷宫环薄、尺寸大、刚度差，即使少量的补焊也可能引起难以消除的变形。另外，迷宫环对圆度要求极高，因此，迷宫环损坏后一般采用更换新件的方法处理。磨损量不大时，可采取轮流更换转动迷宫环和固定迷宫环的方法处理。

六、轴流式水轮机转轮室的修复

轴流式水轮机转轮室受到泥沙磨损或空蚀破坏后，一般采用补焊修复。

七、其他零部件

对于轻微损坏的水轮机其他零部件，如蜗壳、座环支柱、尾水管起始段等，只要损坏不严重，可暂不处理；对损坏较大需要补焊的地方，因这些部位对型线无严格要求，只需将补焊部位磨光打平即可。

水轮机的检修不仅直接影响电站的电能生产，增加运行成本，而且经常性的检修会降低机组的性能。但检修是电站运行中不可缺少的工作，因此，既要提高检修质量，又要采取有效措施减轻水轮机泥沙磨损和空蚀破坏。

八、水轮机运行常见故障及处理

(一) 机组过速

机组带负荷运行中突然甩负荷时，由于导叶不能瞬时关闭，在导叶关闭的过程中水轮机的转速就可能增高 20%～40%，甚至更高。当机组转速升高至某一定值（其整定值由机组的转动惯量而定，一般整定为 140% 额定转速）以上，则机组出现过速事故。由于转速的升高，机组转动部分离心力急剧增大，引起机组摆度与振动显著增大，甚至造成转动部分与固定部分的碰撞。所以应防止机组过速。

为了防止机组发生过速事故，目前多数电站设置过速限制器、事故电磁阀或事故油泵，并装设水轮机主阀或快速闸门。这些装置都通过机组事故保护回路自动控制。

1. 机组发生过速时的现象

(1) 机组噪声明显增大。

(2) 发电机的负荷表指示为 0，电压表指示升高（过电压保护可能动作）。

(3) "水力机械事故"光字牌亮，过速保护动作，出现事故停机现象。

(4) 过速限制器动作，水轮机主阀（或快速闸门）全开位置红灯熄灭（即正在关闭过程）。若过速保护采用事故油泵，则事故油泵起动泵油，关闭活动导叶。

2. 机组过速时的处理

(1) 通过现象判明机组已过速时，应监视过速保护装置能否正常动作，若过速保护拒动或动作不正常，应手动紧急停机，同时关闭水轮机主阀（或快速闸门）。

(2) 若在紧急停机过程中，因剪断销剪断或主配压阀卡住等引起机组过速，此时即使转速尚未达到过速保护动作的整定值，都应手动操作过速保护装置，使活动导叶及主阀迅速关闭。对于没有设置水轮机主阀的机组，则应尽快关闭机组前的进水口闸门。

12-4-3
水导瓦温
高故障
处理

(二) 机组的轴承事故

1. 巴氏合金轴承的温度升高

一般机组的推力、上导、下导等轴承和水轮机导轴承都采用巴氏合金轴承，故利用稀油进行润滑和冷却。当它们中的任一轴承温度升高至事故温度时，则轴承温度过高事故保护动作，进行紧急停机，以免烧坏轴瓦。

当轴承温度高于整定值时，机旁盘"水力机械事故"光字牌亮，轴承温度过高信号继电器掉牌，事故轴承的膨胀型温度计的黑针与红针重合或超过红针。在此以前，可能已出现过轴承温度升高的故障信号；或者可能出现过冷却水中断及冷却水压力降低、轴承油位降低等信号。

当发生以上现象时，首先应对测量仪表的指示进行校核与分析。例如将膨胀型温度计与电阻型温度计两者的读数进行核对，将轴承温度与轴承油温进行比较区分，并查看轴承油面和冷却水。若证明轴承温度并未升高，确属保护误动作，则可复归事故停机回路，启动机组空转，待进一步检查落实无问题后，便可并网发电。当确认轴承温度过高时，必须查明原因，进行正确处理。

有许多因素可以导致巴氏合金轴承温度升高，一般常见的原因及处理办法如下：

(1) 润滑油减少：由于轴承油槽密封不良，或排油阀门关闭不严密，造成大量漏油或甩油，润滑油因减少而无法形成良好的油膜，致使轴承温度升高，此时应视具体情况，对密封不良处进行处理，并对轴承补注润滑油。

（2）油变质：轴承内的润滑油因使用时间较长，或油中有水分或其他酸性杂性，使油质劣化，影响润滑性能，这时应更换新油。尤其当轴承内大量进水（例如冷却器漏水等）时，使润滑及冷却的介质改变，直接影响轴承的润滑条件，会很快导致轴承烧毁，这时应立即停机，处理渗水或漏水部位，并更换轴承油槽内的油。

（3）冷却水中断或冷却水压降低：冷却水管堵塞、阀门的阀瓣损坏、管道内进入空气等都会影响冷却器的过流量，使冷却器不能正常发挥作用，引起轴承油温升高，这时应立即投入机组备用冷却水，或将管道排气。若是冷却水压过低，应设法加大冷却水量，使轴承温度下降到正常值。

（4）主轴承摆度增大：当主轴摆度增大时，轴与轴瓦间的摩擦力增加，发热量增大，致使润滑条件变坏，不能形成良好的油膜，这时应设法减小机组摆度。例如改变机组有功和无功负荷，使机组在振动较小的负荷区域内运行，或者停机检查各导轴承间隙是否有大的变化，检查各导轴瓦的推力螺栓有无松动。

2. 水导轴承的润滑水中断

橡胶瓦水导轴承系用水进行润滑，这类轴承称为水轴承。当水轴承润滑水中断时，其现象与上述油轴承相似，只是多显示一个"轴承润滑水中断"信号。

（1）润滑水中断的原因与后果：由于水质不洁或有杂物，致使取水滤网或过滤器堵塞，造成水压降低；或自动供水阀门因某种原因误关；当用水泵供水时，由于机械或电气原因造成水泵供水中断。这些都会引起润滑水中断事故。当润滑水中断或水量减少时，会使轴领与轴瓦间润滑、冷却条件变坏，甚至发生干摩擦，导致轴承烧毁，此时水轮机失去了径向支承，造成振动和摆度急剧增大，有时会发生蹿水现象，从而影响机组的正常运行。

（2）处理方法。

1）当润滑水中断或水压降低时，首先应投入备用水源，然后清扫取水滤网及过滤器，或查找润滑水自动供水阀误关闭的原因，处理完成后仍恢复原供水系统的正常供水。

2）若轴承采用水泵供水时，当出现水泵停止供水或其出口水压下降而造成润滑水中断，应首先起动备用水泵供水，然后再查明水泵停止供水或其出口水压下降的原因，并做相应处理。

3）当无法立即恢复供水时，为了不致造成事故扩大，应立即停机。

12-4-4

创新磨砺匠心，追求不忘初心——全国五一劳动奖章获得者袁继勇

思 考 与 练 习 题

1. 泥沙磨损的类型有哪些？

2. 如何防止泥沙磨损？

3. 水斗式水轮机如何消除因水斗缺口排流引起的振动？

4. 水斗式水轮机如何消除因尾水位抬高引起的振动？

5. 机组过速时的现象有哪些？

6. 水导轴承的润滑水中断后如何处理？

水 轮 机 新 技 术

【知识目标】

熟悉水轮机底环、导叶摩擦装置、主轴无接触密封、转轮与主轴连接的新结构，熟悉水轮机安装新技术的应用，熟悉水轮机机组过渡过程、水轮机空蚀检测与在线监测、厂内经济运行等运行新技术的应用。

【技能目标】

会运用所学的理论知识将新技术应用到水轮机的安装和运行中。

【重点难点】

重点：水轮机底环、导叶摩擦装置、主轴无接触密封、转轮与主轴连接的新结构。

难点：水轮机安装新技术和运行新技术的应用。

水力机组运转灵活，速动性高，使它成为电力系统最可靠的负荷备用和事故备用；由于水力机组在运行时也具有较高的运行效率，它可以经济及灵活地担负起电力系统尖峰负荷任务；抽水蓄能式水电站可以用来调节电力系统发电与用电的平衡关系，改善用电质量，提高整个电力系统的运行经济性。因此，水力发电在参与电力系统运行时，它占据十分独特的地位，特别是随着电力系统容量的扩大，水力发电的这种独特地位就愈加显著。

水轮机是水电站生产电能的水力原动机，是水电站最重要的动力设备之一。水轮机的运行性能好坏，直接影响水电站乃至电力系统运行的技术经济水平。

水轮机运行性能的好坏，除与水轮机和水电站的运行方式和经营管理水平有关外，还与水轮机的设计、制造、安装、检修等多方面的质量和技术水平有关。因此，要提高水轮机的运行质量，不仅取决于水轮机运行方式的改善，还须从提高水轮机产品的设计和制造水平，采用新工艺、新结构，从流体动力学方面改善水轮机的能量和空蚀特性，在机组的安装、检修过程中，各零部件以及水轮机整体的最终状态应充分满足规范的技术要求等方面入手。此外，对水轮机运行中存在的各类重大技术问题，必须开展广泛的理论和试验研究，寻找切实可行的解决方法。

任务一　水轮机新结构及安装新技术

一、水轮机新结构

（一）底环

对水轮发电机组而言，底环在机组安装中起着精确定位的作用。所以，对它的安装精度要求高。尤其是底环上带有止漏环，止漏环的圆度、对中等直接关系机组运行的稳定性。

一般情况，底环为分瓣组合结构。混流式水轮机底环侧面装有耐磨不锈钢止漏环，上端面装有耐磨高光洁度的抗磨环，侧面与转轮下环配合止漏，上端面与活动导叶下端面配合止漏，底环上均匀布置活动导叶轴承孔，孔底一般用螺栓柱销分别与基础相连。

三峡水电厂底环与基础环采用的是局部垫块的连接方式。相较于全接触的连接方式，这种方式有利于底环上抗磨面水平和高程的调整，有利于保证水平精度及底环与基础环的紧固强度，同时减少了加工量。这是一种在大型机组结构上值得推广的技术创新举措。

（二）导叶摩擦装置

导叶摩擦装置是一种新型的水轮机活动导叶过压保护装置，与常规的剪断销保护装置相比，更安全可靠。与近几年进口的液压连杆、弹簧连杆、绕屈连杆相比，同样安全可靠。更具有造价低、安装维护方便等优点。

导水叶摩擦装置的结构如图 13-1 所示。

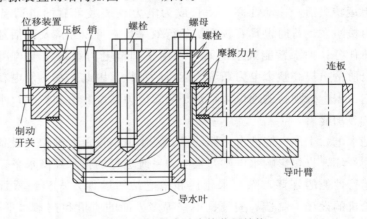

图 13-1　导水叶摩擦装置结构

导水叶摩擦装置由压板、导叶臂、连板、摩擦片、连接销、联接螺栓、导叶臂位移信号装置和导叶限位块等组成。导叶与导叶臂之间采用连接销固定，导叶臂与压板之间采用圆柱销固定。接力器对导叶的操作力矩通过连板与压板、导叶臂之间的摩擦传递，连板与压板、导叶臂之间装有摩擦片，通过调整联接螺栓的预紧力距来控制作用在摩擦片上的正压力，从而控制导叶摩擦装置传递的操作力矩，该力矩称为导叶摩擦装置的起始滑动力矩。

摩擦装置的一项重要作用是保护导水机构各传动件不因过度受力而损坏。在导水机构运动过程中，如有两相邻的导叶被异物卡阻，作用在这两导叶传动件上的操作力矩将增大，当其值超过起始滑动力矩时，导叶摩擦装置将发生滑移，而导水机构的传动零件可继续随导叶接力器运动，但作用在导水机构中传动零件上的力不再增加，从而保护导水机构中的传动零件不会受到损坏，位移信号装置同时发出报警信号。

为避免由于某导叶产生位移后引起水力变化造成相邻导叶的误动作，结构设计上采用了两种起始滑动力矩不同的摩擦装置（导叶弱摩擦装置与导叶强摩擦装置），安装时，间隔布置。

由于导叶臂与导叶连板间产生位移，导叶与导叶连板的相对位置发生改变，导叶将停留在某一错误位置，但导叶仍然由导叶臂及导叶摩擦装置所控制，不会因失控而触及转轮及相邻导叶，因此机组仍可安全运行。机组停机时，在主进水阀关闭情况下，操作接力器使导叶全开，被卡阻而产生滑移的导叶摩擦装置的导叶臂将最先被装于导叶全开位置的导叶限位块阻挡，从而重复导叶被卡阻的相反过程，导叶与其导叶臂将自动复位。

（三）主轴无接触密封

主轴无接触密封结构如图 13 - 2 所示。

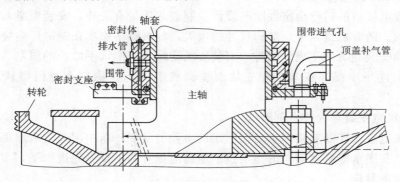

图 13 - 2　主轴无接触密封结构

主轴无接触密封由轴套、密封体、围带、密封支座及相应的连接件组成。轴套为转动部件，由不锈钢分瓣制成，用不锈钢螺栓把合在水轮机主轴上，随轴一同转动。密封体为分瓣钢结构，用螺栓组合成整体并把合固定在顶盖上。在密封体与密封支架间装有△形实心橡胶围带。

密封体与轴套之间的间隙比水导轴瓦与轴之间的间隙要大，因此，在运行中轴套与密封体是不接触的，所以称为不接触密封。但为了防止在运行中可能因轴套与密封体接触造成事故，在密封体相对轴套的表面嵌入一层巴氏合金。

水轮机正常运转时，由于转轮上冠内装设有固定泵叶装置，转轮上冠与顶盖之间的水通过泵叶装置排至电站集水井，因此密封体内是无水的，也就是机组正常运行时不需要通过水密封；转轮启动和停机过程低速运动时，转轮上冠与顶盖之间的水可能到达密封体内，由于密封体是迷宫型，流体通过迷宫产生阻力并使其流量减少的机能称为"迷宫效应"，位于迷宫环之间的排水管可将水排入集水井，可有效防止水从密封体上部漏出；当机组处于停机状态时，向围带外圈的围带槽内补气，使围带胀出，与轴套接触，以防止因尾水位高于主轴密封，使密封漏水。如果围带封水失败，其漏水量也不会很大，因密封水通入密封体的下室，防止调相用的压缩空气通过密封体的间隙泄漏，密封水通过排水管排出。

这种主轴密封因转动部件与静止部件不接触，其优点是寿命长、不需要维修，而且正常运行时，不需要冷却和润滑。

（四）转轮与主轴连接

主轴摩擦传递扭矩是近年来应用在大型水轮发电机组上的一项新技术，其优点是联结的各部件互换性强、加工方便、装拆容易。而传统的结构用键、销钉、螺栓传递扭矩，水轮发电机主轴与转轮必须同轴联结。

水轮机主轴摩擦传递扭矩一般采用摩擦键结构，即主轴与转轮靠摩擦传递扭矩，由联轴螺栓施加预紧力，联轴螺栓只受拉力而不受剪切力。为可靠起见，用键作为后备传递扭矩。

转轮与主轴连接采用销套结构与靠摩擦传递扭矩解决互换性要求一样，可以采用主轴、转轮联轴螺栓带销套结构，螺栓受拉而销套受剪。

二、水轮机安装新技术

水轮发电机组的运行稳定性除与设计、制造的质量有关外，安装质量对其影响是至关重要的。随着机组容量、结构尺寸的增大，越来越多原本在制造厂内完成的工作必须转移到安装现场来完成。同时，安装现场受设备、测试手段等的限制。如何通过采用新技术进一步提高安装质量，从而提高机组的运行稳定性是值得认真思考的问题。

（一）机电安装重大技术创新

水电机电安装伴随着我国水力发电建设事业的发展，新中国成立后取得了许多项技术创新，我国水电机电安装的施工技术全面地提升到了世界先进水平，实现了与国际水平接轨的目标。

（1）发电机定子现场整体叠片组装、嵌装全部线圈的现场装配工艺和定子整体吊装技术。从 20 世纪 80 年代以后大中型水轮发电机定子组装，被确定为在现场整体装配。

（2）发电机推力轴承的推力轴瓦以及导轴承的导轴瓦由单一的巴氏合金瓦面材增加了弹性金属塑料瓦的新材料、新结构、新技术。弹性金属塑料瓦在推力轴承上的应用从根本上解决了大型推力轴承运行可靠性的问题。

（3）超大型水轮机埋件（如：尾水管的肘管、锥管、基础环、蜗壳、机坑里衬等）在现场下料、卷板制造的生产方式。

（4）大型混流式水轮机的转轮由分瓣结构在现场组装焊接工艺，发展到以散件运输到现场、再整体组焊的加工制造工艺。

（5）水轮发电机定子蒸发冷却的安装工艺和调整试验技术的应用。

（6）发电机圆盘式转子支架结构的应用与组装焊接技术。

（7）压力钢管、高压岔管和蜗壳的600MPa和800MPa级高强钢的焊接和应力消除技术。

（8）调速器和励磁装置系统智能化机电一体化控制设备的安装调试技术。

（9）高电压等级（330kV、500kV）封闭组合电器设备GIS的安装、调试技术；大容量组合式壳式变压器现场组装、安装调试技术。

（10）以新型自动化监测装置和元件为基础的水电站计算机监控系统的安装和调试技术以及可逆式抽水蓄能机组起动试验技术。

（二）蜗壳工地水压试验

蜗壳工地水压试验的目的如下：

（1）直观且全面地反映焊接质量。

（2）检验蜗壳和座环设计的合理性。

（3）消除焊接残余应力，提高座环和蜗壳的承载力和抗应力腐蚀开裂能力。

（4）方便实施蜗壳打压埋置法，有效地削减内水压力引起的蜗壳外包混凝土中的拉应力，降低混凝土开裂的可能性。

蜗壳水压试验的总体布置如图13-3所示，升压采用三柱塞高压泵，压力大小由安全阀8进行调节。蜗壳水压试验时，首先关闭闸阀9，利用厂房自来水管经闸阀10对蜗壳充水；待蜗壳内部充满水后，再关闭闸阀10，开启闸阀9，用水泵升压。

蜗壳水压试验时机坑的密封方式，如图13-4所示。座环的上环板和下法兰处，均安装耐油橡皮盘根，用于止水。

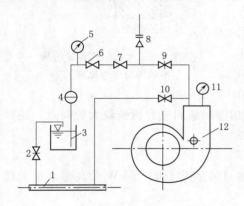

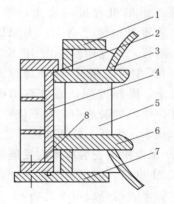

图13-3 水压试验总体布置图
1—自来水管；2—闸阀；3—水箱；4—水泵；
5—压力表；6—截止阀；7—止回阀；8—安全阀；
9、10—闸阀；11—压力表；12—排气孔

图13-4 机坑内密封方式
1—座环上法兰；2—橡皮盘根；3—过渡段；
4—封水环；5—固定导叶；6—座环环板；
7—座环下法兰；8—M56螺栓

蜗壳工地水压试验的监测项目有：座环变形、蜗壳胀量和座环蜗壳各部主要点的应力值。座环变形和蜗壳胀量的测量仪表为千分表。蜗壳和座环各部的应力，贴直角三轴型应变花用电测法测定。

已有多个水电站进行了蜗壳工地水压试验，并实施了蜗壳打压埋置法，除达到了水压试验的基本目的外，还取得了良好的技术经济效果。其技术经济效果在于，金属

蜗壳进行水压试验后，采用保压（一般为最大水头时的压力值）浇混凝土，减少了蜗壳弹性层的铺设和蜗壳内部加固支撑焊接两道工序，既节约了工程投资，又加快了厂房混凝土浇筑进度。

（三）联轴螺栓火焰加热工艺

联轴螺栓火焰加热工艺是利用氧-乙炔火焰加热装置在螺杆内孔对螺栓进行加热。火焰加热装置由燃烧室、焊枪卡口夹套、加热管等部分组成。由于加热时温度可达 700～900℃，焊枪卡口夹套和燃烧室均用 1Cr18Ni9Ti 不锈钢加工，加热管则用 3Cr19Ni4SiN 不锈钢加工。0.2～0.5MPa 的压缩空气穿过燃烧室将氧-乙炔火焰带入联轴螺杆内孔深处；热空气再经螺杆内孔和加热管间间隙返回燃烧室下部，经排气观察孔逸出，实现对螺杆的均匀加热（图 13-5）。采用联轴螺栓火焰加热工艺紧固螺栓时由于加热前后联轴螺杆的温差较大，无法准确测量螺杆紧固后的伸长值，所以通过测量螺母转角相对应的弦长来确定螺栓的紧固程度，待螺栓冷却到常温后再校核其伸长值。

随着机组单机容量的增大，轴向水推力、转轮及主轴重量也随之增大；为保证机组的安全经济运行，联轴螺栓的伸长量已高达 1.73mm（天生桥二级）。联轴螺栓火焰加热工艺设备简单，操作方便，通过转角确定螺栓的紧固程度，伸长量误差小。它不仅克服了电极加温法紧固应力相差较大的弱点，还提高了工作效率，降低了劳动强度。

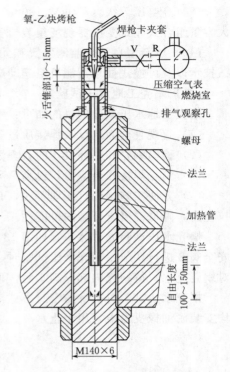

图 13-5 火焰加热装置的基本结构及工作原理图

（四）水电机电安装技术的发展与展望

进入 21 世纪，我国水电机电安装企业所面对的是近 4000 万 kW 的在建水电工程规模，它们大致可分成以下几类：

（1）以三峡、龙滩、小湾、拉西瓦等水电项目为代表的 70 万 kW 巨型水轮发电机组和相应机电设备的安装。其中包括：水内冷发电机、极限容量条件下的全空气发电机、大容量变压器、超高压（750kV）电气设备的安装试验、大型水轮机稳定性工况试验、超大型金属结构制作、安装等。

（2）以桐柏、泰安、张河湾、宜兴等抽水蓄能电站为代表的 20 万～30 万 kW 可逆式抽水蓄能机组及启动设备的安装、调试。

（3）以公伯峡、洪家渡、乌江扩机、平班、恶滩等电站为代表的 20 万～30 万 kW 常规水轮发电机组及其 330kV、500kV 高压电气设备的安装。

（4）以洪江、尼那、青居、桐子壕等水利水电工程为代表的一大批 3 万～4.5 万

kW 低水头灯泡贯流式机组的安装。

上述工程的划分，基本上构成了当代我国水电机电设备的安装格局，相应的机电安装技术发展也必将围绕着这些工程的建设而展开，它们将是：

（1）超大型水电机组结构装配中的刚强度及装配应力控制技术；转轮在现场组装、焊接、应力消除和加工技术。

（2）超大型机组埋件现场制作工艺技术的规范与制造方式的推广，埋件制造方式的变革性创新。

（3）内冷电机绕组的安装与试验（包括水力和电气试验）技术，水处理系统与机组联合起动调试技术。

（4）高铁芯全空气电机的叠片工艺和空冷系统冷却通道结构件安装、调整技术和要求的工艺措施。

（5）75 万 kVA 及以上超大容量变压器的运输、安装和试验，其中包括局放试验的要求和试验方法。

（6）750kV 超高压电压等级的出现和相应电气设备的安装试验技术和相应试验设备的应用。

（7）可逆式机组启动试验、调试技术的进一步成熟和在系统内应用范围的进一步扩大，工况转换智能化程度和转换成功率的进一步提高。

（8）水电站与电力系统之间调试、送出试验进一步规范和完善。

（9）水电机组运行工况在线监测系统，其中包括对机组稳定性监测和故障诊断技术的发展，促使在电站计算机监测系统的安装、调试中将这部分相对独立的系统包括进去，并掌握其工作原理和智能软件。

（10）大型灯泡贯流式发电机冷却系统的改进和安装技术，以及提高大型灯泡贯流式机组刚度的技术措施，大型卧式机组轴线调整标准的进一步完善和规范。

任务二　水轮机运行新技术

运行性能良好的水轮机，应具备较高的运行经济性、可靠性、灵活性和稳定性。为此，最重要的是水轮机必须具有较高的运行效率和宽广的高效率运行区域；具有良好的空蚀性能和抗泥沙磨损性能；运行过程中机组的振动和噪声小，为消除不稳定状态所采取的技术措施行之有效；水轮机具有良好的过渡过程品质和改善水轮机过渡过程特性的有效措施；此外，水轮机还应具备一整套经济合理的运营方式和设备检修方式相配合。

一、机组过渡过程

为了避免机组在甩负荷过程中转速上升值和引水系统压力上升值过高，造成破坏事故。又为避免水轮机顶盖下真空值太大产生反水击和负的轴向水推力太大，引起抬机，应该采用必要的安全措施，保证水电站的安全。主要工程措施：

（一）选择合理的导水机构关闭时间

导叶的关闭时间指在调速器某一整定的情况下，接力器的关闭行程所需的最小时

间 T'_s，如图 13-6 所示，这种关闭规律，称为一段直线关闭。通过调节保证计算，确定出合理的 T'_s 值，使水轮机甩负荷时转速上升最大值和引水管道、蜗壳的水压上升最大值不超过设计规范。

（二）采用合理的导叶关闭规律

如图 13-7 所示，表示的是导叶两段直线关闭规律，这种关闭规律比一段直线关闭规律对改善水轮机甩负荷过渡过程品质更为有利。

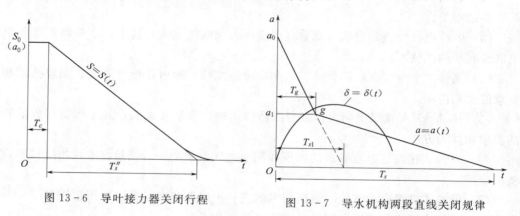

图 13-6　导叶接力器关闭行程　　　图 13-7　导水机构两段直线关闭规律

两段关闭规律是在机组甩负荷时，导叶首先以较快的速度，等速关闭至 a_1，然后以较慢的速度，等速关闭至零。第一段降低了机组转速上升值，第二段限制了引水系统水击压力上升值。这种关闭方式还能限制水轮机进入水泵工况的深度，避免负的轴向水推力过大。

（三）补气

以下两种情况可能产生轴流转桨式水轮机转动部分上抬事故，第一种情况是当水轮机进入主动式水力制动器或向心式水泵工况，负的轴向水推力大于机组转动部分的重量时；第二种情况是机组甩负荷过程中，由于导叶的快速关闭，使导叶后、转轮前的水流压力急剧下降，造成真空，从转轮区域流出的水流，在下流水面大气压的作用下又返回转轮区域，引起强烈的反水击，也可能导致抬机现象。第二种情况只有在水轮机安装高程低于尾水位，调节元件运动不良，真空破坏阀补气无效时才会发生抬机现象。

为了防止抬机事故的发生，通常采用真空破坏阀向转轮区域补入空气，实践表明只要补气方式合理且补气量足够，可以有效地防止抬机事故的发生。

（四）设置调压阀（井）

调压阀又称空放阀，一般装置在水轮机蜗壳进口处。设置调压阀后，机组甩负荷时，导叶关闭的同时调压阀自动开启，管道中一部分水体从调压阀排出，使引水管道中的流量相对时间的变化率减小，压力上升值降低。由于通过水轮机的流量急剧减小，降低了机组转动部分的加速能量，使转速上升值下降。

对于具有长引水管道的水电站，为了解决甩负荷时水击压力上升和转速上升的矛盾，通常采用调压井。但考虑到修建调压井投资大，工期长，受自然条件限制等原因，一般认为在系统中不担任主调频任务，并且单机容量占系统比重较小的水电站可以采用调压阀代替调压井。

（五）脉冲式安全阀——爆破膜网调压方式

即利用脉冲式安全阀——爆破膜装置代替调压井，当机组突然甩负荷导叶快速关闭时，利用升高的水压开启脉冲式安全阀，泄放一定的流量，降低引水系统的压力上升值，确保引水系统安全。另外，在同一条引水管道上，装设若干个金属膜片——爆破膜，作为后备安全措施，当压力值超过整定值而安全阀未动作时，爆破膜在水压力作用下爆破，泄放一定的流量，保护引水管路的安全，爆破膜网调压方式的效果相较于调压井方式而言，效果良好。

二、水轮机空蚀检测与在线监测

根据我国正在运行的水电站现场调查证明，通流部件，特别是转轮的空蚀，是当前水轮机运行中最为突出的问题。从水轮机的整个发展历史看，空蚀是水轮机发展的重大障碍之一。

随着水轮机比转速日益增大，转轮区域的流速有所增加，这对于空化空蚀来说，是不利的。

水轮机空化现象的常用检测方法有：能量法、高速摄影法、闪频观察法和检测空化噪声等方法。制造厂多数采用能量法在模型机上检测空化现象，该方法通过改变空化系数，测量相应的效率、流量和力矩。但该法不能直接确切反映水轮机转轮空化情况。当水轮机流道中产生气泡时，水轮机效率并非立刻下降，具体下降时刻还与流道和工况有关，当效率降低时，空化程度已很严重，而并非空化初生点。

空蚀监测的方法之一是把由空化产生的声音信号作为空蚀的特征信号之一。通过安装在尾水管上的声压传感器，在线采集并监控空化流通过尾水管时产生的噪声信号的声压值，并将其与基准声压进行比较。一旦比较值高于警戒值，系统即发出报警信号并提醒维护人员进行维护。另外，监测系统还同时对压力脉动信号和水轮机效率进行监测，用三者的综合监测结果来判定是否报警。但是，系统监测的信号只是空蚀引起的多种变化中的一部分，也就是说，空蚀发生时这些特征信号会出现明显变化，但这些量发生明显变化时并不一定出现了严重的空蚀，因此他们的监测系统还不能绝对准确地反映水轮机的空蚀状况。

国外 Korto 公司的研究部门认为，评估运行中水轮机空化强度和洞察其状况的唯一方法是测量空化产生的振动声场，声波从水体传至水轮机无水侧，传递了空化水流及由其引起磨蚀的信息。现场测试经验表明，由结构产生的声音和水轮机部件的高频振动，提供了一种空化"指纹"。

用振动声描述空化最简单的方法是在水轮机的适当位置安放振动声响传感器，以测量在适当频带内的噪声强度，计算反映水轮机空化脉冲性能的噪声脉冲频率，或者比较在各种功率设定值下所收集的噪声频谱。首先，选用这些量的平均值作为空化强度估计量，虽然这种方法在广泛使用，但不是最好的。比如在一台 60MW 转桨式水轮机转轮周围安装 12 个传感器记录峰值曲线。如仅用一个传感器，可能会得出完全错误的空化描述。在不同的位置可得到水轮机部件空化强度分布形态和估算的振幅。

Korto 公司的研究部门在一系列原型试验和研究基础上开发出的多维水轮机空化评估方法，已在混流式、转桨式和灯泡式水轮机上得到实际运用。该多维方法是一种独特的采集、处理和描述振动声响数据的方法，这些数据可用传感器位置、噪声频率、转轮瞬时角度位置和水轮机负荷大小的函数来表示。该诊断和监测技术很灵敏，可以在空蚀初期探测到破坏，为可靠诊断和优化检修提供了大量数据。

三、厂内经济运行

水电站厂内经济运行（也称为优化运行）是指在安全、可靠、优质地生产电能的基础上，合理地组织、调度电厂的发电设备，以获得最大的经济效益。

水电站电能生产常用的优化准则有：给定电厂负荷，要求电厂耗水量最小；电厂的耗水量（或来水）一定时，要求发电量达到最大。上述准则中，前者适用于蓄水式水电站，而后者则适用于径流式水电站。

（一）基于动态规划法的机组间最优负荷分配

动态规划方法是 R. 贝尔曼于 20 世纪 50 年代为研究多阶段决策过程提出的，其中心思想是最优化原理，该原理概括如下："多阶段决策过程的最优策略具有这种性质，即不论其初始阶段、初始状态与初始决策如何，以第一个决策所形成的阶段与状态作为初始条件来考虑，余下的决策对余下的问题而言必须构成最优策略"。原理归结为用一个基本的递推关系式来使过程连续地转移。对这类问题的求解，要按倒过来的顺序进行，即从最终状态开始到起始状态为止。

水电站总负荷在机组间的最优分配问题，实质上是一个与时间无关的空间最优化问题，为采用动态规划方法求出厂内机组间负荷的最优分配方案，需人为地给该问题赋予时间特性，虽然机组间负荷的分配，是在同一个时间做出的，但这样假设并不影响问题的最终结果。为此，将水电站中可供选用的机组编上固定的顺序号码，把每台机组作为一个阶段。若各阶段的决策（即机组出力）是最优的，则由这些决策构成的策略称为最优策略（即最优运行方式）。这样，水电站厂内最优运行方式问题就变成了一个多阶段决策过程的最优化问题，可用动态规划方法来求解。

动态规划法能同时解决那些机组承担负荷和负荷怎样分配问题，但该方法计算工作量较大，用于实时控制存在困难，需事先计算出各种结果，储存在计算机中，备实时控制时选择调用。

动态规划法对机组流量特性没有特别要求，甚至当机组在某个出力区（范围）有水力振动，要求负荷分配时避免该机组在振动出力区运行时也能应用（这只需在机组工作条件中加以约束，即不包括振动出力区）。因此，当实际运行中需确定参与运行的机组台数、台号和机组出力有特殊要求时，只能采用动态规划法。

根据动态规划法对电厂一日内逐小时的负荷进行机组间负荷分配后，即可得出水电站的日发电计划和开停机计划。有时得出的水电站发电计划可能出现开停机过于频繁的情况，这对水电站运行是不利的，有时甚至是不允许的，因开停机过程有附加的耗水损失：如就开机而言，从下达开机命令到机组空载等待并网期间，机组耗水但不发电。并网后，机组增加负荷到预定的负荷期间，还要经过低效率区也要多耗水。此外，开、停机过程中还有其他辅助设备的启动、关停和开关合、跳等操作，会引起设备的耗损。考虑这些因素，调整、修改或重新确定开、停机计划后，仍可用动态规划法来分配机组负荷。

（二）厂内经济运行的自动实施

水电站的日负荷确定之后，在厂内机组间进行负荷分配时，将与动力设备的特性及其运行工况直接相关。这需要很高的实时性，以及对不断变动的电网和电站机组运行工况参数与信号的监测、数据采集与处理、电能质量控制及调整等的有效监控。

计算机实时控制系统是实施厂内经济运行的重要技术手段。它是以电子计算机为中心的，对水电站生产过程进行运行监控和管理的系统，是水电站综合自动化系统的重要组成部分之一。其针对水电站厂内经济运行的功能如下：

（1）电站日负荷给定。根据电力系统的调度计划或水库来水、水位情况确定水电站日负荷曲线（计划），并在实际运行中进行全厂出力的实时自动给定。

（2）机组间负荷的最优分配。根据给定的全厂负荷，按最优化准则确定工作机组的台数、机组台号及机组负荷。

（3）机组启停最优化计算。根据电站的日负荷计划或将面临时段的日负荷预测资料，按机组启停最优化准则计算确定新的工作机组组合。

（4）改变机组工况的最优控制规律计算。当确定要改变机组工况时（如增、减负荷，停机，启动等），寻求改变工况的最优控制规律。

（5）请求改变电厂运行方式。当电站总负荷变化后，经过以上计算，若需要改变电厂工作机组的组合和机组运行工况时，则经输出设备进行显示，以指导运行人员进行手动操作或由控制系统自动改变机组运行状态。

（6）负荷偏差的检验和调节。全厂的总功率应等于电力系统的给定值，但有时可能会产生偏差，控制系统应定时或不定时地总和各机组实际发出的功率，然后与给定值比较求得偏差值，并根据这个偏差值进行调节控制。

（7）随机负荷的最优分配和实时调节。

（8）机组段动力特性的实测及实测资料的分析、处理，并存入数据库。有条件时，实时控制系统应能定期地通过测量仪器，实测机组段动力特性，或利用机组运行中的各工况参数进行统计分析，以求得各机组段的实际动力特性，并存入数据库，供确定最优运行方式时使用。

13-2-1

方寸匠心，不差毫厘——大国工匠田得梅

（9）显示、记录。通过屏幕、打印机等输出设备，对计划的最优运行方式、厂内实际运行方式和操作调节指令等进行显示、记录。

思 考 与 练 习 题

1. 为了避免机组在甩负荷过程中转速上升值和引水系统压力上升值过高，可以采取哪些工程措施？

2. 简述蜗壳工地水压试验的目的。

3. 补气主要是解决什么问题？

尾水管尺寸

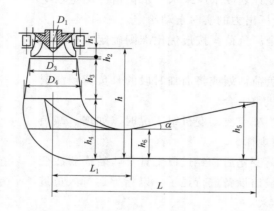

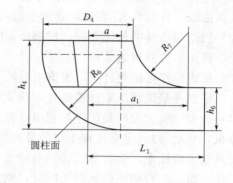

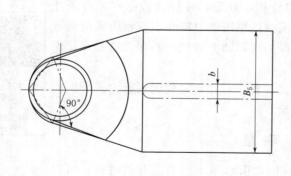

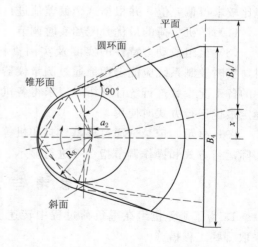

（a）尾水管外型尺寸　　　　　（b）肘管尺寸

附图 1-1　弯曲型尾水管

附表 1-1　　弯 肘 型 尾 水 管 尺 寸

序号	新型号	旧型号	D_1	h	L	$B_5=B_4$	$D_4=h_4$	h_6	L_1	h_5	a	R_6	a_1	R_7	a_2	R_8	适用情况
1	Z_1	4A	1.0	$1.915D_1$	3.50	2.20	1.10	0.55	1.417	1.00	0.395	0.94	1.205	0.66	0.087	0.634	低比转速轴流式水轮机（ZZ577，ZZ440）
			1.2	2.298	4.20	2.64	1.32	0.66	1.70	1.20	0.474	1.13	1.446	0.79	0.104	0.76	
			1.4	2.68	4.90	3.08	1.54	0.77	1.98	1.40	0.55	1.32	1.69	0.92	0.12	0.89	
			1.6	3.06	5.60	3.52	1.76	0.88	2.27	1.60	0.63	1.50	1.93	1.06	0.14	1.01	
			1.8	3.44	6.30	3.96	1.98	0.99	2.55	1.80	0.71	1.69	2.17	1.19	0.157	1.14	
			2.0	3.83	7.00	4.40	2.20	1.10	2.84	2.00	0.79	1.88	2.41	1.32	0.174	1.27	
			2.25	4.31	7.87	4.95	2.47	1.24	3.20	2.25	0.89	2.12	2.71	1.486	0.196	1.43	
			2.5	4.78	8.75	5.50	2.75	1.375	3.54	2.50	0.988	2.35	3.02	1.65	0.218	1.585	
			2.75	5.27	9.63	6.05	3.03	1.51	3.897	2.75	1.09	2.585	3.31	1.815	0.24	1.74	
			3.0	5.74	10.50	6.60	3.30	1.65	4.25	3.00	1.19	2.82	3.62	1.98	0.261	1.90	
			3.3	6.32	11.55	7.26	3.63	1.815	4.68	3.30	1.305	3.10	3.98	2.18	0.287	2.09	
			3.8	7.28	13.30	8.36	4.18	2.09	5.38	3.80	1.50	3.57	4.58	2.51	0.33	2.41	
			4.1	7.85	14.35	9.02	4.51	2.26	5.81	4.10	1.62	3.86	4.94	2.71	0.357	2.60	
			4.5	8.62	15.75	9.9	4.95	2.48	6.375	4.50	1.75	4.23	5.42	2.97	0.392	2.85	
			5.0	9.58	17.50	11.00	5.50	2.75	7.08	5.00	1.975	4.70	6.02	3.30	0.435	3.17	
			6.0	11.50	21.00	13.20	6.60	3.30	8.50	6.00	2.37	5.65	7.24	3.96	0.522	3.80	
			6.5	12.45	22.75	14.30	7.15	3.575	9.21	6.50	2.57	6.11	7.83	4.29	0.567	4.12	
			7.0	13.41	24.60	15.40	7.70	3.85	9.92	7.00	2.765	6.58	8.435	4.62	0.61	4.44	
			7.5	14.36	26.25	16.50	8.25	4.125	10.63	7.50	2.96	7.05	9.04	4.95	0.65	4.755	
			8.0	15.30	28.00	17.60	8.80	4.40	11.33	8.00	3.16	7.52	9.64	5.28	0.696	5.07	
			8.5	16.28	29.75	18.70	9.35	4.675	12.04	8.50	3.36	7.99	10.24	5.61	0.74	5.39	
			9.0	17.23	31.50	19.80	9.90	4.95	12.75	9.00	3.56	8.46	10.85	5.94	0.782	5.70	
			9.5	18.19	33.25	20.90	10.45	5.225	13.46	9.50	3.75	8.93	11.45	6.27	0.83	6.02	
			10.0	19.15	35.00	22.00	11.00	5.50	14.17	10.00	3.95	9.40	12.05	6.60	0.87	6.34	

续表

序号	新型号	旧型号	D_1	h	L	$B_5=B_4$	$D_4=h_4$	h_6	L_1	h_5	a	R_6	a_1	R_7	a_2	R_8	适用情况
			1.0	$2.30D_1$	4.50	2.38	1.17	0.584	1.50	1.20	0.422	1.00	1.275	0.703	0.0934	0.677	
			1.2	2.76	5.40	2.86	1.40	0.70	1.80	1.44	0.51	1.20	1.53	0.84	0.112	0.81	
			1.4	3.22	6.30	3.33	1.64	0.82	2.10	1.68	0.59	1.40	1.79	0.98	0.13	0.95	
			1.6	3.68	7.20	3.81	1.87	0.93	2.40	1.92	0.68	1.60	2.04	1.12	0.15	1.08	
			1.8	4.14	8.10	4.28	2.11	1.05	2.70	2.16	0.76	1.80	2.286	1.265	0.168	1.22	
			2.0	4.60	9.00	4.76	2.34	1.17	3.00	2.40	0.844	2.00	2.54	1.406	0.187	1.354	
			2.25	5.17	10.13	5.35	2.63	1.315	3.375	2.70	0.95	2.25	2.86	1.582	0.21	1.52	
			2.5	5.75	11.25	5.95	2.92	1.46	3.75	3.00	1.055	2.50	3.18	1.76	0.23	1.69	
			2.75	6.325	12.38	6.55	3.22	1.61	4.13	3.30	1.16	2.75	3.51	1.93	0.26	1.86	
			3.0	6.90	13.50	7.14	3.51	1.75	4.50	3.60	1.27	3.00	3.81	2.11	0.28	2.03	
			3.3	7.59	14.85	7.85	3.86	1.93	4.95	3.96	1.39	3.30	4.19	2.20	0.31	2.23	
2	Z_3	4C	3.8	8.74	17.10	9.04	4.45	2.22	5.70	4.56	1.60	3.80	4.85	2.67	0.35	2.57	中比转速轴流式水轮机（ZZ440、ZZ510）
			4.1	9.43	18.45	9.76	4.80	2.39	6.15	4.92	1.73	4.10	5.21	2.88	0.38	2.78	
			4.5	10.35	20.25	10.70	5.26	2.62	6.75	5.40	1.90	4.50	5.72	3.16	0.42	3.05	
			5.0	11.50	22.50	11.90	5.85	2.92	7.50	6.00	2.11	5.00	6.50	3.52	0.47	3.39	
			6.0	13.80	27.00	14.29	7.02	3.50	9.00	7.20	2.53	6.00	7.62	4.22	0.56	4.06	
			6.5	14.95	29.25	15.47	7.61	3.80	9.75	7.80	2.74	6.50	8.29	4.57	0.61	4.40	
			7.0	16.10	31.50	16.66	8.19	4.09	10.50	8.40	2.95	7.00	8.93	4.92	0.65	4.74	
			7.5	17.25	33.75	17.85	8.78	4.38	11.25	9.00	3.17	7.50	9.56	5.27	0.70	5.08	
			8.0	18.40	36.00	19.03	9.36	4.67	12.00	9.60	3.38	8.00	10.16	5.62	0.75	5.42	
			8.5	19.55	38.25	20.23	9.95	4.96	12.75	10.20	3.59	8.50	10.84	5.98	0.79	5.75	
			9.0	20.70	40.50	21.40	10.52	5.25	13.50	10.80	3.80	9.00	11.43	6.33	0.84	6.09	
			9.5	21.85	42.75	22.61	11.12	5.55	14.25	11.40	4.01	9.50	12.11	6.68	0.89	6.43	
			10.0	23.00	45.00	23.80	11.70	5.84	15.00	12.00	4.22	10.00	12.75	7.03	0.93	6.77	

续表

序号	新型号	旧型号	D_1	h (2.3D_1)	h (2.5D_1)	L	$B_5=B_4$	$D_4=h_4$	h_6	L_1	h_5	a	R_6	a_1	R_7	a_2	R_8	适用情况
3	Z_5	4E	1.0	$2.3D_1$	$2.5D_1$	4.50	2.50	1.23	0.617	1.59	1.20	0.446	1.06	1.35	0.745	0.9777	0.71	$h=2.3D_1$ 时，中比转速混流式水轮机（HL82, HL160）; $h=2.5D_1$ 时，中、高比转速轴流式水轮机（ZZ510, ZZ592）
			1.2	2.76	3.00	5.40	3.00	1.48	0.74	1.91	1.44	0.54	1.72	1.62	0.89	0.117	0.85	
			1.4	3.22	3.50	6.30	3.50	1.72	0.86	2.23	1.68	0.62	1.48	1.89	1.04	0.137	0.99	
			1.6	3.68	4.00	7.20	4.00	1.97	0.99	2.54	1.92	0.71	1.70	2.16	1.19	0.156	1.14	
			1.8	4.14	4.50	8.10	4.50	2.21	1.11	2.86	2.16	0.80	1.91	2.43	1.34	0.18	1.27	
			2.0	4.60	5.00	9.00	5.00	2.46	1.23	3.18	2.40	0.89	2.12	2.70	1.49	0.195	1.42	
			2.25	5.175	5.63	10.13	5.63	2.77	1.39	3.58	2.70	1.004	2.385	3.04	1.68	0.22	1.60	
			2.5	5.75	6.25	11.25	6.25	3.075	1.54	3.975	3.00	1.115	2.65	3.375	1.86	0.244	1.775	
			2.75	6.325	6.875	12.38	6.875	3.38	1.70	4.37	3.30	1.23	2.92	3.71	2.05	0.27	1.95	
			3.0	6.90	7.50	13.50	7.50	3.69	2.15	4.77	3.60	1.34	3.18	4.05	2.235	0.29	2.13	
			3.3	7.59	8.25	14.85	8.25	4.06	2.04	5.25	3.96	1.47	3.50	4.455	2.46	0.32	2.343	
			3.8	8.74	9.50	17.10	9.50	467	2.34	6.04	4.56	1.69	4.03	5.13	2.83	0.37	2.70	
			4.1	9.43	10.25	18.45	10.25	5.04	2.54	6.52	4.92	1.83	4.35	5.535	3.055	0.40	2.91	
			4.5	10.35	11.25	20.25	11.25	5.535	2.78	7.155	5.40	2.01	4.77	6.075	3.35	0.44	3.195	
			5.0	11.50	12.50	22.50	12.50	6.15	3.085	7.95	6.00	2.23	5.30	6.75	3.725	0.49	3.55	
			6.0	13.80	15.00	27.00	15.00	7.38	3.70	9.54	7.20	2.68	6.36	8.10	4.47	0.59	4.26	
			6.5	14.95	16.25	29.25	16.25	8.00	4.01	10.34	7.80	2.90	6.89	8.78	4.84	0.64	4.62	
			7.0	16.10	17.50	31.50	17.50	8.61	4.32	11.13	8.40	3.12	7.42	9.45	5.22	0.684	4.97	
			7.5	17.25	18.75	33.75	18.75	9.23	4.63	11.93	9.00	3.35	7.95	10.13	5.59	0.73	5.33	
			8.0	18.40	20.00	36.00	20.00	9.84	4.94	12.72	9.60	3.57	8.48	10.80	5.96	0.78	5.68	
			8.5	19.55	21.25	38.25	21.25	10.46	5.24	13.52	10.20	3.79	9.01	11.48	6.33	0.83	6.04	
			9.0	20.70	22.50	40.50	22.50	11.07	5.55	14.31	10.80	4.014	9.54	12.15	6.705	0.88	6.39	
			9.5	21.85	23.75	42.75	23.75	11.69	5.86	15.11	11.40	4.24	10.07	12.83	7.08	0.93	6.75	
			10.0	23.00	25.00	45.00	25.00	12.30	6.17	15.90	12.00	4.46	10.60	13.50	7.45	0.98	7.10	

续表

序号	类型 新型号	类型 旧型号	D_1	h $2.5D_1$	h $2.7D_1$	L	$B_5=B_4$	$D_4=h_4$	h_6	L_1	h_5	a	R_6	a_1	R_7	a_2	R_8	适用情况
4	Z_6	4H	1.0	$2.5D_1$	$2.7D_1$	4.50	2.74	1.352	0.67	1.75	1.31	0.49	1.16	1.48	0.815	0.107	0.78	$h=2.5D_1$ 时，中高比转速混流式水轮机（HL160、HL80、HL211、HL240）；$h=2.7D_1$，高比转速轴流式水轮机（ZZ592）
			1.2	3.00	3.24	5.40	3.29	1.62	0.80	2.10	1.57	0.59	1.39	1.78	0.98	0.13	0.94	
			1.4	3.50	3.78	6.30	3.84	1.89	0.94	2.45	1.83	0.69	1.62	2.07	1.14	0.15	1.09	
			1.6	4.00	4.32	7.20	4.38	2.16	1.07	2.80	2.10	0.78	1.86	2.37	1.30	0.17	1.25	
			1.8	4.50	4.86	8.10	4.93	2.435	1.206	3.15	2.36	0.88	2.09	2.66	1.47	0.193	1.41	
			2.0	5.20	5.40	9.00	5.48	2.70	1.34	3.50	2.62	0.97	2.32	2.96	1.63	0.214	1.565	
			2.25	5.85	6.08	10.10	6.16	3.04	1.51	3.93	2.94	1.095	2.61	3.32	1.84	0.24	1.76	
			2.5	6.25	6.75	11.25	6.85	3.38	1.675	4.37	3.275	1.22	2.90	3.69	2.04	0.27	1.955	
			2.75	6.875	7.43	12.38	7.54	3.72	1.84	4.81	3.60	1.35	3.19	4.07	2.24	0.29	2.145	
			3.0	7.50	8.10	13.50	8.22	4.06	2.01	5.25	3.93	1.46	3.48	4.43	2.45	0.32	2.345	
			3.3	8.25	8.91	14.85	9.02	4.47	2.21	5.775	4.32	1.61	3.83	4.87	2.69	0.35	2.58	
			3.8	9.50	10.26	17.10	10.41	5.14	2.65	6.65	4.78	1.86	4.41	5.62	3.10	0.41	2.96	
			4.1	10.25	11.07	18.45	11.23	5.55	2.75	7.175	5.37	1.997	4.756	6.05	3.34	0.44	3.21	
			4.5	11.25	12.15	20.25	12.33	6.08	3.015	7.875	5.895	2.19	5.22	6.65	3.67	0.48	3.52	
			5.0	12.50	13.50	22.50	13.70	6.76	3.35	8.75	6.55	2.435	5.80	7.39	4.08	0.535	3.91	
			6.0	15.00	16.20	27.00	16.44	8.11	4.02	10.50	7.86	2.92	6.96	8.86	4.89	0.64	4.69	
			6.5	16.25	17.55	29.25	17.81	8.79	4.36	11.38	8.52	3.19	7.54	9.62	5.30	0.696	5.07	
			7.0	17.50	18.90	31.50	19.18	9.46	4.69	12.25	9.17	3.43	8.12	10.36	5.71	0.75	5.46	
			7.5	18.75	20.25	33.75	20.55	10.14	5.03	13.13	9.83	3.675	8.70	11.10	6.11	0.80	5.85	
			8.0	20.00	21.60	36.00	21.92	10.82	5.36	14.00	10.48	3.896	9.28	11.81	6.52	0.855	6.25	
			8.5	21.25	22.95	38.25	23.29	11.49	5.70	14.88	11.14	4.165	9.86	12.58	6.93	0.91	6.63	
			9.0	22.50	24.30	40.50	24.66	12.17	6.03	15.75	11.79	4.39	10.44	13.30	7.34	0.96	7.04	
			9.5	23.75	25.65	42.75	26.03	12.84	6.37	16.63	12.45	4.655	11.02	14.06	7.74	1.02	7.41	
			10.0	25.00	27.00	45.00	27.40	13.52	6.70	17.50	13.10	4.90	11.60	14.80	8.15	1.07	7.80	

续表

序号	类型 新型号	类型 旧型号	D_1	h	L	$B_5=B_4$	$D_4=h_4$	h_6	L_1	h_5	a	R_6	a_1	R_7	a_2	R_8	适用情况
			1.0	2.30D_1	3.50	2.17	1.04	0.51	1.41	0.937	0.369	0.879	1.135	0.64	0.0803	0.59	
			1.2	2.76	4.20	2.60	1.25	0.61	1.69	1.12	0.44	1.05	1.36	0.77	0.096	0.71	
			1.4	3.22	4.90	3.04	1.46	0.71	1.97	1.31	0.52	1.23	1.59	0.90	0.112	0.83	
			1.6	3.68	5.60	3.47	1.66	0.82	2.26	1.50	0.59	1.41	1.82	1.02	0.128	0.94	
			1.8	4.14	6.30	3.91	1.87	0.92	2.55	1.69	0.664	1.58	2.04	1.15	0.145	1.062	
			2.0	4.60	7.00	4.34	2.08	1.02	2.83	1.87	0.74	1.76	2.27	1.28	0.161	1.18	低比转速混流式水轮机（HL533、HL246）
			2.25	5.175	7.875	4.88	2.34	1.15	3.19	2.11	0.83	1.98	2.554	1.44	0.181	1.33	
5	Z_8	20	2.5	5.75	8.75	5.425	2.60	1.275	3.54	2.34	0.92	2.198	2.84	1.60	0.201	1.475	
			2.75	6.325	9.63	5.97	2.86	1.40	3.88	2.58	1.01	2.42	3.12	1.76	0.22	1.62	
			3.0	6.90	10.50	6.51	3.12	1.53	4.25	2.81	1.107	2.64	3.405	1.92	0.24	1.77	
			3.3	7.59	11.55	7.16	3.43	1.68	4.68	3.09	1.22	2.90	3.75	2.11	0.265	1.95	
			3.8	8.74	13.30	8.25	3.95	1.94	5.36	3.56	1.40	3.34	4.31	2.43	0.31	2.24	
			4.1	9.43	14.35	8.897	4.264	2.09	5.81	3.84	1.51	3.60	4.654	2.694	0.33	2.42	
			4.5	10.35	15.75	9.765	4.68	2.295	6.38	4.22	1.66	3.96	5.11	2.88	0.36	2.655	
			5.0	11.50	17.50	10.85	5.20	2.55	7.085	4.685	1.845	4.395	5.675	3.20	0.40	2.95	
			6.0	13.80	21.00	13.02	6.24	3.06	8.50	5.62	2.214	5.25	5.81	3.84	0.48	3.54	
			6.5	14.95	22.75	14.11	6.76	3.32	9.17	6.09	2.40	5.71	7.38	4.16	0.52	3.84	
			7.0	16.10	24.50	15.19	7.28	3.57	9.87	6.56	2.58	6.15	7.95	4.48	0.56	4.13	
			7.5	17.25	26.25	16.28	7.80	3.83	10.58	7.03	2.77	6.59	8.51	4.80	0.60	4.43	
			8.0	18.40	28.00	17.36	8.32	4.08	11.34	7.496	2.95	7.03	9.08	5.12	0.64	4.72	
			8.5	19.55	29.75	18.45	8.84	4.34	11.99	7.96	3.14	7.47	9.65	5.44	0.68	5.02	
			9.0	20.70	31.50	19.53	9.36	4.59	12.75	8.43	3.32	7.91	10.215	5.76	0.72	5.31	
			9.5	21.85	33.25	20.62	9.88	4.85	13.40	8.90	3.51	8.35	10.78	6.08	0.76	5.61	
			10.0	23.00	35.00	21.70	10.40	5.10	14.10	9.37	3.69	8.79	11.35	6.40	0.803	5.90	

注　除ZZ440、HL160、HL240外，其余皆为旧型号。

水轮机的主要综合特性曲线

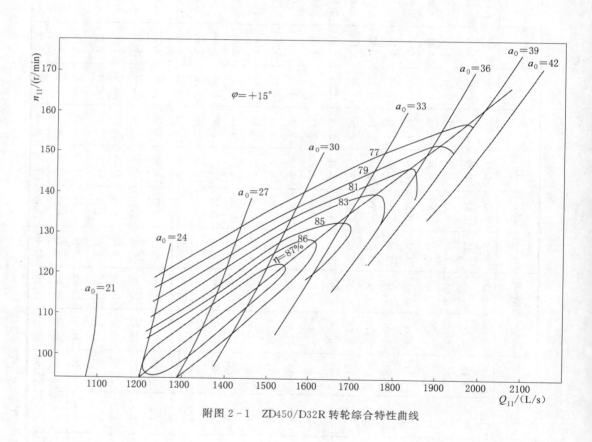

附图 2-1 ZD450/D32R 转轮综合特性曲线

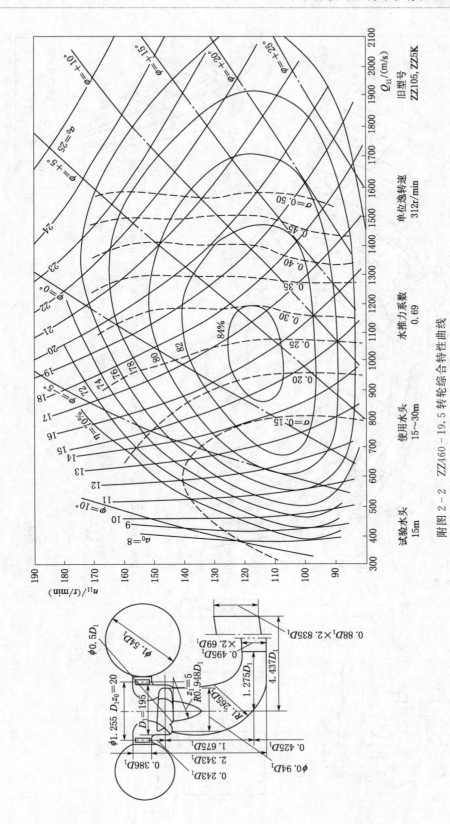

附图 2 - 2　ZZ460 - 19.5 转轮综合特性曲线

旧型号　ZZ105, ZZ5K

单位转速　312r/min

水推力系数　0.69

使用水头　15～30m

试验水头　15m

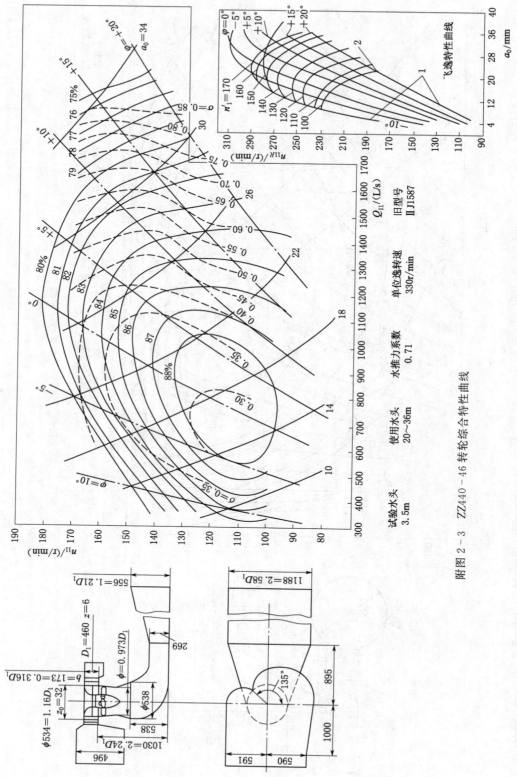

附图 2 - 3　ZZ440 - 46 转轮综合特性曲线

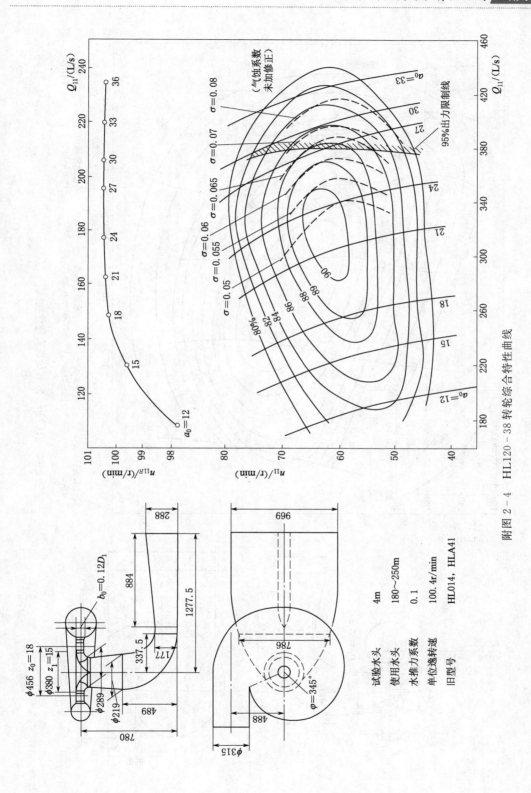

附图 2 - 4　HL120 - 38 转轮综合特性曲线

试验水头	4m
使用水头	180～250m
水推力系数	0.1
单位飞逸转速	100.4r/min
旧型号	HL014, HLA41

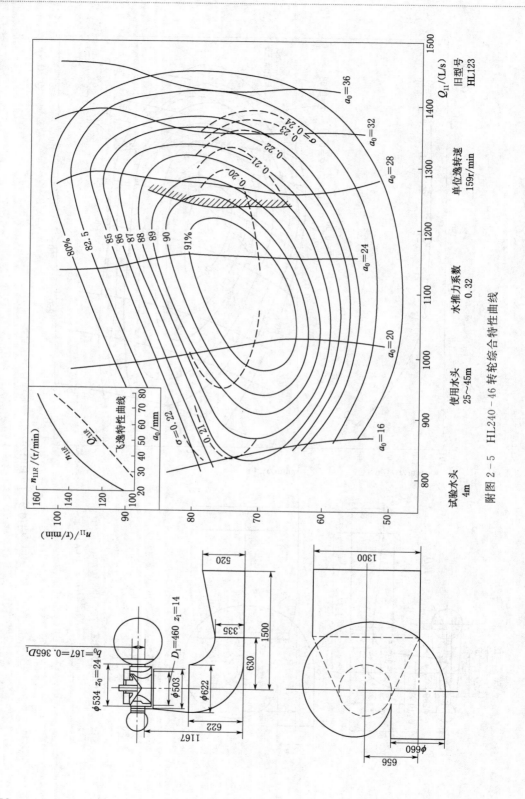

附图 2 - 5 HL240 - 46 转轮综合特性曲线

旧型号 HL123

单位逸转速 159r/min

水推力系数 0.32

使用水头 25～45m

试验水头 4m

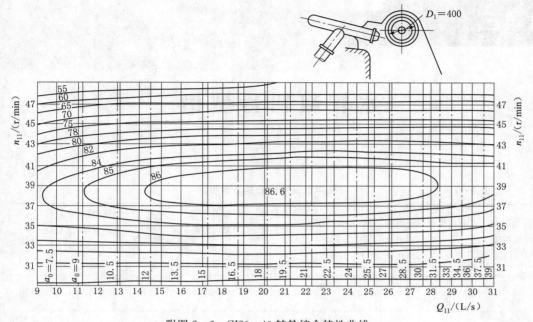

附图 2-6 CJ20-40 转轮综合特性曲线

试验水头：55m；使用水头约 600m；单位飞逸转速为 80r/min；$Z=22$

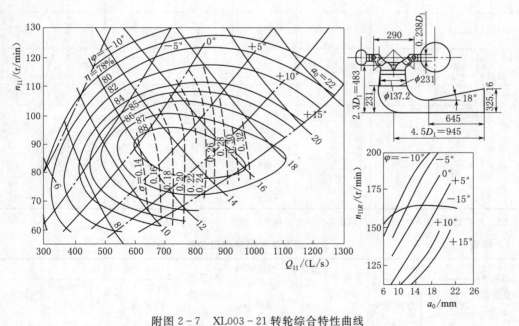

附图 2-7 XL003-21 转轮综合特性曲线

试验水头：4m；使用水头：80m；转轮体：球形；轮毂比：0.17；蜗壳型式：W5；导叶数：24；叶片数：10

水轮机暂行型谱

附表 3 - 1　　　　　　　　　　**大中型轴流式转轮型谱参数**

适用水头范围 H/m	转轮型号		转轮叶片数 z_1	转轮毂比 d_g	导叶相对高度 b_0	最优单位转速 n'_{10} /(r/min)	推荐使用最大单位流量 Q'_1 /(L/s)	模型汽蚀系数 σ_m	模型转轮直径 D_{1m} /mm	试验水头 H_m /m	备注
	规定型号	曾用型号									
3～8	ZZ600	4K，ZZ55	4	0.333	0.488 (0.45)	142	2000	0.70	195	1.5	暂用
8～15	暂缺		4	0.36	0.4～0.45	140	2150	0.77～0.95			建议暂用 ZZ560
10～22	ZZ560	ZZ005，ZZA30	4	0.40	0.40	130	2000	0.59～0.77	460	3.0	
15～26	ZZ460	ZZ105，5K	5	0.50	0.382	116	1750	0.60	195		暂用
20～36 (40)	ZZ440	ZZ587	6	0.50	0.375	115	1650	0.38～0.65	460	3.5	
30～55	ZZ360		8	0.55	0.35	107	1300	0.23～0.41	350		暂用
9m 以下	ZD760 (金华一号)		4		0.45	$\varphi=+5°$时 165；$\varphi=+10°$时 148；$\varphi=+15°$时 140	$\varphi=+5°$时 1670；$\varphi=+10°$时 1795；$\varphi=+15°$时 1965	$\varphi=+5°$时 0.99；$\varphi=+10°$时 0.99；$\varphi=+15°$时 1.15			

注　尾水管高度对轴流式水轮机性能影响较大，建议一般不应小于 $2.24D_1$。

附表 3 - 2　　　　　　　　　　**大中型混流式转轮型谱参数**

适用水头范围 H/m	转轮型号		导叶相对高度 b_0	最优单位转速 n'_{10} /(r/min)	推荐使用最大单位流量 Q'_1 /(L/s)	模型汽蚀系数 σ_m	模型转轮			备注
	规定型号	曾用型号					直径 D_{1m} /mm	叶片数 z_1	试验水头 H_m /m	
＜30	HL310	HL365	0.391	88.3	1400	0.36*	390	15	0.305	
25～45	HL240	HL123	0.365	72	1320	0.2	460	14		

续表

适用水头范围 H/m	转轮型号		导叶相对高度 b_0	最优单位转速 n'_{10} /(r/min)	推荐使用最大单位流量 Q'_1 /(L/s)	模型汽蚀系数 σ_m	模型转轮			备注
	规定型号	曾用型号					直径 D_{1m} /mm	叶片数 z_1	试验水头 H_m /m	
36~65	暂缺 HL230	HL263	0.3 0.315	73 71	1250 1110	0.165 0.17*	404	15		暂用
50~85	HL220	HL702	0.25	70	1150	0.133	460	14		
70~105	暂缺		0.25	69	1040	0.11				建议暂用 HL220
90~125	HL200	HL741	0.20	68	960	0.10	460	14		
	HL180	HL662（改型）	0.20	67	860	0.085	460	14		
110~150	HL160	HL638	0.224 (0.2)	67	670	0.065	460	17		
140~200	暂缺 HL110	HL129	0.16 0.118	64 61.5	530 280	0.06 0.055*	540	17		暂用
180~250	HL120	HLA41	0.12	62.5	380	0.06	380	15		
230~320	HL100	HLA45	0.10	61.5	280	0.04	400	17		
300~450	暂缺									

注　有 * 者为装置汽蚀系数，括号中数值为系列建议尺寸。

附表 3-3　　　　　　中小型轴流式、混流式转轮型谱参数

适用水头范围 H/m	转轮型号		最优单位转速 n'_{10} /(r/min)	设计单位转速 n'_1 /(r/min)	设计单位流量 Q'_1 /(L/s)	模型汽蚀系数 σ_m	模型转轮	
	规定型号	曾用型号					直径 D_{1m} /mm	叶片数 z_1
2~6	ZD760 $\varphi=+10°$	ZDJ001 $\varphi=+10°$	150	170	1795	1.0		
4~14	ZD560 $\varphi=+10°$	ZDA30 $\varphi=+10°$	130	150	1600	0.75		
5~20	HL310	HL365	90.8	95	1470	0.36*	390	15
10~35	HL260	HL300	73	77	1320	0.28*	350	15
30~70	HL220	HL702	70	71	1140	0.133	460	14
45~120	HL160	HL638	67	71	670	0.065	460	17
20~180	HL110	HL129，E_2	61.5	61.5	360	0.055*	540	17
125~240	HL100	HLA45	61.5	62	270	0.035	400	17

注　有 * 者为装置汽蚀系数。

附表 3 - 4 水斗式水轮机转轮参数

适用水头范围 H/m	转轮型号		水斗数 z_1	最优单位转速 n'_{10} /(r/min)	推荐使用最大单位流量 Q'_1 /(L/s)	转轮直径与射流直径比 D_1/d_0	备 注
	使用型号	旧型号					
100～260	CJ22	Y_1	20	40	45	8.66	对 CJ22 适当加厚根部可用至 400m 水头
400～600	CJ20	P_2	20～22	39	30	11.30	

参 考 文 献

［1］ 袁俊森，万晓丹. 水轮机 ［M］. 郑州：黄河水利出版社，2017.

［2］ 郑源，鞠小明，程云山. 水轮机 ［M］. 北京：中国水利水电出版社，2008.

［3］ 雷恒，周志琦. 水电站 ［M］. 3 版. 郑州：黄河水利出版社，2017.

［4］ 刘大恺. 水轮机 ［M］. 3 版. 北京：中国水利水电出版社，1997.

［5］ 郑源，陈德新. 水轮机 ［M］. 北京：中国水利水电出版社，2011.

［6］ 左光璧. 水轮机 ［M］. 北京：中国水利水电出版社，1995.

［7］ 金钟元. 水力机械 ［M］. 北京：中国水利水电出版社，1999.

［8］ 于波，肖惠民. 水轮机运行原理 ［M］. 北京：中国电力出版社，2008.

［9］ 梁建和. 水轮机及辅助设备 ［M］. 北京：中国水利水电出版社，2005.